中等职业教育电类专业共建共享系列教材

电子技术基础与实训
（工作页一体化）
（第二版）

主　编　舒伟红

副主编　胡土琴　张华燕

主　审　李三波

科学出版社

北　京

内 容 简 介

电子技术基础与实训是电子技术应用专业的一门重要核心课程，具有较强的理论性与实践性。本书系统地介绍了模拟电路、数字电路的相关内容，主要包括常用电子元器件的识别与检测、电源适配器、扩音器、LED调光器、直流稳压器、模拟报警器、红外线遥控接收器、物体流量计数器等所涉及的理论与实践知识。全书共分八个项目，各项目之间既相互联系又独立成章，体现了项目教学的思想。

本书最大的特点是理论与实践相结合，科学实用、通俗易懂，每个项目均附有"动手做"环节，对项目实训涉及的装调步骤、测试方法、元器件选用等均有详细讲解，对"动手做"中的实践项目稍做改进，即可应用于生产、生活各个领域。读者可从www.abook.cn网站免费下载本书教学资源包，包括35个微课、17个电子电路实验、全书教学课件，以及部分电路原理图与PCB图。

本书既可作为中职学校、技校相关专业的教材，也可供各类培训班、电子爱好者自学使用。

图书在版编目(CIP)数据

电子技术基础与实训：工作页一体化/舒伟红主编. —2版. —北京：科学出版社，2021.6
ISBN 978-7-03-067637-5

I.①电… Ⅱ.①舒… Ⅲ.①电子技术-中等专业学校-教材 Ⅳ.①TN

中国版本图书馆 CIP 数据核字（2020）第 270227 号

责任编辑：陈砺川/责任校对：马英菊
责任印制：吕春珉/封面设计：东方人华平面设计部

科学出版社 出版
北京东黄城根北街 16 号
邮政编码：100717
http://www.sciencep.com
北京市京宇印刷厂 印刷
科学出版社发行 各地新华书店经销

*

2007 年 9 月第 一 版 开本：787×1092 1/16
2021 年 6 月第 二 版 印张：17
2021 年 12 月第十八次印刷 字数：390 000
定价：48.00 元
（如有印装质量问题，我社负责调换〈北京京宇〉）
销售部电话 010-62136230 编辑部电话 010-62135763-8001

第二版前言

《电子技术基础与实训》（第一版）自 2007 年出版以来，历经十多次印刷，被百余所学校所使用并得到了广泛好评。使用者普遍认为，该教材体系编排符合中职生学习规律，理实一体的教学模式推动了课程改革，产教融合生成的实训项目可使电子技术基础知识和基本技能对标对岗，促进了中职生就业能力，引领了学生个性化发展，实践效果显著。

随着国务院发布《国家职业教育改革实施方案》（简称"职教 20 条"）等促进中职教育发展的政策文件，"三教改革"进入了新的层次，凸显了职业教育适应产业发展需求的导向。为此，在知行合一、工学结合的理念支撑下作者对第一版进行了修订，修订内容主要体现在以下几个方面：

1）修订了电路元器件电气图形符号，使其符合新国标。

2）更新了"动手做"的实践项目，保留原有教材知识点的连贯性，同时体现技能点的整合，融合不同角色，跨界整合"师"（教师与师傅合一）"生"（学生与工人合一）"内容"（课程内容与职业标准对接）"情境"（校企对接、学习环境与工作环境对接、学习过程与生产过程对接）。

3）引入工作页任务单，突出理实一体教学过程与评价，提升了课堂与实训的效果。

本书设计与修订呈现出了以下特点。

1. 知识编排层级递进

本书的内容以单个元件、器件的识别为起点，从单元电路模块到整体功能电路设计与分析，由局部到整体层级递进，体现了建构主义认知规律，如关于二极管（器件）→整流电路（单元电路模块）→稳压电源（整体功能电路）的介绍部分。

2. 单元电路应用突出

本书突出利用单元基本电路的学习方法，以搭"积木"（单元电路）的过程引导学生学习电路原理及应用，使学生在潜移默化中得到知识与技能的整体构建。例如，制作物体流量计数器项目，就是由计数器、译码器、分频器、寄存器及显示器这些单元电路有机整合完成的。

3. 工程实践案例典型

本书是项目—任务式教材，各项目均配备"动手做"环节，选择的项目来源于生产一线及生活，符合工程应用标准，也符合该项目知识与技能的学习目标。"三步法"（工程项目→内化教学→教材呈现）转化成教学资源与典型案例，适合课堂教学。

4. 知识拓展有机渗透

学习的目标在于应用，本书适用于电子类专业的核心课程，所涉知识点、技能点在高新领域应用无处不在。书中特设的"知识链接"环节正是体现了学习与应用的衔接，体现了"学什么，为什么学"的教学理念。

5. 核心素养培育夯实

采用项目—任务驱动的教学模式可以促进学生知识、能力、情感的养成，安排的分组探究实验及项目综合实训可以促进学生情感、态度、价值观的核心素养养成。

6. 多元评价个性发展

工作页任务单实现了过程评价与理实评价合一；师生互评融合，建立起了本课程"三教改革"评价与反馈机制。

7. 配套丰富的教学资源包

为方便师生使用本书，作者为本书配套了丰富的教学资源包，包括：①为帮助学生掌握和理解知识点、技能点而特别制作的 35 个原创微课；②为使学生能对知识点举一反三并加以运用而特别设计的 17 个电子电路实验；③为辅助教学而特别提供的全书教学课件、部分电路原理图及 PCB 图。读者可从科学出版社职教技术出版中心的网站 www.abook.cn 免费下载使用。

学习本书大约需要 220 课时，课时分配方案可参考下表。

课时分配方案表

序号		理论课时	实践课时
项目一	识别常用元器件	12	2
项目二	制作电源适配器	10	6
项目三	装配扩音器	32	12
项目四	制作 LED 调光器	18	14
项目五	装调直流稳压器	10	12
项目六	制作模拟报警器	8	12
项目七	制作红外线遥控接收器	20	16
项目八	制作物体流量计数器	20	16
合计课时		130	90

本书由浙江缙云县职业中等专业学校的舒伟红任主编，胡土琴、张华燕任副主编，周灵通、陈蓓参与编写。其中项目一、项目三由胡土琴编写，项目二由陈蓓编写，项目四～项目六由舒伟红编写，项目七由张华燕编写，项目八由周灵通编写，全书由舒伟红统稿。浙江亚龙智能装备集团股份有限公司总工周炜、浙江固驰电子有限公司总经理范涛参与实践项目的遴选与审核，丽水职业技术学院李三波主审。本书的编写得到了同行的大力支持和帮助，在此一并表示感谢。

第一版前言

自 2002 年全国职业教育工作会议以来,《国务院关于大力推进职业教育改革与发展的决定》(国发〔2002〕16 号)得到了各级政府、教育部门的深入贯彻,明确提出职业教育应"坚持以就业为导向,深化职业教育教学改革"。"十一五"期间,国家拨出专项资金用于加强职业院校学生实践能力和职业技能的培养,实施职业教育实训基地建设计划。高技能人才的培养被提到前所未有的高度。

与此相适应,从职业岗位要求出发,以职业能力和技能培养为核心,涵盖新工艺、新方法、新技术的专业教材的需求日趋迫切。

为此,科学出版社提出应积极推进课程改革和教材建设,为职业教育教学和培训提供更加丰富多样和实用的教材,更好地满足职业教育改革与发展的需要,并组织专家及各中、高职院校教学骨干教师多次研讨,推出了中职系列教材。

本教材与传统的同类教材相比,在内容组织与结构编排上都做了较大的改革与尝试。

1. 以能力为核心,面向中等职业教育培养初、中级技能人才的目标,创建理论与实践相统一、学以致用的综合性教材。

2. 针对中职学生的特点,适当降低理论起点,强调知识与实践的运用,着重基础性、实用性与趣味性。

3. 引入项目式教学,在内容编排上尽力做到形式与层次、知识与运用相结合。

本教材将模拟电路、数字电路相关知识通过八个项目有机地贯穿和结合在一起,在整体上力求科学实用、通俗易懂、图文并茂,从实践入手(开篇即认识电子元件)激发学习兴趣,做到实践—理论—再实践螺旋式上升,避免了长篇的枯燥理论讲解使学生学习无从下手的尴尬状况。除项目一外,其余项目都安排了富于实践性、趣味性的"动手做"环节,其内容贴近人们的日常生活,学生易于理解。"学了就会做,做了就能用",实践内容易于取材,保证了教学的有效性。

本教材内容共分九个部分,项目一(认识常用元器件)、项目二(电源适配器)、项目三(扩音机)、项目四(电池充电器)、项目五(直流稳压器)、项目六(无线话筒)、项目七(光声控开关)、项目八(数字钟),以及包含十七个实验的分组实验部分(供教学时选择分组实验)。

教材的实践环节包含了两个层次:第一个层次为分组实验(教材的实验部分),主要任务是验证理论学习中的一些定律、基本规则、常见元件的应用等,培养学生一丝不苟的科学态度,学会撰写规范实验报告;第二个层次为每个项目中的"动手做",通过一定课时的综合实践——元件筛选、线路板的制作、电路调试等,完成具有特定功能的电路。"动手做"的内容具有较强的实用性,学生完成后可直接应用于生产、生活等各个领域,学以致用,从而激发学生的学习兴趣。

每个项目都配备了知识链接，着重介绍当今电子技术新工艺、新知识等，帮助学生丰富专业视野。

学习本教材大约需要 220 课时，课时分配方案可参考下表。

课时分配方案表

序号	理论课时	实践课时	序号	理论课时	实践课时
项目一	12	2	项目五	10	12
项目二	10	6	项目六	8	12
项目三	32	12	项目七	20	16
项目四	18	14	项目八	20	16
合计课时			220		

本教材由浙江缙云职业中专舒伟红任主编，浙江缙云职业中专孙长坚、浙江长兴职教中心费新华任副主编，浙江温岭职业技术学校陈文标、广东工业贸易职业技术学校蔡绵宏、浙江缙云职业中专胡土琴、浙江武义职业学校李林汉、浙江浦江职业技术学校余春晖参与了本教材的编写。其中，项目一由费新华编写，项目三由胡土琴编写，项目八由李林汉编写，项目七由蔡绵宏编写，实验部分由陈文标编写，项目二、项目四～项目六的"知识巩固"部分由余春晖编写，项目二、项目四～项目六由舒伟红、孙长坚编写，全书由舒伟红统稿。本教材由浙江师范大学施晓钟主审。本教材的编写得到了丽水职业技术学院胡德华、浙江亚龙教仪有限公司周炜、缙云职业中专赵询谊、施丽新等同志的大力支持和帮助，在此一并表示感谢。

由于编者水平有限，书中难免有疏漏和不妥之处，敬请广大读者批评指正。

目 录

项目一

识别常用元器件

任何电子设备都是由一个个电子元器件组成的，音箱会发出声音、电视机能出现图像、手机能相互通信、收音机能收到电台节目等，无不在各种元器件的"齐心合力"下完成。

认识各类元器件、了解元器件的作用、会判别元器件的质量等是学习、应用电子技术的基础，是走进电子"殿堂"大门的第一步阶梯。

本项目的学习围绕电阻器、电容器、二极管、晶体管等元器件，以及电路图、线路板等内容展开。

知识目标

- 能说出常见的电阻器、电容器的种类，并能正确应用。
- 掌握各种电容器的读数方法、常用参数及选用的原则。
- 能辨别各类元器件，熟记各类元器件的电路符号。

技能目标

- 熟练应用万用表测量电阻器的方法来判别二极管、晶体管等器件质量，能正确区分晶体管引脚与极性。
- 熟练掌握色环电阻器的读数及测量方法、电容器容量表示方法，能用万用表估测容量大小。
- 能运用元器件手册等工具学习新元器件的功能及选用方法。

▪ 1.1 电 阻 器 ▪

☞ **学习目标**

1）能正确辨别碳膜电阻器、金属膜电阻器。

2）正确读出四环、五环电阻器的阻值。

3）了解电阻器标称系列阻值。

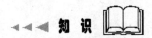 ◀◀◀ 知 识

微课
电阻器的
识别（一）

电阻器是电子电路中应用最广泛的一种元件，在电子设备中约占元件总数的 30% 以上，其质量的好坏对电路工作的稳定性有极大影响。它的主要用途是稳定和调节电路中的电流和电压，其次还可起到分流、分压的作用或作为负载使用。

1.1.1 电阻器的分类

1）线绕电阻器。包括通用线绕电阻器、精密线绕电阻器、大功率线绕电阻器、高频线绕电阻器。

2）薄膜电阻器。包括碳膜电阻器（RT）、合成碳膜电阻器（RH）、金属膜电阻器（RJ）、金属氧化膜电阻器（RY）、化学沉积膜电阻器、玻璃釉膜电阻器、金属氮化膜电阻器。

3）实心电阻器。包括无机合成实心碳质电阻器、有机合成实心碳质电阻器。

4）敏感电阻器。包括压敏电阻器、热敏电阻器、光敏电阻器、力敏电阻器、气敏电阻器、湿敏电阻器。

表 1.1 列出了几种常用电阻器的结构与特点。

表 1.1　常用电阻器的结构与特点

电阻器种类	电阻器结构与特点	实物图片
碳膜电阻器	气态碳氢化合物在高温和真空中分解，碳沉积在瓷棒或者瓷管上，形成一层结晶碳膜。改变碳膜厚度和用刻槽的方法变更碳膜的长度，可以得到不同的阻值。碳膜电阻器成本较低，性能一般	
金属膜电阻器	在真空中加热合金，合金蒸发，使瓷棒表面形成一层导电金属膜。刻槽或改变金属膜厚度可以控制阻值。这种电阻器与碳膜电阻器相比，体积小、噪声低、稳定性好，但成本较高	

续表

电阻器种类	电阻器结构与特点	实物图片
线绕电阻器	这种电阻器由康铜或者镍铬合金电阻丝，在陶瓷骨架上绕制而成，分固定和可变两种。它的特点是工作稳定，耐热性能好，误差范围小，适用于大功率的场合，额定功率一般在 1W 以上	

1.1.2　电阻器的参数与标识

1. 额定功率

电阻器的额定功率指在规定的环境温度和湿度下，假定周围空气不流通，在长期连续负载而不损坏或基本不改变性能的情况下，电阻器上允许消耗的最大功率。为保证安全使用，一般其额定功率比它在电路中消耗的功率高 1 或 2 倍。额定功率分 19 个等级，常用的有 0.05W、0.125W、0.25W、0.5W、1W、2W、3W、5W、7W、10W 等，在电路图中，非线绕电阻器额定功率的符号表示如图 1.1 所示。

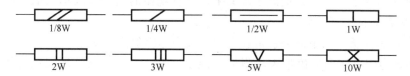

图 1.1　非线绕电阻器额定功率的符号表示

2. 标称阻值

标称阻值指电阻器上标识的阻值，其单位为欧（Ω）、千欧（kΩ）、兆欧（MΩ）。由于大批量生产的电阻器不可能满足使用者对阻值的所有要求，为保证能在一定的范围内选用电阻器，对电阻器的阻值数列按一定科学规律进行设计，这样生产厂家能批量生产，使用者也能找到合适的阻值。普通电阻器的阻值系列有 E24、E12、E6 三种，如表 1.2 所示。

将表 1.2 中的数值乘以 10^n，可得到不同的阻值，例如 1.0 这个标称值，就有 1Ω、100Ω、1kΩ、10kΩ、100kΩ、1MΩ 等阻值。

电阻器和电位器的实际阻值对于标称阻值的最大允许偏差范围称为它们的误差等级，它表示产品的精度。允许误差的等级如表 1.3 所示。

3. 标称阻值与误差允许范围的标识方法

电阻器的标称阻值和误差通常都标注在电阻器体上，标注方法有以下三种。

表 1.2　电阻器标称阻值系列

E24 （误差±5%）	E12 （误差±10%）	E6 （误差±20%）	E24 （误差±5%）	E12 （误差±10%）	E6 （误差±20%）
1.0	1.0	1.0	3.3	3.3	3.3
1.1			3.6		
1.2	1.2		3.9	3.9	
1.3			4.3		
1.5	1.5	1.5	4.7	4.7	4.7
1.6			5.1		
1.8	1.8		5.6	5.6	
2.0			6.2		
2.2	2.2	2.2	6.8	6.8	6.8
2.4			7.5		
2.7	2.7		8.2	8.2	
3.0			9.1		

表 1.3　电阻器阻值允许误差的等级

级别	005	01	02	Ⅰ	Ⅱ	Ⅲ
允许误差	±0.5%	±1%	±2%	±5%	±10%	±20%

1）直标法。直接用阿拉伯数字及单位在电阻器表面上标出，如 4.7kΩ±10%。

2）文字符号法。用阿拉伯数字及文字符号有规律的组合来表示阻值，如 2k7 表示 2.7kΩ，2R7 表示 2.7Ω 等。

3）色环标注法。用不同颜色带在电阻器表面标出阻值及误差。

① 普通电阻器用四环色带表示阻值与误差，第一、二两条色环表示有效数字，第三条色环表示 10 的倍率，第四条色环表示允许误差，如图 1.2 所示。

② 精密电阻器用五条色环表示阻值与误差，第一、二、三条色环表示有效数字，第四条色环表示 10 的倍率，第五条色环表示允许误差，如图 1.3 所示。

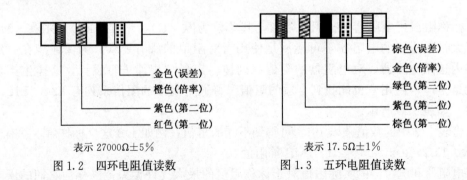

表示 27000Ω±5%　　　　　　　　表示 17.5Ω±1%

图 1.2　四环电阻值读数　　　　　图 1.3　五环电阻值读数

③ 在电路图中电阻器和电位器的单位标注规则如下。

➤ 阻值为 1MΩ 以上，标注单位为 M。例如 1MΩ，标注为 1M；2.7MΩ，标注为 2.7M。

➤ 阻值为 100kΩ～1MΩ 的，可以标注单位 k，也可以标注单位 M。例如 360kΩ，可以标注为 360k，也可以标注为 0.36M。

微课
电阻器的识别（二）

➤ 阻值为 1～100kΩ 的，标注单位为 k。例如 5.1kΩ，标注为 5.1k；68kΩ，标注为 68k。

➤ 阻值在 1kΩ 以下，可以标注单位 Ω，也可以不标注。例如 5.1Ω，可以标注为 5.1Ω 或者 5.1；680Ω，可以标注为 680Ω 或者 680。

④ 各种色环表示的数字如表 1.4 和表 1.5 所示。

表 1.4　色环颜色所代表的数字或意义（四环电阻器）

颜色	第一色环	第二色环	第三色环应乘以 10 的倍率	第四色环允许误差
棕	1	1	10^1	
红	2	2	10^2	
橙	3	3	10^3	
黄	4	4	10^4	
绿	5	5	10^5	
蓝	6	6	10^6	
紫	7	7	10^7	
灰	8	8	10^8	
白	9	9	10^9	
黑	0	0	1	
金				$\pm 5\%$
银				$\pm 10\%$
无色				$\pm 20\%$

表 1.5　色环颜色所代表的数字或意义（五环电阻器）

颜色	第一色环	第二色环	第三色环	第四色环应乘以 10 的倍率	第五色环允许误差
棕	1	1	1	10^1	$\pm 1\%$
红	2	2	2	10^2	$\pm 2\%$
橙	3	3	3	10^3	
黄	4	4	4	10^4	
绿	5	5	5	10^5	$\pm 0.5\%$
蓝	6	6	6	10^6	$\pm 0.25\%$
紫	7	7	7	10^7	$\pm 0.1\%$
灰	8	8	8	10^8	
白	9	9	9	10^9	
黑	0	0	0	1	
金				10^{-1}	
银				10^{-2}	

4. 碳膜电阻器的最高工作电压

碳膜电阻器的最高工作电压指电阻器长期工作不发生过热或电击穿损坏时两端所受的最大电压。如果电压超过规定值，电阻器内部会产生火花，引起噪声，甚至损坏。表 1.6 是碳膜电阻器的最高工作电压一览表。

表 1.6　碳膜电阻器的最高电压

标称功率/W	1/16	1/8	1/4	1/2	1	2
最高工作电压/V	100	150	350	500	750	1000

1.1.3　电阻器的选用与检测

1. 选用常识

根据电子设备的技术指标和电路的具体要求选用电阻器的型号和误差等级；额定功率应大于实际消耗功率的 1 或 2 倍；电阻器装接前要测量核对，要求较高时，须对电阻器进行人工老化处理，提高稳定性；根据电路工作频率选择不同类型的电阻器。

2. 检测方法

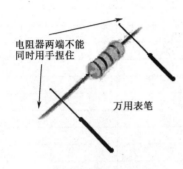

电阻器两端不能同时用手捏住

万用表笔

图 1.4　电阻器阻值的测量

将万用表两表笔（不分正负极）分别与电阻器的两端引脚相接即可测出实际阻值，如图 1.4 所示，为了提高测量精度，应根据被测电阻器标称值的大小来选择量程。由于欧姆挡刻度的非线性关系（指针表），它的中间一段分度较为精细，因此应使指针指示值尽可能落到刻度的中段位置，即全刻度起始值的 20%～80% 弧度范围内，以使测量更准确。根据阻值误差等级不同，读数与标称阻值之间分别允许有 ±5%、±10% 或 ±20% 的误差，如不相符或超出误差范围，则说明该阻值变了。

检测电阻器时，特别是在检测数十千欧以上阻值的电阻器时，手不要触及表笔和电阻器的导电部分，避免人体电阻并入造成测量偏差；色环电阻器的阻值虽然能以色环标志来确定，但在使用时最好还是用万用表测量一下其实际阻值。

■ 1.2　电　容　器 ■

☞学习目标

1) 了解常用电容器的种类，能区分电解电容器、瓷介电容器、涤纶电容器等。
2) 掌握选用电容器的基本原则与方法。
3) 正确识别电容器的标识，能用万用表估测容量。

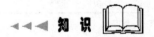

1.2.1　电容器的分类与命名

1. 分类

电容器按所用材料分为三大类，分别为有机介质电容器、无机介质

微课
电容器的识别（一）

电容器和电解电容器。各大类电容器细分如表1.7所示。

表1.7 电容器的分类

有机介质电容器	无机介质电容器	电解电容器
纸介电容器 聚苯乙烯电容器 聚酯（涤纶）薄膜电容器 聚四氟乙烯电容器 漆膜电容器 ……	云母电容器 气体介质电容器 玻璃釉电容器 瓷介质电容器 ……	铝电解电容器 钽电解电容器 铌电解电容器 ……

2. 命名

国产电容器的型号一般由以下四个部分组成（见图1.5），各部分都有其特定含义。

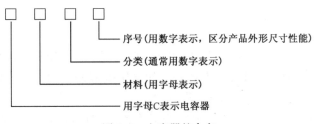

图1.5 电容器的命名

用字母表示电容器的材料时各字母的含义如表1.8所示。例如，CD11表示铝电解电容器。

表1.8 用字母表示电容器的材料

字母	电容器介质材料	字母	电容器介质材料
A	钽电解	L	聚酯（涤纶）薄膜
B	聚苯乙烯	N	铌电解
C	高频陶瓷	O	玻璃膜
D	铝电解	Q	漆膜
E	其他材料电解	S T	低频陶瓷
F	合金电解	V X	云母纸
G	纸膜复合材料	Y	云母
H	玻璃釉	Z	纸介
J	金属化纸介		

1.2.2 电容器的参数与标识

1. 电容器的标称容量

电容器的标称容量是指标识在电容器上的容量，一般电容器的标称容量系列与电阻器的系列相同，即E24、E12和E6系列。

微课
电容器的
识别（二）

电容量标识方法有以下三种。

1）直标法。在电容器壳体上直接标出容量、单位、允许偏差，如 470μF。

2）文字符号法。用文字符号与数字有规律的组合来表示容量，如 6p8 表示 6.8pF，4μ7 表示 4.7μF，1n 表示 1000pF，104 表示 100000pF 即 0.1μF。

3）色标法。用色环或色点表示容量，一般以皮法（pF）为单位，与电阻器色环规则相同。

2. 电容器的额定工作电压

电容器的额定工作电压是指电容器在电路中可长期可靠稳定地工作而不被击穿所能承受的最大直流电压（耐压）。其大小与电容器的种类、介质厚度有关。电容器常用的耐压有 6.3V、10V、16V、25V、35V、63V、100V、160V、250V、400V、630V 等。

1.2.3　电容器的选用与测量

1. 电容器的选用

选用电容器可参考以下基本原则。

1）根据实际电路要求选择合适类型的电容器。例如，用于高频电路中的电容器，应选用介质损耗小及频率特性好的电容器，如涤纶电容器、陶瓷电容器、云母电容器；用于电源滤波、退耦应选用电解电容器。

2）对电容器容量的确定要符合电容器标称值系列规定。电子产品在批量生产时，应选用电容器容量标称系列中的容量，以确保有稳定的货源，避免出现所选用的电容器无法购买。如在整流滤波电路中，根据计算得出滤波电容就为 3100μF，此容量在标称系列中不存在，故应在容量标称系列中选一个相近的值，如 3300μF。

3）选择电容器耐压时要留有余量。为确保电子产品能长期稳定工作，能适应正常电压的波动，在选择电容器的额定工作电压时要留有 20%～30% 的余量，个别电路工作电压波动较大时，还须有更大的安全余量。

2. 电容器的测量

（1）用指针万用表对较大容量的电容器进行测量

用万用表 R×1k 或 R×10k 挡，黑表笔接电解电容器的正极、红表笔接负极（无极性电容器不必区分两表笔）估测电容量。测量方法如下。

被测电容器两引脚测量前短接一下（放电），接上万用表的一瞬间，万用表指针向右摆动一个角度（容量越大，摆角越大）；随着万用表内电池对电容器充电，万用表指针逐渐向左摆回（容量越大，指针摆回速度越慢），最后指针停留在刻度最左端，此时万用表的读数即为电容器的漏电阻。用这种方法测电容量，须积累一定的经验才能较为准确地估计出电容量的大小。

（2）用电容表测量

准确测量电容量的大小须采用专业电容表。电容器的其他参数可通过万用电桥及高频 Q 表来测量，读者可参阅其他手册说明。

■ 1.3 半导体分立器件 ■

☞ **学习目标**

1）学会使用万用表判别二极管的引脚极性及质量。

2）了解常用晶体管的封装形式，能直观判别其引脚极性。

3）熟练运用万用表检测晶体管质量，判别其引脚极性。

◄◄◄ **知 识**

国产半导体分立器件的外形封装形式很多，通常用字母和数字表示，如图 1.6 所示。

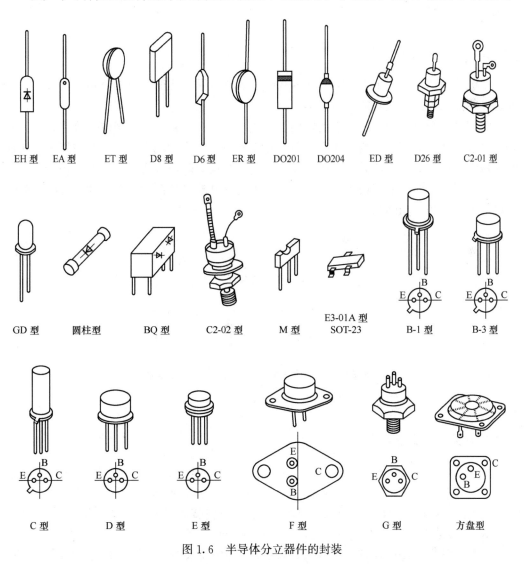

图 1.6　半导体分立器件的封装

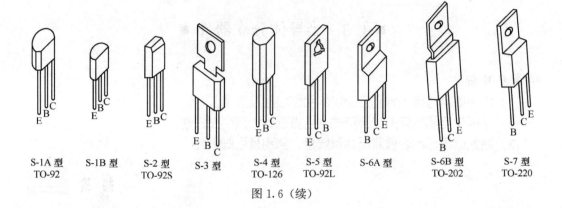

S-1A 型　　　S-1B 型　　　S-2 型　　　S-3 型　　　　S-4 型　　　S-5 型　　　S-6A 型　　　S-6B 型　　　S-7 型
TO-92　　　　TO-92S　　　　　　　　　　　　　　　TO-126　　　TO-92L　　　　　　　　　TO-202　　　TO-220

图 1.6（续）

1.3.1　二极管

1. 普通二极管的测量

二极管内部含有一个 PN 结，基本特性是单向导通，其正反向阻值相差很大，可根据这一特点来判别二极管的质量好坏。

测试二极管要使用万用电表的欧姆挡。选择 R×100 或 R×1k 挡位，万用表笔分别与二极管的两个极相连，测出两个阻值，在得到阻值较小的一次测量中，与黑表笔相连的电极为二极管的正极，另一个则为负极。如果正反向阻值都很小，说明二极管内部短路；若测得正反向阻值都很大，则说明二极管内部开路，这两种情况都说明二极管质量不好，不能使用，如图 1.7 所示。

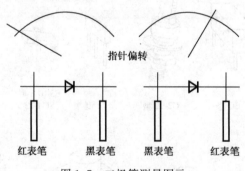

指针偏转

红表笔　　　　黑表笔　　　黑表笔　　　　红表笔

图 1.7　二极管测量图示

2. 发光二极管的测量

发光二极管（light emitting diode，LED）是一种把电能变成光能的半导体器件，当它通过一定的电流时就会发光。其内部也是一个 PN 结，具有单向导电性，故可用万用表测量其正反向阻值来判别其极性和质量好坏，方法与测量普通二极管相似。测量时，万用表置于 R×100 或 R×1k 挡位，一般正向阻值小于 50kΩ、反向阻值大于 200kΩ 以上为正常。

发光二极管的工作电流是一个重要的参数。工作电流太小，发光二极管亮度不够或不能点亮，太大则易损坏发光二极管。正常的工作电流可查阅器件手册或用图1.8的方法估测。

测量时，先将限流电位器置于最大阻值位置处，然后慢慢将电位器向阻值变小的方向调节，调到一定阻值时，发光二极管发光，然后继续调小电位器阻值，使发光二极管达到正常的亮度，这时电流表指示的电流值即为发光二极管的工作电流。

 不能使发光二极管亮度太高，否则容易使发光二极管早衰、老化。

3. 光电二极管的测量

光电二极管的管芯主要用硅材料制作，能把光照强弱变化转换成电信号，当光电二极管受光照时，其反向电流大大增加，使其内阻减小。根据这一特性，可用万用表进行测量。

（1）电阻测量法

使用万用电表 R×100 或 R×1k 欧姆挡，像普通二极管一样，正向电阻应为 10kΩ 左右，无光照时（可用手挡住光电二极管）反向阻值应为无穷大，然后让光电二极管见光，光线越强反向阻值应越小。光线特强时反向阻值可降到 1kΩ 以下，说明管子质量良好。若正、反向阻值均为零或无穷大，则说明管子是坏的，如图1.9所示。

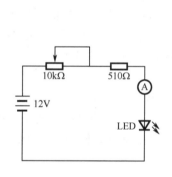

图1.8　测量发光二极管的电流

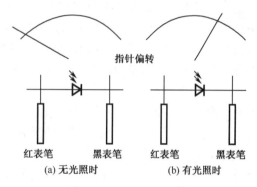

图1.9　测量光电二极管

（2）电压测量法

用万用电表（指针式）直流低电压挡位，红表笔接光电二极管正极，黑表笔接负极，在强光照射下，应可测到 0.2～0.4V 电压。

1.3.2　晶体管

晶体管的外形封装各异，相同的封装其引脚、极性可能也不一样，在使用晶体管时，必须注意其引脚的排列，一定要先检测引脚，避免装错，造成人为故障。

1. 晶体管引脚的判别

用万用表判别晶体管引脚的根据是：NPN 型晶体管基极到发射极和基极到集电极均为 PN 结的正向；而 PNP 型晶体管基极到发射极和基极到集电极均为 PN 结反向，如图1.10所示。根据二极管正向阻值小、反向阻值大的特点，判断出晶体管的基极，进而确定集电极与发射极。

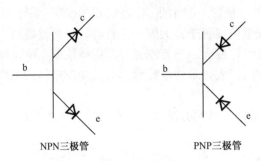

NPN三极管　　　　　　　　　PNP三极管

图 1.10　晶体管测量示意图

判别方法按下面口诀进行："三颠倒，找基极；PN 结，定管型；判 ce，动动手。"具体说明如下。

(1) 三颠倒，找基极

测试晶体管要使用万用电表的欧姆挡，选择 R×100 或 R×1k 挡位。假定事先并不知道被测晶体管是 NPN 型还是 PNP 型，也分不清各引脚是什么电极。测试的第一步是判断哪个引脚是基极。这时任取两个电极（如这两个电极为1、2），用万用电表两支表笔颠倒测量它的正、反向阻值，观察表针的偏转角度；接着再取 1、3 两个电极和 2、3 两个电极，分别颠倒测量它们的正、反向阻值，观察表针的偏转角度。在这三次颠倒测量中，必然有两次测量结果相近：即颠倒测量中表针一次偏转大，一次偏转小；剩下一次必然是颠倒测量前后指针偏转角度都很小，这一次未测的那只引脚就是晶体管的基极。

(2) PN 结，定管型

找出晶体管的基极后，就可以根据基极与另外两个电极之间 PN 结的方向来确定管子的导电类型（见图 1.10）。将万用表的黑表笔接触基极，红表笔接触另外两个电极中的任一电极，若表头指针偏转角度很大（阻值较小），则说明被测晶体管为 NPN 型管；若表头指针偏转角度很小，则被测管为 PNP 型管。

(3) 判 ce，动动手

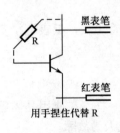

图 1.11　判别晶体
管的集电极

以 NPN 晶体管为例，确定基极后，假定其余两只引脚中的一只是集电极，将黑表笔接到此引脚上，红表笔则接到假定的发射极上，用手指把假设的集电极和已测出的基极捏起来（但不能相碰），看表针指示，并记下此时的偏转角度；然后再做相反假设，即把原来假设为集电极的引脚假设为发射极，进行同样的测试并记下指针偏转角度。比较两次读数的大小，若前者阻值较小，说明前者的假设是对的，则黑表笔接的一只引脚是集电极，另一只引脚便是发射极，如图 1.11 所示。

如要判别的是 PNP 晶体管，方法与上述相同，但将红、黑表笔极性对调一下即可。

2. 锗管和硅管的判别

判别晶体管是锗管还是硅管时，可用万用电表的欧姆挡 R×100 或 R×1k，测量晶体管的发射极正向阻值，硅管的正向阻值较大，锗管的正向阻值较小，比较即可得出结论。熟练判别方法后直接看其正向阻值即可判定。

值得一提的是，在晶体管质量良好的情况下，按以上步骤可判别晶体管的引脚排列、极性；在已知晶体管的引脚排列、极性的情况下，亦可通过上述方法检测其质量，但测试步骤可简化为如下两步：

1) 测量晶体管基极与集电极、基极与发射极间 PN 结正反向阻值，其阻值应符合正向阻值较小、反向阻值较大的特性。

2) 测量集电极与发射极间正、反向阻值，其阻值均应较大。

通过以上两次测量，基本可以认为晶体管质量良好，晶体管的放大系数可利用万用表 β 测试挡位估测。

晶体管的质量及引脚判别是一项基本电子技能，应多练多测，熟能生巧，形成自己熟悉的快捷判别方法才是最重要的。

■ 1.4 电路图与印刷电路板 ■

☞学习目标

1) 熟记各种元器件的电路符号。

2) 了解电路图的概念。

3) 了解印刷电路板的结构、功能及简单的生产制作过程。

◀◀◀ 知 识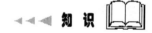

1.4.1 电路图与图形符号

如图 1.12 所示是用导线将电池、灯泡、刀形开关连接起来的实物布线图，这是接通开关灯泡就亮的最基本的电路，这个图称为实物接线图。

如果是简单的电路，则实物接线图容易画也容易理解，但对于较复杂的电路，则不仅难画也难于理解。为此，将各种各样的部件用特定符号来表示，用电气图形符号表示电路结构，称为电路图。如图 1.13 所示是用图形符号来表示的电路图。

表 1.9 示出了常用的一些元器件及其图形符号的对应关系，应熟练记忆。

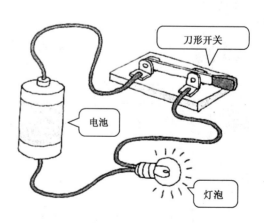

图 1.12 实物接线图

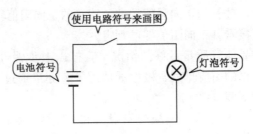

图 1.13 电路图

表 1.9 常用元器件与电路符号

元器件名称	符号	新图形符号	旧图形符号	元器件名称	符号	新图形符号	旧图形符号
电阻器	R			二极管	VD		
可变电阻器	RH			发光二极管	LED		
电容器	C			晶体管	VT	NPN / PNP	
电解电容器	C			电压表	V		
				电流表	A		
可变电容器	VC			电熔丝	F		
线圈	L			灯泡	L		
变压器	T			电池	E		
开关	S						
按钮开关（自动复原）	S			扬声器	SP		

1.4.2　印刷电路板

印刷电路板（printed circuit boards，PCB）几乎是任何电子产品的基础，出现在每一种电子设备中。一般来说，如果在某设备中有电子元器件，那么它们也都是被安装在大小各异的 PCB 上。如图 1.14 所示为电脑主板的一部分。

图 1.14　电脑主板的一部分

除了固定各种元器件外，PCB 的主要作用是提供各项元器件之间的电路连接。随着电子设备越来越复杂，需要的元器件越来越多，PCB 上的线路与元器件也越来越密集。

PCB 本身是由绝缘隔热并无法弯曲的材质制作而成，在表面可以看到的细小线路材料是铜箔。在被加工之前，铜箔是覆盖在整个电路板上的，而在制造过程中一部分被蚀刻处理掉，留下来的另一部分就成为网状的细小线路了。因这个加工生产过程多是通过印刷方式形成供蚀刻的轮廓，故才得到印刷电路板的命名。

如图 1.15 所示，PCB 上的线条被称为导线或布线，用来提供 PCB 上元器件的电路连接。

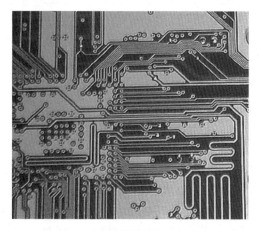

图 1.15　印刷电路板（PCB）

1. PCB 上元器件的安装

为了将元器件固定在 PCB 上面，需将元器件的引脚直接焊在布线上。在最基本的 PCB（单面板）上，元器件都集中在其中一面，导线则都集中在另一面。这么一来就需要在板子上打孔，元器件引脚才能穿过板子到另一面，所以元器件的引脚是焊在另一面上的。因此，PCB 的正反面分别被称为元器件面与焊接面。

对于部分可能需要频繁拔插的元器件，比如主板上的 CPU，需要给用户可以自行调整、升级的空间，就不能直接将它们焊接在主板上了，这时候便需要用到插座（socket），虽然插座是直接焊在电路板上，但元器件可以随意地拆装。如图 1.16 所示的插座，即可以让元器件（这里指的是 CPU）轻松插进插座，也可以拆下来。插座旁的固定杆，可以在插进元器件后再将其固定。

图 1.16　电路板上的插座

2. PCB 的颜色

一般来说，PCB 的颜色以绿色或棕色居多，当然也有部分产品采用更绚丽漂亮的颜色，不过，多是出于外观而非产品性能或生产要求方面的考虑，因为这些常用颜色是防焊漆的颜色。对 PCB 来说，防焊层是相当重要的，它是绝缘的防护层，可以保护铜线，也可以防止元器件被焊到不正确的地方。在防焊层上另外会印刷上一层网版印刷面。通常在这上面会印上文字与符号（大多是白色的），以标示出各元器件在板子上的位置。网版印刷面也被称为图标面。

3. PCB 上的元器件安装技术

（1）插入安装技术

将元器件安置在 PCB 的一面，并将引脚焊在另一面上，这种技术称为"插入安装技术（THT）"，安装方式如图 1.17 所示。大致说来，这种安装方式，虽然一方面元器件需要占用大量的空间，并且要为每只引脚钻一个孔，每只元器件和其引脚要占用两面的空间，而且焊点也比较大，但是另一方面，THT 元器件和 SMT（表面安装技术）元器件比起来，与 PCB 连接的构造比较好，如排线的插座这种需要耐压力的元器件，通常采用 THT 封装方式。

图 1.17　THT 安装方式

（2）表面安装技术

使用表面安装技术（SMT）的元器件，引脚焊在与元器件同一个面上，如图 1.18 所示。一方面，这种安装技术避免了像 THT 那样需要为每个引脚的焊接而在 PCB 上钻洞的麻烦；另一方面，可以在 PCB 的两面均安装元器件，这也大大提高了 PCB 面积的利用率。

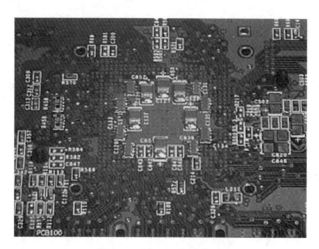

图 1.18　SMT 安装方式

另外，采用 SMT 技术安装的元器件也比 THT 的元器件要小，与使用 THT 元器件的 PCB 比起来，使用 SMT 的 PCB 上元器件要密集很多。相比较而言，采用 SMT 安装的元器件也比 THT 的元器件要便宜，因此，如今的 PCB 上大部分都采用 SMT 方式。

目前 PCB 的生产均采用全自动技术，尽管 SMT 元器件的安装焊点和元器件的接脚非常小，也不会增加生产中的难度，但是，当出现故障维修需要更换元器件时，则对焊接技术提出了更高的要求。

■ 动手做 常用元器件识别板 ■

☞**学习目标**

　1）能根据电阻器上的色环读出电阻器的阻值，并能正确选用合适的电阻器。

　2）知道电容器的分类、容量大小读数。

　3）了解常用二极管的封装形式，能根据二极管上的标识，判别二极管的引脚极性。

　4）了解晶体管的分类及封装形式。

　5）了解电位器的分类、封装形式，能根据电位器上的标识，正确读出其阻值大小。

　6）能用数字万用表检测电阻器的阻值大小、电容器的容量、二极管与晶体管的极性、电位器阻值变化范围。

◀◀◀ **动手做**

动手做1　剖析电路工作原理

1. 电路原理图

如图 1.19 所示为常用元器件识别板的电路原理图。

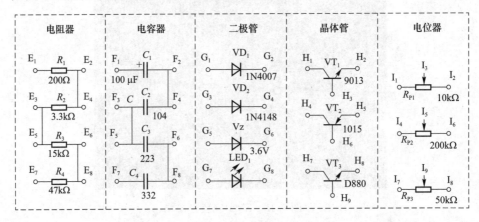

图 1.19　电路原理图

2. 工作原理分析

本电路由五大类元器件组成，分别是电阻器、电容器、二极管、晶体管、电位器。

1）电阻器电路部分由 $R_1 \sim R_4$ 组成，这 4 个电阻器连接成了电阻串联电路。E_1、E_2 为电阻器 R_1 两端的测试点，E_3、E_4 为电阻器 R_2 两端的测试点，E_5、E_6 为电阻器 R_3 两端的测试点，E_7、E_8 为电阻器 R_4 两端的测试点，用万用表测量相应的测试点可以测出相应的单个或串联后电阻器的阻值。

2）电容器电路部分由 $C_1 \sim C_4$ 组成，分别是电解电容器 $100\mu F/25V$、瓷片电容器 104（$0.1\mu F$）、独石电容器 223（22nF）、涤沦电容器 332（3.3nF），这 4 个电容器连接成了电容串联电路。$F_1 \sim F_8$ 为测试点，用万用表测量相应的测试点可以测出相应的单个或串联后电容器的容量。

3）二极管电路部分由 VD_1、VD_2、V_Z、LED_1 组成，分别是整流二极管 1N4007、开关二极管 1N4148、稳压二极管 $3.6V/0.5W$、红色 $\phi 5$ 发光二极管。$G_1 \sim G_8$ 为测试点，用万用表测量相应的测试点可以判别二极管的极性与元器件性能。

4）晶体管电路部分由 $VT_1 \sim VT_3$ 组成，分别是 NPN 型小功率晶体管 S9013、PNP 型小功率晶体管 1015、NPN 型中功率晶体管 D880。$H_1 \sim H_9$ 为测试点，用万用表测量相应的测试点可以判别晶体管的管型、引脚与性能。

5）电位器电路部分由 $R_{P1} \sim R_{P3}$ 组成，分别是蓝白电位器 $10k\Omega$、3296 型电位器 $200k\Omega$、148 型单联电位器 $50k\Omega$。$I_1 \sim I_9$ 为测试点，用万用表测量相应的测试点可以判断电位器的调节范围与元器件性能。

动手做 2 准备工具及材料

1. 准备制作工具

电烙铁、烙铁架、电子钳、尖嘴钳、镊子、一字螺钉旋具、数字万用表、静电手环等。

2. 材料清单

制作元器件识别板的材料清单如表 1.10 所示。

表 1.10 材料清单

序号	标号	参数或型号	序号	标号	参数或型号
1	R_1	200Ω	11	V_Z	$3.6V$
2	R_2	$3.3k\Omega$	12	LED_1	红色 $\phi 5$ LED
3	R_3	$15k\Omega$	13	VT_1	S9013
4	R_4	$47k\Omega$	14	VT_2	1015
5	C_1	$100\mu F/25V$	15	VT_3	D880
6	C_2	瓷片电容器 104	16	R_{P1}	蓝白电位器 $10k\Omega$
7	C_3	独石电容器 223	17	R_{P2}	3296 型 $200k\Omega$
8	C_4	涤纶电容器 332	18	R_{P3}	148 型单联 $50k\Omega$
9	VD_1	1N4007	19		配套双面 PCB
10	VD_2	1N4148	20		焊锡丝若干

3. 元器件识别与检测

1）识别与测量电阻器。

按表 1.11 中的要求对色环电阻器进行读数与测量并记录。

表 1.11　识别与测量电阻器记录表

序号	标号	色环	标称值	万用表检测值	万用表挡位
1	R_1				
2	R_2				
3	R_3				
4	R_4				

2）识别与测量电容器。

按表 1.12 中的要求识别电容器名称、标称容量与检测容量并记录。

表 1.12　识别与测量电容器记录表

序号	标号	电容器名称	标称容量/μF	万用表检测值	万用表挡位
1	C_1				
2	C_2				
3	C_3				
4	C_4				

3）识别与测量二极管。

按表 1.13 中的要求识别二极管的名称，判别二极管的性能并记录。

表 1.13　识别与测量二极管记录表

序号	标号	二极管名称	正向测量结果（导通或截止）	反向测量结果（导通或截止）	万用表挡位	性能判定（良好或损坏）
1	VD_1					
2	VD_2					
3	V_Z					
4	LED_1					

4）识别与测量晶体管。

按表 1.14 中的要求识别晶体管的型号，判别管型、引脚名称，测量直流放大倍数并记录。

表 1.14　识别与测量晶体管记录表

序号	标号	晶体管型号	管型（NPN 或 PNP）	引脚排列（e、b、c）	直流放大倍数
1	VT_1			1—（　　） 2—（　　）	
2	VT_2			1—（　　） 3—（　　）	

续表

序号	标号	晶体管型号	管型 （NPN 或 PNP）	引脚排列 （e、b、c）		直流放大倍数
3	VT$_3$			 3 2 1	2—（　　） 3—（　　）	

5）识别与测量电位器。

按表 1.15 中的要求识读电位器的标称阻值，测量阻值可调范围、判定元器件的性能并记录。

微课
电位器的
识别与检测

表 1.15　识别与测量电位器记录表

序号	标号	电位器外形	标称阻值	实测阻值 可调范围	性能判定 （良好或损坏）
1	R$_{P1}$	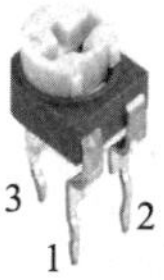			
2	R$_{P2}$				
3	R$_{P3}$				

动手做 3　安装步骤

1. 元器件安装顺序与工艺

按照表 1.16 中的顺序，将元器件安装在 PCB 上。

表 1.16　元器件安装顺序及工艺

步骤	元器件名称	安装工艺要求
1	电阻器	① 水平卧式安装，色环朝向一致； ② 电阻器本体紧贴 PCB，两边引脚长度一致； ③ 剪脚留头在 1mm 以内，不伤到焊盘
2	二极管 VD$_1$、VD$_2$、V$_Z$	① 区分二极管的正负极，水平卧式安装； ② 二极管本体紧贴 PCB，两边引脚长度一致； ③ 剪脚留头在 1mm 以内，不伤到焊盘

续表

步骤	元器件名称	安装工艺要求
3	瓷片电容器 C_2 独石电容器 C_3 涤纶电容器 C_4	① 能看清电容器的标识位置，PCB 上字标可见度要大； ② 垂直安装，瓷片电容器引脚根基离 PCB 1～2mm，独石电容器、涤纶电容器紧贴 PCB； ③ 剪脚留头在 1mm 以内，不伤到焊盘
4	电解电容器 C_1	① 正确区别电容器的正负极，垂直安装，紧贴 PCB 板； ② 剪脚留头在 1mm 以内，不伤到焊盘
5	发光二极管 LED_1	① 注意区分发光二极管的正负极； ② 垂直安装，紧贴电路板或安装到引脚上的凸出点位置； ③ 剪脚留头在 1mm 以内，不伤到焊盘
6	晶体管 VT_1～VT_3	① 区分晶体管的型号与三只引脚，垂直安装； ② 晶体管的管体距 PCB 3～5mm； ③ 剪脚留头在 1mm 以内，不伤到焊盘
7	蓝白电位器 R_{P1} 3296 型电位器 R_{P2}	① 对准 PCB 插孔，直插到底，不倾斜； ② 分清电位器的引脚与方向； ③ 剪脚留头在 1mm 以内，不伤到焊盘
8	148 型电位器 R_{P3}	① 对准 PCB 插孔，直插到底，不倾斜； ② 电位器旋钮应朝向 PCB 的外侧； ③ 剪脚留头在 1mm 以内，不伤到焊盘

2. 安装元器件识别板

1）如图 1.20 所示为常用元器件识别板印刷电路板图。

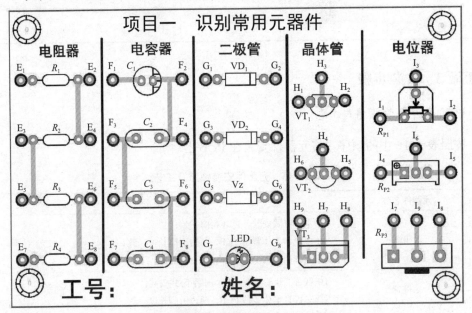

图 1.20 常用元器件识别板印刷电路板图

2）如图 1.21 所示为常用元器件识别板元器件装配图。

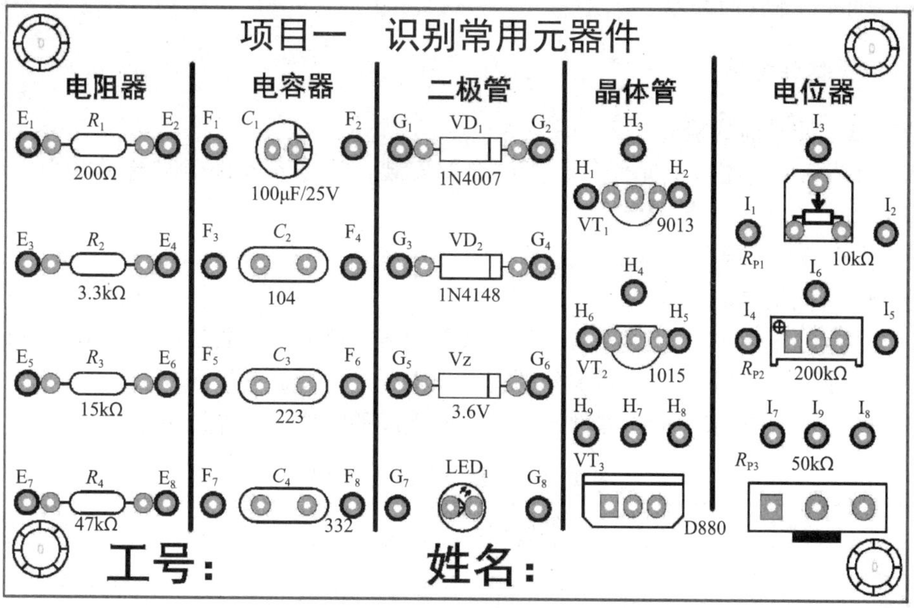

图 1.21 常用元器件识别板元器件装配图

3. 评价安装工艺

根据评价标准，从元器件识别与检测、整形与插装、元器件焊接工艺三方面对电路安装进行评价，将评价结果填入表 1.17 中。

表 1.17 电路安装评价

序号	评价分类	优	良	合格	不合格
1	元器件识别与检测				
2	整形与插装				
3	元器件焊接工艺				
说明	优	有 5 处或 5 处以下不符合要求			
	良	有 5 处以上、15 处以下不符合要求			
	合格	有 15 处以上、25 处以下不符合要求			
	不合格	有 25 处以上不符合要求			

动手做 4 测量元器件识别板的技术参数

1. 测量参数项目

1）测量两点间的阻值大小。

2）测量两点间的电容大小。

3）判断二极管的极性。

4）判断晶体管的性能。

2. 测量操作步骤

步骤 1　测量前的检查

1）整体目测电路板上元器件是否已全部安装，检查元器件引脚有无漏焊、虚焊、搭锡等情况。

2）检查极性元器件引脚是否装错。

步骤 2　测量电路参数

元器件识别板可用于判别元器件类型及万用表检测元器件质量，也可用于技能检测过关考核与评价，按下列表中要求分别完成识别板上的元器件检测并记录。

1）按表 1.18 要求测量元器件识别板上两点间的阻值大小并记录。

表 1.18　测量阻值大小记录表

序号	测量点	阻值大小	万用表挡位	理论计算阻值
1	$E_1 \sim E_3$			
2	$E_1 \sim E_6$			
3	$E_1 \sim E_7$			
4	$E_2 \sim E_6$			
5	$E_2 \sim E_7$			

2）按表 1.19 要求测量元器件识别板上两点间的电容器容量并记录。

表 1.19　测量电容器容量大小记录表

序号	测量点	电容器容量大小	万用表挡位
1	$F_4 \sim F_6$		
2	$F_3 \sim F_8$		
3	$F_4 \sim F_7$		
4	$F_3 \sim F_7$		

3）判断元件器识别板上的二极管极性，将结果填写在表 1.20 中。

表 1.20　判断二极管极性

序号	测量点	正极引脚	负极引脚
1	G_1、G_2		
2	G_3、G_4		
3	G_5、G_6		
4	G_7、G_8		

4）判断元器件识别板上晶体管 VT_1 的性能，将结果记录在表 1.21 中。

表 1.21 判断晶体管 VT₁ 性能记录表

序号	测量点		万用表上 显示的数值	质量判定 （良好或损坏）
	万用表正极	万用表负极		
1	H_3	H_1		
2	H_3	H_2		
3	H_1	H_3		
4	H_2	H_3		

步骤 3 评价参数测量结果

根据万用表使用情况与测量数据记录进行评价，将评价结果记录在表 1.22 中。

表 1.22 评价记录表

序号	评价分类	优（5 处以下错误）	良（6～10 处错误）	合格（11～15 处错误）	不合格（16 处以上错误）
1	仪表使用规范				
2	测量数值记录				

■ 项 目 小 结 ■

1）认识元器件是学习电路技术的第一步，是学以致用的重要阶梯，对于每一个元器件不用去探究其深奥的制造过程及工作原理，重要的是掌握其用法及在电路中的功能，能正确选用元器件是本项目的学习重点。

2）初次接触色环电阻器，对读数规则会感到较为烦琐，色环代表的数字意义易学易忘，故在学习中应善于总结，归纳出适合自己的记忆方法。

3）晶体管的测量是一项实践性较强的技能，在深刻理解测量原理（如测量晶体管的示意图 1.10）后，须反复练习、持之以恒。熟能生巧是技能训练的一大法宝。

4）电子元器件成千上万，在本项目中不可能一一涉及，掌握学习方法至关重要。一般拿到一个陌生元器件，可通过查阅元器件手册、利用网络资源、咨询生产厂家和销售商等途径了解其功能参数。如某个集成电路，至少应明确集成电路作用、各引脚功能、电源等参数，最好有外围典型应用图等，做到在应用中有的放矢。

◀◀◀ 知识链接

常用二极管/晶体管的主要参数

常用二极管与晶体管的主要参数如表 1.23～表 1.25 所示。

表 1.23　常用晶体管主要参数表

型号	极性	参数	型号	极性	参数
9011	NPN	30V/0.03A/0.4W	BU508	NPN	1500V/7.5A/75W
9012	PNP	20V/0.5A/0.6W	C2482	NPN	150V/0.1A/0.9W
9013	NPN	20V/0.5A/0.6W	C2068	NPN	70V/0.2A/0.6W
9014	NPN	45V/0.1A/0.4W	C8050	NPN	25V/1.5A/1W
9018	NPN	15V/0.05A/0.4W	C8550	PNP	25V/1.5A/1W
C1815	NPN	60V/0.15A/0.4W	3DG6	NPN	15V/0.02A/0.1W
A1013	PNP	160V/1A/0.9W	3DG12	NPN	30V/0.3A/0.7W
2N5551	NPN	160V/0.6A/0.6W	3AX31A	PNP	12V/0.125A/0.125W
2N5401	PNP	160V/0.6A/0.6W	3DD12A	NPN	100V/5A/50W
MJE13003	NPN	400V/1.5A/14W	3DD15A	NPN	50V/3A/50W
MJE13005	NPN	400V/4A/60W	2N3773	NPN	160V/16A/150W
D880	NPN	60V/3A/30W	TIP120	NPN	60V/5A
C2073	NPN	150V/1.5A/25W	TIP121	NPN	80V/5A
A940	PNP	150V/1.5A/1.5W	TIP125	PNP	60V/5A
D1403	NPN	1500V/6A/50W	TIP126	PNP	80V/5A
D1555	NPN	1500V/5A/50W	TIP31	NPN	40V/3A
MJ3055	NPN	60V/15A/115W	TIP32	PNP	40V/3A
MJ2955	PNP	60V/15A/115W	TIP48	NPN	300V/1A
BU406	NPN	400V/7A/60W	TIP50	NPN	400V/1A

表 1.24　常用二极管主要参数表

型号	参数	型号	参数	型号	参数
1N4001	50V/1A	1N5393	200V/1.5A	1N5402	200V/3A
1N4002	100V/1A	1N5394	300V/1.5A	1N5404	300V/3A
1N4003	200V/1A	1N5395	400V/1.5A	1N5405	400V/3A
1N4004	400V/1A	1N5396	500V/1.5A	1N5406	500V/3A
1N4005	600V/1A	1N5397	600V/1.5A	1N5407	600V/3A
1N4006	800V/1A	1N5398	800V/1.5A	1N5408	800V/3A
1N4007	1000V/1A	1N5399	1000V/1.5A	1N5409	1000V/3A
1N5391	50V/1.5A	1N5400	50V/3A	1N4148	75V/100mA
1N5392	100V/1.5A	1N5401	100V/3A	DB3	30V/100mA

表 1.25　常用稳压二极管主要参数表

型号	参数	型号	参数	型号	参数
1N4728A	3.3V/1W	1N4735A	6.2V/1W	HZ3B1	3V/0.5W
1N4729A	3.6V/1W	1N4736A	6.8V/1W	HZ4B1	3.9V/0.5W
1N4730A	3.9V/1W	1N4737A	7.5V/1W	HZ5B1	4.8V/0.5W
1N4731A	4.3V/1W	1N4742A	12V/1W	HZ2C1	2.2V/0.5W
1N4732A	4.7V/1W	1N4744A	15V/1W	HZ5C1	5.1V/0.5W
1N4733A	5.1V/1W	1N4751A	30V/1W	HZ7A1	6.6V/0.5W
1N4734A	5.6V/1W	HZ2B1	2V/0.5W	HZ7A3	6.9V/0.5W

知 识 巩 固

一、填空题

1. 在国际单位制中，电阻器的单位是_____，用符号_____来表示。

2. 电阻器按制作材料可分为_____电阻器、_____电阻器和_____电阻器等。

3. 电阻器的主要参数有_____、_____和_____等。

4. 电容器按材料可分为_____电容器、_____电容器和_____电容器。

5. 电容器参数的标注方法有_____法、_____法和_____法。

6. 电容器的主要参数有_____、_____、_____、_____和_____。

7. 在测量二极管时，如果万用表的指针两次测量都迅速偏转到零，说明该二极管_____。

8. 采用不同的电阻挡测量二极管正向电阻值，R×1k 挡测出的电阻值_____（填"较大"或"较小"），而用 R×100 挡测出的电阻值_____（填"较大"或"较小"），这说明二极管是_____元件。二极管的正反向电阻值相差越_____越好，且电阻值小的那次黑表笔所接的为二极管的_____极。

9. 正常情况下，集电结和发射结正向电阻值都_____，为_____至_____；反向电阻值都_____，为_____至_____。

10. 检测晶体管质量需要进行_____次；测量_____正反向电阻值各一次，测量_____正反向电阻值各一次；_____与_____之间电阻值两次。只有每次测量都正常，才能说明晶体管是良好的。

二、选择题

1. 一只电阻器上标有"6R8"的字样，则表示该电阻器的标称电阻值为_____。

A. 6.8Ω   B. 6.8kΩ   C. 68Ω   D. 无法判定

2. 四环电阻器的前三环依次是黄黑金，其电阻值为_____。

A. 4Ω   B. 40Ω   C. 400Ω   D. 4000Ω

3. 数码法表示电阻器的标称值，103 表示的电阻值是_____。

A. 103Ω   B. 100Ω   C. 1000Ω   D. 10kΩ

4. 电阻器额定功率的图形符号中，—▭—表示的是_____。

A. 0.125W   B. 0.5W   C. 1W   D. 2W

5. 电容器的符号是_____。

A. R B. L C. C D. Q

6. 681 是用_____表示电容器的标称容量。

A. 直标法   B. 文字符号法   C. 色标法   D. 数码表示法

7. 下列电容器中属于有极性电容器的是_____。

A. 云母电容器   B. 钽电解电容器

C. 聚苯乙烯电容器   D. 陶瓷电容器

8. 将万用表的红、黑表笔分别接在电容器引脚上，如果指针向右偏转到零刻度后，不再向左回归，说明_____。

A. 内部开路   B. 内部短路

C. 电容器容量太小   D. 漏电

9. 以下不是电容器用途的是_____。

A. 整流   B. 滤波   C. 耦合   D. 旁路

10. 电容器的主要参数中，没有_____。

A. 标称容量   B. 额定电压   C. 额定功率   D. 温度系数

11. 下面不属于电容器参数选择基本原则的是_____。

A. 选择通过认证机构认证的生产商制造、符合国标要求的电容器

B. 根据功能要求选择不同介质组成的电容器

C. 根据电路要求选择容量适合、误差符合要求的电容器

D. 根据电路要求选择额定电压低于电路工作电压的电容器

12. 测得一只晶体管的 b 极与 e 和 c 两电极的电阻值正常，而 e-c 极的正向和反向电阻值都为无穷大，此结果表明该晶体管的 e-c 极_____。

A. 开路   B. 击穿短路   C. 正常   D. 无法判定

13. 用万用表的 R×100 挡测量晶体管的各极间的正反向电阻值都为 0，这说明该晶体管_____。

A. 两个 PN 结都击穿   B. 两个 PN 结都烧断

C. 只有发射结烧断   D. 只有集电极击穿

14. 用万用表 R×1k 挡测量晶体管，先将黑表笔放在基极上（假设基极已找到），然后用红表笔分别接到另外两脚，结果两次电阻值均很小，则该管为_____。

A. PNP 管   B. NPN 管

C. 大功率管   D. 条件不足，无法判断

15. 用万用表 R×100 挡测量晶体管各极间的正反向阻值，都呈现很高的阻值，说明该晶体管_____。

A. 两个 PN 结都击穿   B. 两个 PN 结都烧断

C. 只有发射结烧断   D. 只有集电极击穿

三、综合题

1. 某同学用万用表 R×1k 挡测量 4 只二极管，结果如表 1.26 所示，根据结果判断二极管的质量。

表 1.26 二极管质量评判结果

二极管序号	正向电阻值	反向电阻值	质量评判结果
①号	$5.2k\Omega$	∞	

续表

二极管序号	正向电阻值	反向电阻值	质量评判结果
②号	4.9kΩ	23kΩ	
③号	∞	∞	
④号	0	0	

2. 某学生用万用表 R×1k 挡测量一只晶体管，结果如表 1.27 所示。

表 1.27　晶体管引脚阻值

黑表笔	引脚	红表笔		
		①	②	③
	①	∞	∞	
	②	4.7kΩ		4.7kΩ
	③	∞	∞	

1）判断晶体管的类型及基极。

2）判断晶体管的质量优劣。

项目二

制作电源适配器

电子设备的正常工作离不开稳定、合适的电源供给，懂得交/直流电压的变换原理是学习电子电路的首要任务。

电源适配器是指能将交流电压转换成几十伏以内直流电压的电源装置，广泛应用于各种小型电子设备，如复读机、收放机、电脑 LCD 显示屏、单片机仿真器、连接宽带上网的"猫"等，与人们日常生活密切相关。

本项目的学习始终围绕电源适配器，包括其原理、拆装、维护、改进和设计等。

知识目标

- 明确二极管的特性与应用。
- 掌握基本整流方式与滤波原理，熟记三种典型整流滤波电路的构成。
- 了解发光二极管、稳压二极管的应用。

技能目标

- 熟悉用万用表测量电压、电流的方法。
- 学习查阅晶体管手册，正确选用整流二极管。
- 能设计并画出整流滤波电路。
- 了解常见的电源适配器内部结构，会拆装、测试，并能分辨其性能优劣。

■2.1 二 极 管■

☞学习目标

1）了解二极管的单向导电性。
2）知道二极管的正向、反向偏置。
3）会画二极管的符号。
4）学会查器件手册，能根据要求选用合适的二极管。

◄◄◄ 知 识

2.1.1 二极管的符号与参数

1. 二极管的符号

如图 2.1 所示的是广泛应用于电视机、扩音器、稳压电源等电子产品的各种不同外形的二极管。

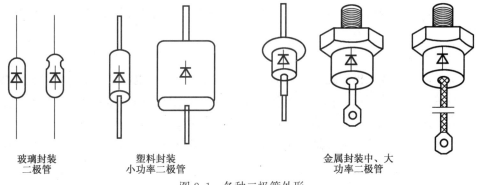

玻璃封装二极管　　塑料封装小功率二极管　　金属封装中、大功率二极管

图 2.1 各种二极管外形

在实际电路图中不需要画出二极管实体器件的结构，通常是用特定的电路符号和文字符号来表示。如图 2.2 所示，用类似于一个"箭头"的符号表示二极管，"箭头"的尖端表示二极管的负极（阴极），另一端表示二极管的正极（阳极），"箭头"所指的方向是二极管正向电流的流动方向，文字符号常用 VD 表示。

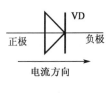

图 2.2 二极管符号

2. 二极管的单向导电性

【动动手】 按照图 2.3 所示连接电路并观察电路中指示灯的变化。
【动动脑】 如何得出二极管的特性？

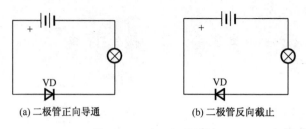

图2.3 观察二极管特性

为了验证二极管的特性，将两节电池串联后，正极接到二极管的正极与指示灯连接，如图2.3(a)所示，观察指示灯的亮、暗情况；将二极管的正、负极对调后再接入电路，如图2.3(b)所示，再观察指示灯的亮、暗情况。

实验表明，当电流从二极管的正极流入、负极流出时，指示灯亮，说明二极管的内阻很小，可以通过较大的电流；反之，指示灯不亮，说明几乎没有电流流过二极管，二极管呈现很大的电阻。

由此可得出如下结论。

（1）正向导通

电源的正极（或正极串接电阻器后）接二极管的正极，电源的负极（或负极串接电阻器后）接二极管的负极，称给二极管加正向偏置（也称正向电压）。此时二极管导通，呈现较小的阻抗，形成较大的正向电流，二极管的这种状态称为正向导通。

（2）反向截止

电源的正极（或正极串接电阻器后）接二极管的负极，电源的负极（或负极串接电阻器后）接二极管的正极，称给二极管加反向偏置（也称反向电压）。此时二极管截止，呈现很大的阻抗，几乎没有电流流过，这种状态称为反向截止。

综上所述，二极管正向导通，反向截止，即二极管具有单向导电性。

3. 二极管的参数

二极管常用于整流电路，由于生产工艺等原因，各个厂商的二极管都有其额定的参数。在实际使用中，二极管的工作电流、反向电压若超过其规定的最大值，则可能造成损坏。各种型号的二极管参数在二极管手册中均可查到，这些参数是设计电路时选用二极管的重要依据。最主要的二极管参数有以下两个。

（1）最大整流电流 I_{FM}

I_{FM} 也称为额定电流，指二极管长期运行时允许通过的最大正向平均电流，在实际电路中流过二极管的电流若大于 I_{FM}，则会造成二极管过热损坏。

（2）最高反向工作电压 U_{RM}

U_{RM} 也称为额定电压，指二极管工作时允许外加的最高反向电压，超过此值，二极管可能被反向击穿而损坏。为确保二极管安全工作，最高反向工作电压常取击穿电压的

微课
点亮发光二极管

微课
二极管与开关的对比实验

1/3～1/2。

【例2.1】　二极管1N4007、1N4148最大整流电流及最高反向工作电压分别是多少?

解　查手册得知,1N4007的最大整流电流为1A,最高反向工作电压为1000V;1N4148最大整流电流为100mA,最大反向工作电压为75V。

另外值得一提的是,二极管正向导通电压必须大于其门槛电压(也称死区电压),硅管的门槛电压约为0.5V,锗管的约为0.2V。二极管导通后,其正向导通电压硅管的约为0.6～0.7V,锗管的约为0.2～0.3V。在额定电流内,二极管正向导通电压基本保持恒定。

2.1.2　二极管的命名方法

根据《半导体分立器件型号命名方法》(GB/T 249—2017),各厂商根据所生产二极管的材料、用途等对二极管进行命名,如图2.4所示。

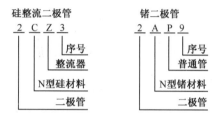

图2.4　二极管的命名

更多的二极管命名可参阅二极管手册,国外的二极管命名方法与我国国标不同,有兴趣的读者可参阅相关手册。

2.1.3　特殊二极管及应用

1. 稳压二极管

稳压二极管是一种由硅材料制成的能稳定电压的二极管,简称稳压管。稳压管反向击穿时,在一定的电流范围内,两端的电压基本保持不变,因而广泛应用于稳压电源等电路中。

(1) 稳压管正常工作的条件

稳压二极管能够稳定工作,须满足以下两个基本条件。

1) 稳压管两端必须加上一个大于其击穿电压的反向电压。

2) 必须限制其反向电流,使稳压管工作在额定电流内,如加限流电阻器。

(2) 稳压管的主要参数

1) 稳定电压U_Z。指在规定电流下稳压管的击穿电压。值得注意的是,由于半导体器件的离散性,即使同一型号的稳压管,U_Z也有一定的差异。

2) 稳定电流I_Z。指稳压管在稳压状态下的工作电流。根据稳压管的功耗不同,稳定电流有一定的允许变化范围,电流偏小,稳压效果变坏,在允许范围内,电流偏大,稳压效果较好。

3）额定功耗 P_{ZM}。稳压管的稳定电流与稳定电压的乘积为额定功耗，稳压管的实际功耗超过此值时会因过热而损坏。常用稳压管的额定功耗有 0.5W、1W 等。

【例 2.2】 如图 2.5 所示为典型稳压管应用电路，已知稳压管稳定电压 U_Z 为 12V，最小稳定电流 I_{Zmin} 为 5mA，最大稳定电流 I_{Zmax} 为 40mA，负载电阻器 R_L 为 1kΩ，求限流电阻器 R 的取值范围。

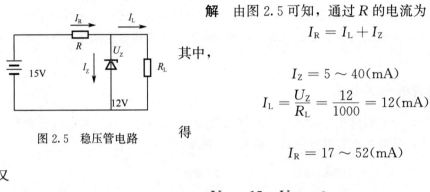

图 2.5 稳压管电路

解 由图 2.5 可知，通过 R 的电流为

$$I_R = I_L + I_Z$$

其中，

$$I_Z = 5 \sim 40(\text{mA})$$

$$I_L = \frac{U_Z}{R_L} = \frac{12}{1000} = 12(\text{mA})$$

得

$$I_R = 17 \sim 52(\text{mA})$$

又

$$I_R = \frac{U_R}{R} = \frac{15 - U_Z}{R} = \frac{3}{R}$$

可得

$$R = \frac{3}{I_R}$$

故

$$R_{max} = \frac{3}{17} = 176(\Omega)$$

$$R_{min} = \frac{3}{52} = 58(\Omega)$$

所以，限流电阻器 R 的取值范围为 58~176Ω。

2. 发光二极管

发光二极管（LED）根据所采用材料的不同，当加上正向电压时会发出各种颜色的光，如红、绿、黄、蓝，根据需要发光二极管外形可制成方形、圆形等。根据发光亮度可分为普通亮度、高亮度、超高亮度等，如电源指示灯一般采用普通亮度，而交通信号灯则采用超高亮度。

（1）发光二极管的特性

发光二极管加正向电压时导通并发光，但其门槛电压比整流二极管高，约为 1.2~2.5V，而反向击穿电压较低，约为 5V；而发光二极管的正向工作电流约为 5~20mA，电流越大亮度越高，但不能超过极限电流。表 2.1 列出了几种发光二极管的参数。

（2）发光二极管的基本应用

要使发光二极管正常工作，则必须加上正向电压、合适的工作电流，可以根据需要设计出不同的驱动电路。

表 2.1 常用发光二极管的主要参数

型号	正向电压/V	最大工作电流/mA	反向击穿电压/V	反向电流/μA	波长/nm	颜色	最大功耗/W	备注
BT101	≤2	20	≥5	≤50	650	红	0.05	φ3
BT103	≤2.5	20	≥5	≤50	700	绿	0.05	
BT214	≤2.5	40	≥5	≤50	585	黄	0.09	
2EF102	2	50	≥5	≤50	700	红		
BT116-X	≤2.5	20	≥5	≤100	660	红	0.1	高亮
BT616-X	≤2.5	30	≥5	≤100	660	红	0.1	高亮
BT3143	≤2.5	30	≥5	≤100	565	绿	0.1	高亮

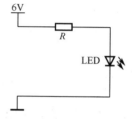

图 2.6 例 2.3 电路

【例 2.3】 如图 2.6 所示，已知 LED 的工作电流为 10mA，正向导通电压为 1.5V，求限流电阻器 R 的取值。

解 由欧姆定律得

$$U_R = 6 - 1.5 = 4.5 \ (V)$$

故

$$R = \frac{U_R}{I_R} = \frac{4.5}{10 \times 10^{-3}} = 450(\Omega)$$

3. 光电二极管

光电二极管得名于它的光敏特性。光电二极管封装壳上有一个窗口，用于接收光线，光电二极管有以下两种基本应用。

（1）光电池

光电二极管可作为光电池。在有光照的情况下，将产生与太阳能电池相似的电压，输出电压约为 0.45V。电流很小，此应用常只限于测光仪表等。用作光电池的光电二极管，其基本电路如图 2.7 所示。

（2）光导管

光电二极管工作于光导管方式时也称为光敏二极管。光电二极管须连接成反向偏置，如图 2.8 所示。无光照时，类似于加反向偏置的整流二极管，处于截止状态，反向电流极小，可视为零。

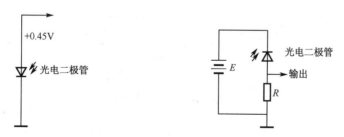

图 2.7 光电二极管用作光电池　　　　图 2.8 光电二极管用作光敏二极管

有光照时，内部 PN 结受光子激发产生反向电流，最大可达数毫安，称为光电流。光电二极管最大的优点在于其较高的工作速度，可工作于非常高的频率。

■ 2.2　单相整流电路 ■

☞**学习目标**

1）了解整流的概念。
2）会画三种基本整流电路。
3）学会估算整流电路的输出电压。
4）会根据整流电路的要求选择整流二极管。

◀◀◀ **知 识**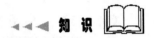

　　将交流电转换成脉动直流电的过程称为整流。常见的单相整流电路分为半波整流、桥式整流、全波整流三种。将交流电经过整流后，再经滤波、稳压就可得到各种电子设备所需的平滑、恒定的直流电压。

2.2.1　半波整流电路

　　微课
　　二极管的应用

1. 半波整流电路原理

　　半波整流电路由变压器、整流二极管、负载电阻器组成，如图 2.9 所示，其中（a）为实物接线图，（b）为电路原理图。

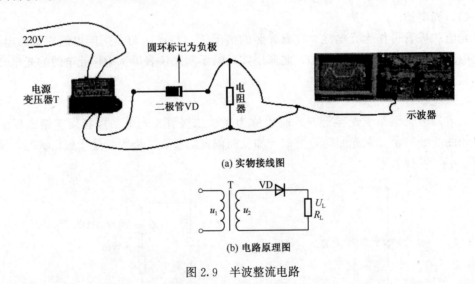

(a) 实物接线图

(b) 电路原理图

图 2.9　半波整流电路

　　【动动手】　按实物接线图接好电路，观察示波器的波形，比较变压器二次绕组上的电压 u_2 与负载电阻器上的电压 U_L 的波形。

　　【动动脑】　为什么经过整流二极管后，电压波形变成了半波？

　　在图 2.9(b) 中，当 u_2 为正半周，即 u_2 电压为上正下负时，二极管正偏而导通，如

图 2.10（a）所示。在 R_L 上得到上正下负的电压，此期间 $U_L = u_2$。

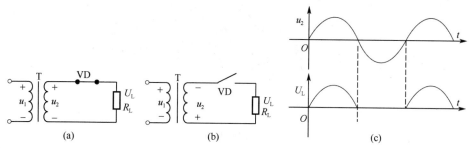

图 2.10　半波整流电路分析图

当 u_2 变成负半周，即 u_2 电压为下正上负时，二极管因反偏而截止，负载没有电流流过，此期间 $U_L = 0$，如图 2.10(b) 所示。

由此可见，变压器次级电压（正弦波）经整流管 VD 整流后，负载只得到半个周期的电压波形（半波），它的大小在变化，但方向不变，即为脉动直流电，如图 2.10(c) 所示。

2. 整流二极管的选择

1）负载电压 U_L 为脉动直流电，其方向不变，而大小在变化，用平均值表示其大小，可用下列公式进行估算：

$$U_L = 0.45 u_2 \tag{2.1}$$

2）负载电流

$$I_L = 0.45 \frac{u_2}{R_L} \tag{2.2}$$

3）整流二极管的选择。流过二极管的平均电流等于负载电流，而二极管承受的最大整流电流为

$$I_{FM} = \frac{\sqrt{2} u_2}{R_L} \tag{2.3}$$

二极管截止时承受的最高反向电压

$$U_{RM} = \sqrt{2} u_2 \tag{2.4}$$

实际选用的整流二极管，其最大整流电流与最高反向工作电压要求大于 I_{FM} 与 U_{RM}。

3. 半波整流电路的特点

半波整流电路最大的优点是电路简单，但输出的电压脉动成分大，电源利用率低，仅利用了电源电压 u_2 的半个波形（故称半波整流）。

2.2.2　桥式整流电路

1. 桥式整流电路原理分析

桥式整流电路如图 2.11 所示，其中（a）为电路原理图，（b）为实物接线图。

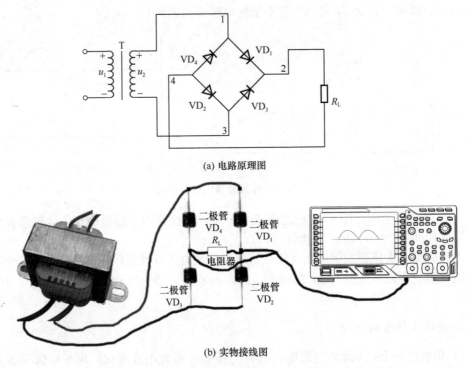

(a) 电路原理图

(b) 实物接线图

图 2.11　桥式整流电路

【动动手】　按图 2.11(b)连接电路，测试 u_2 与 R_L 的波形

【动动脑】　试比较变压器次级电压 u_2 与负载电阻器 R_L 两端电压的波形有何特点？ R_L 两端波形与半波整流电路比较，有何异同？

当 u_2 为正半周时，VD_1、VD_2 导通，VD_3、VD_4 截止，等效电路如图 2.12(a)所示，电流流经路径为 $u_2 \oplus \to VD_1 \oplus \to VD_1 \ominus \to R_L \to VD_2 \oplus \to VD_2 \ominus \to u_2 \ominus$，在负载 R_L 上形成上正下负的输出电压。

当 u_2 为负半周时，VD_3、VD_4 导通，VD_1、VD_2 截止，等效电路如图 2.12(b)所示，电流流向为 $u_2 \oplus \to VD_3 \oplus \to VD_3 \ominus \to R_L \to VD_4 \oplus \to VD_4 \ominus \to u_2 \ominus$。同样，在负载 R_L 上形成上正下负的电压。R_L 两端电压波形为整个波形（负半周变成了正半周），如图 2.12(c)所示。

综合上述分析，变压器二次电压 u_2（交流电压）经过整流以后，在负载 R_L 上得到上正下负的脉动直流电，u_2 的正、负半周均能得到利用，提高了电源使用效率，4 只整流二极管的对边两只轮流导通，形如"桥接"，桥式整流电路因此得名。

2. 整流二极管的选择

(1) 整流输出电压估算

桥式整流电路充分利用了交流电正负半波的电压，故整流输出电压比半波整流高一倍，即

$$U_L = 0.9 u_2 \tag{2.5}$$

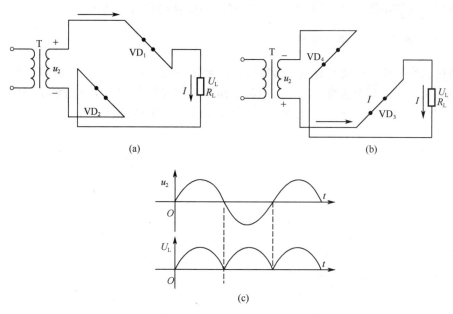

图 2.12 桥式整流电路分析

（2）负载电流

$$I_{\mathrm{L}} = 0.9 \frac{u_2}{R_{\mathrm{L}}} \tag{2.6}$$

（3）整流二极管的额定电压 U_{RM} 与额定电流 I_{FM}

$$U_{\mathrm{RM}} = \sqrt{2} u_2 \tag{2.7}$$

$$I_{\mathrm{FM}} = 0.5 I_{\mathrm{L}} \tag{2.8}$$

实际选用时整流二极管的参数应略大于 U_{RM} 与 I_{FM}。

3. 桥式整流电路的特点

桥式整流电路充分利用了交流输入电压的整个周期，故电源利用率高，输出电压比半波整流电路高一倍，脉动成分大大减小。因此，桥式整流电路广泛应用于各类家电、仪器等电子设备。

【例 2.4】 如图 2.11(a)所示，已知变压器二次电压 u_2 为 10V，负载电阻器 R_{L} 为 100Ω，试选择合适的整流二极管。

解 （1）求出负载电压 U_{L}

$$U_{\mathrm{L}} = 0.9 u_2 = 0.9 \times 10 = 9(\mathrm{V})$$

（2）整流二极管两端承受的额定电压

$$U_{\mathrm{RM}} = \sqrt{2} \times 10 \approx 14(\mathrm{V})$$

（3）流过整流二极管的额定电流

$$I_{\mathrm{FM}} = 0.5 I_{\mathrm{L}} = 0.5 \frac{U_{\mathrm{L}}}{R_{\mathrm{L}}} = 0.5 \times \frac{9}{100} = 0.045(\mathrm{A})$$

查阅二极管手册，可选用 1N4001 二极管（其参数为 1A/50V）。

4. 认识新器件——整流桥堆

将桥式整流电路中 4 只整流二极管管芯封装在一起，便形成了一个新的器件——整流桥堆，有半桥堆与全桥堆两种，其内部电路等效图及外形如图 2.13 所示。用桥堆组成桥式整流电路非常方便，选用时应注意桥堆的额定电流和额定电压要符合电路的要求。

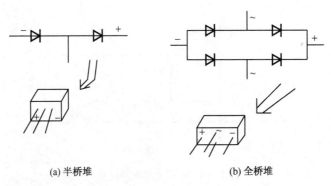

(a) 半桥堆　　　　　　　　　(b) 全桥堆

图 2.13　整流桥堆

2.2.3　全波整流电路

桥式整流电路使用了 4 只整流管，而二极管导通时有 $0.6 \sim 0.7V$ 的压降，由此增加了电源的内阻。为降低电源内阻，在要求较高的场合，可使用全波整流电路。

1. 全波整流电路结构

如图 2.14 所示，变压器二次绕组带中心抽头，即 $u_{2a} = u_{2b}$，当 u_{2a}、u_{2b} 分别为正、负半周时，二极管 VD_1、VD_2 轮流导通，在 R_L 上得到与桥式整流电路相同的电压波形。

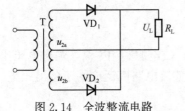

图 2.14　全波整流电路

【动动脑】参照桥式整流电路的分析方法对图 2.14 进行分析，什么情况下 VD_1 导通？什么情况下 VD_2 导通？

2. 整流二极管的选择

1）负载电压

$$U_L = 0.9 u_{2a} = 0.9 u_{2b}$$

2）负载电流

$$I_L = 0.9 \frac{u_{2a}}{R_L}$$

3）当一只二极管导通时，另一只截止的二极管将承受变压器二次绕组的全部电压的峰值，即

$$U_{RM} = 2\sqrt{2}\,u_{2a}$$

由于两只二极管轮流导通，每只二极管通过的电流为负载电流的一半，即

$$I_{FM} = \frac{1}{2}I_L = 0.45\frac{u_{2a}}{R_L}$$

3. 全波整流电路的特点

全波整流电路与桥式整流电路比较，少用了两只二极管，故电源内阻减小，但要求变压器具有中心抽头，且整流二极管要求的最高反向工作电压比桥式整流高一倍。

■ 2.3　滤　波　电　路 ■

☞学习目标

1）了解滤波电路的作用。
2）会根据实际电路正确选择滤波电路类型。
3）学会估算滤波电容器容量及耐压。

◀◀◀ 知　识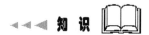

整流电路输出的电压，严格来说是脉动直流电，其交流成分很高，不能满足多数电子设备的要求。因此，需加接滤波电路，滤除脉动直流电中的交流成分而得到更平滑的直流电。

2.3.1　电容滤波电路

1. 电路的接法

【动动手】　按如图 2.15 所示连接好电路，用示波器观察开关 S 闭合与断开时，输出电压 U_L 的变化。

【动动脑】　电容器 C 在电路中起到了什么作用？

如图 2.15 所示为电容滤波电路的典型接法，开关 S 闭合时，电容器 C 称为滤波电容器。当 u_2 为正半波时，二极管 VD_1 导通，u_2 对电容器 C 充电，并很快达到 u_2 的峰值；当 u_2 为负半波时，VD_1 截止，电容器 C 转向对负载 R_L 放电。由于 R_L、C 均较大，故放电速度相对充电速度慢，放电持续到 u_2 正半波来临时，电容器 C

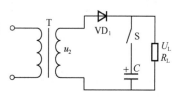

图 2.15　电容滤波电路

又被重新充电。当电容器充电上升的电压等于放电下降的电压时，便进入相对稳定的状态，此时电容器两端电压（即负载两端电压）保持相对稳定。

2. 整流滤波输出电压的估算

由于加入了滤波电容器，输出电压 U_L 不仅变得平滑，而且电压上升了，U_L 的估算公式如表 2.2 所示。

表 2.2　输出电压 U_L 估算公式

参数		半波整流	全波整流	桥式整流
无滤波电容		$U_L=0.45u_2$	$U_L=0.9u_2$	$U_L=0.9u_2$
有滤波电容	开路	$U_L=u_2$	$U_L=1.4u_2$	$U_L=1.4u_2$
	负载		$U_L=1.2u_2$	$U_L=1.2u_2$

3. 电容滤波电路的特点

电容器容量越大，滤波效果越好，但通电瞬间产生的浪涌电流也越大；另外，电容器容量的选择还与负载电流有关，表 2.3 列出了滤波电容器选用的参考值。

表 2.3　滤波电容器选用的参考值

输出负载电流 I_L/A	2	1	0.5~1	0.1~0.5	0.05 以下
滤波电容器容量 C/μF	3300	2200	1000	470	220~470

由于电容滤波电路结构简单，取材容易，因而广泛用于各种电子设备的电源中。

2.3.2　电感滤波电路

1. 电路结构

如图 2.16 所示，L 为一个电感量较大的线圈（也称阻流圈）。阻流圈的直流电阻值较小，几乎没有压降，而其交流阻抗很大，起到阻碍交流成分通过的作用，使负载 R_L 得到较平滑的直流电压。

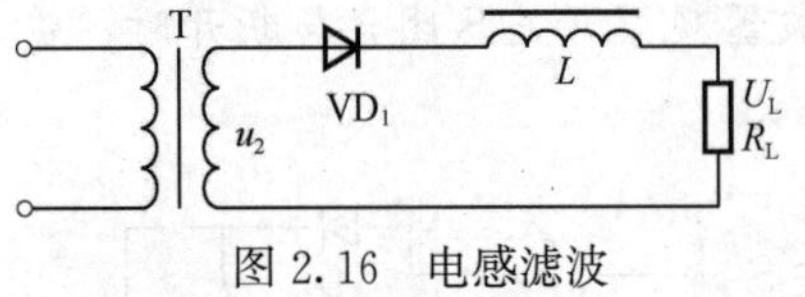

图 2.16　电感滤波

2. 电感滤波的特点

电感滤波适用于负载电流较大的场合，实际使用时常常与电容器组成复式滤波电路。

2.3.3　复式滤波电路

1. RC 滤波电路

如图 2.17(a)所示的 RC 滤波电路也称为 π 形 RC 滤波电路，整流输出电压先经 C_1 滤波，再经 R、C_2 进一步平滑，使负载 R_L 上电压的交流成分进一步降低，滤波效果比

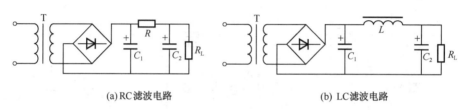

(a) RC 滤波电路　　　　　　　　(b) LC 滤波电路

图 2.17　复式滤波电路

单用滤波电容器要好得多，但由于电阻器 R 会产生压降，降低了输出电压，故 RC 滤波电路适用于小电流的场合。

2. LC 滤波电路

如图 2.17(b)所示的 LC 滤波电路也称为 π 形 LC 滤波器电路，电感器 L 不产生压降又阻碍交流成分通过，故 LC 滤波电路效果最好，适用于大电流、对纹波电压要求高的场合。

需要指出的是，由于电感器 L 体积较大、笨重，成本相对较高，故在要求不高的场合使用不多。

■ 动手做　电源适配器 ■

☞学习目标

1）能识别与应用发光二极管、整流二极管、稳压二极管及光电二极管等常用二极管。

2）能根据电路原理图安装电路。

3）掌握与应用桥式整流滤波电路。

4）能用万用表测量电路中关键点的电压、电流。

5）能用双踪示波器测量关键点的电压波形。

6）能提出改善电源适配器性能的方法。

动手做 1　剖析电路工作原理

1. 电路原理图

如图 2.18 所示为电源适配器电路原理图。

2. 工作原理分析

本电路由 5 部分组成，分别为单相桥式整流电路、滤波电路、点亮
LED 电路、稳压电路、红外线发射与接收电路。

> 微课
> 电源适配器
> 电路原理分析

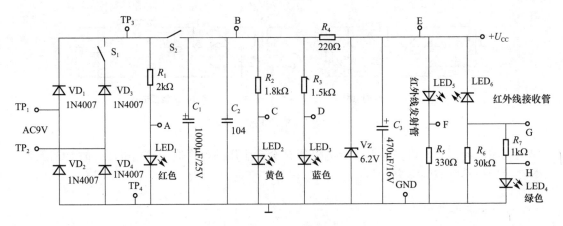

图 2.18　电源适配器电路原理图

1) 单相桥式整流电路由 $VD_1 \sim VD_4$ 组成，将 TP_1、TP_2 处输入的正弦交流电 9V 整流成脉动直流电，当 S_1 断开时，单相桥式整流电路就变为了单相半波整流电路。

2) 滤波电路由电容器 C_1、C_2 组成，将脉动直流电滤波为较为平滑的直流电，其中大容量电容器 C_1 可滤除低频信号，小容量电容器 C_2 可滤除电路中的高频干扰信号，因此 C_2 可弥补大容量电容器高频性能的不足，提高电路的抗干扰性能。

3) 点亮 LED 电路由 R_1、LED_1、R_2、LED_2、R_3、LED_3 组成，LED_1 用于电源指示，不同颜色的 LED 发光时两端压降不一样，在电路中按照实际需要可选不同的限流电阻器。

4) 稳压电路由 R_4、Vz、C_3 组成，将整流滤波后电压进行稳压，使其稳压到近 6.2V 输出，给红外线发射与接收电路提供电源电压。

5) 红外线发射与接收电路由 $R_5 \sim R_7$、$LED_4 \sim LED_6$ 组成，当红外线发射管 LED_5 与接收管 LED_6 上方没有障碍物遮挡时，接收管 LED_6 没有接收到红外线，LED_6 处于截止状态，LED_4 不发光，若有障碍物置于红外线发射管 LED_5 与接收管 LED_6 上方时，接收管 LED_6 接收到红外线，LED_6 处于导通状态，LED_4 发光。

动手做 2　准备工具及材料

1. 准备制作工具

电烙铁、烙铁架、电子钳、尖嘴钳、镊子、一字螺钉旋具、万用表、静电手环、交流电源、示波器等。

2. 材料清单

制作电源适配器电路的材料清单如表 2.4 所示。

表 2.4　材料清单

序号	标号	参数或型号	数量	序号	标号	参数或型号	数量
1	R_1	2kΩ	1	13	S_1、S_2	2 脚排针	2
2	R_2	1.8kΩ	1	14		短接帽	2
3	R_3	1.5kΩ	1	15	LED_1	φ5 红色	1
4	R_4	220Ω	1	16	LED_2	φ5 黄色	1
5	R_5	330Ω	1	17	LED_3	φ5 蓝色	1
6	R_6	30kΩ	1	18	LED_4	φ5 绿色	1
7	R_7	1kΩ	1	19	LED_5	φ5 红外线发射管	1
8	C_1	1000μF/25V	1	20	LED_6	φ5 红外线接收管	1
9	C_2	104	1	21	$TP_1 \sim TP_4$	测试针	4
10	C_3	470μF/16V	1	22		配套 PCB 双面板	1
11	$VD_1 \sim VD_4$	1N4007	4	23		焊锡丝等	若干
12	Vz	6.2V 稳压二极管	1				

3. 识别与检测元器件

1）识别与测量电阻器。

按表 2.5 中的要求对色环电阻器进行读数与测量并记录。

表 2.5　识别与测量电阻器记录表

序号	标号	色环	标称值	万用表检测值	万用表挡位
1	R_1				
2	R_2				
3	R_3				
4	R_4				
5	R_5				
6	R_6				
7	R_7				

2）识别与测量电容器。按表 2.6 中的要求识别电容器名称、标称容量与检测容量并记录。

3）识别与测量二极管。按表 2.7 中的要求识别二极管的名称，判别二极管的性能并记录。

表 2.6 识别与测量电容器记录表

序号	标号	电容器名称	标称容量	万用表检测值	万用表挡位
1	C_1				
2	C_2				
3	C_3				

表 2.7 识别与测量二极管记录表

序号	标号	二极管名称	正向测量结果（导通或截止）	反向测量结果（导通或截止）	万用表挡位	性能判别（良好或损坏）
1	VD_1					
2	LED_1					
3	LED_2					
4	LED_3					
5	LED_4					
6	LED_5					
7	LED_6					
8	Vz					

动手做 3 安装步骤

1. 电源适配器的元器件安装顺序与工艺

元器件按照先低后高、先易后难、先轻后重、先一般后特殊的原则进行安装，注意本电路中的整流二极管、电解电容器、稳压二极管、发光二极管、红外线发射管与接收管等极性元器件引脚不能装反。元器件安装顺序与工艺要求如表 2.8 所示。

表 2.8 元器件安装顺序及工艺

步骤	元器件名称	安装工艺要求
1	电阻器 $R_1 \sim R_7$	① 水平卧式安装，色环朝向一致； ② 电阻器本体紧贴 PCB，两边引脚长度一样； ③ 剪脚留头在 1mm 以内，不伤到焊盘
2	整流二极管 $VD_1 \sim VD_4$ 稳压二极管 Vz	① 区分二极管的正负极，水平卧式安装； ② 二极管本体紧贴 PCB，两边引脚长度一样； ③ 剪脚留头在 1mm 以内，不伤到焊盘
3	瓷片电容器 C_2	① 看清电容器的标识位置，在 PCB 上字标可见度要大； ② 垂直安装，瓷片电容器引脚根基离 PCB 1～2mm； ③ 剪脚留头在 1mm 以内，不伤到焊盘

步骤	元器件名称	安装工艺要求
4	2脚排针 S_1、S_2	① 看清排针两边长短脚，将短边的脚对准 PCB 孔直插到底； ② 不剪脚
5	测试插针 $TP_1 \sim TP_4$	① 安装的方位，有利于示波器探极的连接，使探极不易碰到 PCB 内的元器件； ② 对准 PCB 孔直插到底，垂直安装，不得倾斜； ③ 不剪脚
6	电解电容器 C_1、C_3	① 正确区别电容器的正负极，垂直安装，紧贴 PCB； ② 剪脚留头在 1mm 以内，不伤及焊盘
7	发光二极管 $LED_1 \sim LED_4$	① 注意区分发光二极管的正负极； ② 垂直安装，紧贴电路板或安装到引脚上的凸出点位置； ③ 剪脚留头在 1mm 以内，不伤到焊盘
8	红外线发射管与接收管 LED_5、LED_6	① 注意区分正负极； ② 红外线发射管为透明色，红外线接收管为纯黑色，垂直安装，紧贴电路板或安装到引脚上的凸出点位置； ③ 剪脚留头在 1mm 以内，不伤到焊盘 ④ 通电调试时，可拨动 LED_5、LED_6 向内侧倾斜，手掌在两管上方 5mm 左右时，LED_4 明显发光；移开手掌后，LED_4 熄灭

2. 安装电源适配器电路

1）如图 2.19 所示为电源适配器电路印刷电路板图。

2）如图 2.20 所示为电源适配器电路元器件装配图。

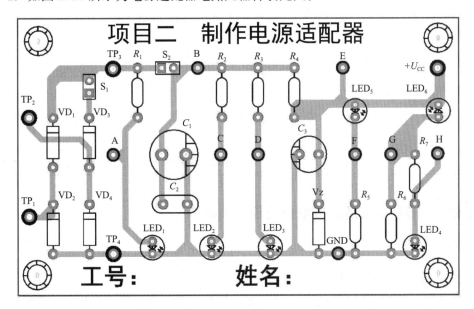

图 2.19　电源适配器电路印刷电路板图

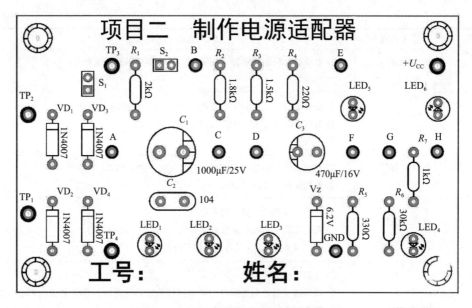

图 2.20 电源适配器电路元器件装配图

3. 评价安装工艺

根据评价标准，从元器件识别与检测、整形与插装、元器件焊接工艺三方面对电路安装进行评价，将评价结果填入表 2.9 中。

表 2.9 电路安装评价

序号	评价分类	优	良	合格	不合格
1	元器件识别与检测				
2	整形与插装				
3	元器件焊接工艺				
评价标准	优	有 5 处或 5 处以下不符合要求			
	良	有 5 处以上、10 处以下不符合要求			
	合格	有 10 处以上、15 处以下不符合要求			
	不合格	有 15 处以上不符合要求			

动手做 4 测量电源适配器电路的技术参数

1. 测量参数项目

1) 利用万用表测量图 2.20 中 A～H 各参考点的电压数值。

2) 利用示波器测量输入交流电压波形、单相桥式整流电路、单相半波整流电路及滤波后的电压波形。

2. 测量操作步骤

步骤1　测量前的检查

1）整体目测电路板上元器件有无全部安装，检查元器件引脚有无漏焊、虚焊、搭锡等情况。

2）检查极性元器件引脚是否装错。

3）用万用表检查电源输入端的电阻值，判别电源端是否有短路现象。

步骤2　通电调试电路

1）确认无误后，将交流电源电压调至9V后关闭，将电源输出端接入电路板电源输入端（TP_1、TP_2）。

2）打开电源，LED_1发光，观察电路板元器件有无冒烟、有无异味、电容器有无炸裂、元器件有无烫手等情况，发现有异常情况立即断电，排除故障。

3）闭合S_1、S_2，$LED_1 \sim LED_3$发光。

4）用手遮挡在红外线发射管LED_5与接收管LED_6的上方，LED_4发光；用黑色笔套或其他不透明套管套住LED_6，LED_4熄灭。

步骤3　测量静态参数

电路调试完全正常后，选择合适的万用表挡位，按照表2.10中的要求进行测量并记录。

表 2.10　电路静态参数测量记录表

序号	测量项目	电压测量结果/V	万用表挡位	电压测量结果/V	万用表挡位
		S_1、S_2均闭合，LED_4亮时		S_1断开、S_2闭合，LED_4不亮时	
1	A点电压				
2	B点电压				
3	C点电压				
4	D点电压				
5	E点电压				
6	F点电压				
7	G点电压				
8	H点电压				

步骤4　测量动态参数

用示波器测量TP_1、TP_2间交流电压波形，测量TP_3、B点输出电压波形。

1）测量TP_1、TP_2间输入交流电压波形，并将波形记录在表2.11中。

表 2.11 TP₁、TP₂ 间交流电压波形记录表

测量内容	要求
1. 将示波器耦合方式置于"直流耦合"； 2. 测量 TP₁、TP₂ 间输入交流电压波形	1. 标出耦合方式为"接地"时的基准位置
	2. 画出波形
	3. 标出波形的峰点、谷点的电位值
	4. 读出波形的周期、频率
	5. 读出峰-峰值上升沿时间

TP₁、TP₂ 间输入交流电压波形	测量值记录	
	u/div	
	t/div	
	周期	
	峰-峰值	
	峰点电压	
	谷点电压	
	上升沿时间	

2）将 S_2 断开，测量 TP_3 波形。分别测量 S_1 断开、闭合时的 TP_3 处的电压波形，分别记录在表 2.12 中，示波器显示界面的上半部分与下半部分。

表 2.12 TP₃ 处的电压波形记录表

测量内容	要求
1. 将示波器耦合方式置于"直流耦合"； 2. S_2 断开时，分别测量 S_1 断开、闭合时 TP_3 处的电压波形	1. 标出耦合方式为"接地"时的基准位置
	2. 画出波形
	3. 标出波形的峰点、谷点的电位值
	4. 读出波形的周期、频率
	5. 读出峰-峰值上升沿时间

TP₃ 处的电压波形	测量值记录		
	S_2 断开时	S_1 断开时	S_1 闭合时
	u/div		
	t/div		
	周期		
	峰-峰值		
	峰点电压		
	谷点电压		
	正占空比		

3）将 S_2 闭合，分别测量 S_1 断开、闭合时的 TP_3 处的电压波形，分别记录在表 2.13 中示波器显示界面的上半部分与下半部分。

表 2.13 TP₃ 处的电压波形记录表

测量内容	要求
1. 将示波器耦合方式置于"直流耦合"； 2. S₂ 闭合时，分别测量 S₁ 断开、闭合时 TP₃ 处的电压波形	1. 标出耦合方式为"接地"时的基准位置
	2. 画出波形
	3. 标出波形的峰点、谷点的电位值
	4. 读出波形的周期、频率
	5. 读出正占空比

TP₃ 处的电压波形	测量值记录		
	S₂ 闭合时	S₁ 断开时	S₁ 闭合时
	u/div		
	t/div		
	周期		
	峰-峰值		
	峰点电压		
	谷点电压		
	正占空比		

步骤 5 评价参数测量结果

根据仪器仪表使用情况与测量数据记录进行评价，将评价结果记录在表 2.14 中。

表 2.14 评价记录表

序号	评价分类	优 （3 处以下错误）	良 （4～6 处错误）	合格 （7～10 处错误）	不合格 （11 处以上错误）
1	仪表使用规范				
2	测量数值记录				

■ 项 目 小 结 ■

1) 二极管最重要的特性是单向导电性，即正向导通，反向截止。选用二极管最基本的要求是应满足两个参数：最大整流电流，最高反向工作电压。

2) 整流电路是二极管最基础、最重要的应用，对半波整流电路、桥式整流电路、全波整流电路应当熟记、会画、会选用。

3) 电容滤波是应用最广泛的滤波方式之一，选用电容器的原则，一是容量，二是耐压，表 2.3 在实际应用中可作为重要参考。

4) 对各类整流滤波电路输出电压的估算是设计合适电源的基础，表 2.2 的计算公式应熟记，并能在实践中运用并加以验证。

◀◀◀◀ 知识链接

形形色色的变压器

1. 变压器的用途

现代化的工业企业广泛采用电力作为能源，而发电厂发出的电力往往需经远距离传输才能到达用电地区。在传输的功率恒定时，传输电压越高，则所需的电流越小。因为电压降正比于电流，线损正比于电流的平方。所以，用较高的输电电压可以获得较低的线路压降和线路损耗。就目前的技术来说，要制造电压很高的发电机还很困难，所以一方面要用专门的设备将发电机端的电压升高以后再输送出去，这种专门的设备就是变压器；另一方面，在受电端又必须用降压变压器将高压降低到配电系统所要求的电压，故要经过一系列配电变压器将高压降低到合适的电压以供使用。

由以上内容可知，变压器是一种通过改变电压而传输交流电能的静止感应电器。在电力系统中，变压器的地位十分重要，不仅所需数量多，而且性能要求良好，运行要求安全可靠。

变压器除了应用在电力系统中，还应用在需要特种电源的工矿企业中。例如，冶炼用的电炉变压器，电解或化工用的整流变压器，焊接用的电焊变压器，试验用的试验变压器，交通用的牵引变压器，以及补偿用的电抗器，保护用的消弧线圈，测量用的互感器等。如图 2.21 所示为常见的部分变压器外形。

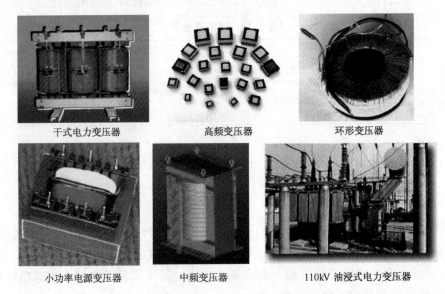

干式电力变压器　　　　高频变压器　　　　环形变压器

小功率电源变压器　　　中频变压器　　　110kV 油浸式电力变压器

图 2.21　常见的部分变压器外形

2. 变压器的分类

1) 按用途分类，有电力变压器、特种变压器（电炉变压器、整流变压器、工频试验变压器、调压器、矿用变压器、冲击变压器、电抗器、互感器）等。

2）按结构分类，有单相变压器、三相变压器及多相变压器。

3）按冷却介质分类，有干式电力变压器、液（油）浸变压器及充气变压器等。

4）按冷却方式分类，有自然冷式变压器、风冷式变压器、水冷式变压器、强迫油循环风（水）冷式变压器及水内冷式变压器等。

5）按线圈数量分类，有自耦变压器、双绕组变压器及三绕组变压器等。

6）按导电材质分类，有铜线变压器、铝线变压器及半铜半铝变压器、超导变压器等。

7）按调压方式分类，可分为无励磁调压变压器、有载调压变压器。

8）按中性点绝缘水平分类，有全绝缘变压器、半绝缘（分级绝缘）变压器。

9）按铁芯样式分类，有芯式变压器、壳式变压器及辐射式变压器等。

在电力网中，把水力、火力及其他形式电厂中发电机组能产生的交流电压升高后向电力网输出电能的变压器称为升压变压器，火力发电厂还要安装厂用电变压器，供起动机组使用。用于降低电压的变压器称为降压变压器，用于联络两种不同电压网络的变压器称为联络变压器。将电压降低到电气设备工作电压的变压器称为配电变压器。配电前用的各级变压器称为输电变压器。

知 识 巩 固

一、是非题

1. 在半导体内部，只有电子是载流子。　　　　　　　　　　　　　　（　　）

2. 在 N 型半导体中，多数载流子是空穴，少数载流子是自由电子。　（　　）

3. 少数载流子是自由电子的半导体称为 P 型半导体。　　　　　　　（　　）

4. 在外电场作用下，半导体中同时出现电子电流和空穴电流。　　　（　　）

5. 一般来说，硅二极管的死区电压（门槛电压）小于锗二极管的死区电压。

（　　）

6. 用指针式万用表欧姆挡测某二极管的正向阻值时，插在万用表标有＋号插孔中的测试棒（通常是红色棒）所连接的二极管的引脚是二极管正极，另一引脚是负极。

（　　）

7. 二极管击穿后立即烧毁。　　　　　　　　　　　　　　　　　　　（　　）

8. 加在二极管两端的反向电压小于反向击穿电压时，反向电流极小；当反向电压大于反向击穿电压后，反向电流会迅速增大。　　　　　　　　　　　　　　（　　）

二、选择题

1. 当二极管的 PN 结导通后，参加导电的是_____。

A. 少数载流子　　　　　　B. 多数载流子　　　　C. 既有少数载流子又有多数载流子

2. 二极管的正极电位是 10V，负极电位是 5V，则该二极管处于_____状态。

A. 零偏　　　　　　　　　B. 反偏　　　　　　　C. 正偏

3. 面接触型二极管比较适用于_____。

A. 小信号检波　　　　　　B. 大功率整流　　　　C. 大电流开关

4. 当环境温度升高时，二极管的反向电流将_____。

A. 减小　　　　　　　　B. 增大　　　　　　　　C. 不变

5. 用万用表欧姆挡测量小功率二极管性能好坏时，应把欧姆挡拨到_____。

A. R×100Ω 或 R×1kΩ 挡　　　B. R×1Ω 挡　　　　　C. R×10kΩ 挡

6. 半导体中的空穴和自由电子数目相等，这样的半导体称为_____。

A. P 型半导体　　　　　B. 本征半导体　　　　　C. N 型半导体

7. 当二极管工作在伏安特性曲线的正向特性区，而且所受正向电压大于其门槛电压时，则二极管相当于_____。

A. 大阻值电阻器　　　　B. 断开的开关　　　　　C. 接通的开关

8. 当硅二极管加上 0.3V 正向电压时，该二极管相当于_____。

A. 小阻值电阻器　　　　B. 阻值很大的电阻器　　C. 内部短路

三、综合题

1. 画出二极管的电路符号，写出二极管的文字符号，并说明二极管的主要特性。

2. 说出下列二极管的类型：2AP9，2CZ12，2CW3，2CK84。

3. 整流电路的作用是什么？整流输出电压与直流电有什么不同？

4. 画出半波整流电路图、全波整流电路图和桥式整流电路图。若变压器次级电压为 10V，负载电阻器 R_L 为 10Ω，在以上三种电路中，试分别计算：

1) 整流电路输出电压 U_L。

2) 流过负载 R_L 的电流 I_L。

3) 二极管通过的电流和承受的最大反向电压。

5. 在如图 2.22 所示的电路中，试分析产生下列故障时的后果。

1) VD_1 极性接反。

2) VD_2 击穿。

3) VD_3 开路或脱焊。

4) 负载电阻器 R_L 短路。

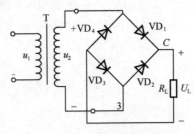

图 2.22　产生故障的电路

6. 在桥式整流电容滤波电路中，负载阻值为 180Ω，输出直流电压为 18V，试确定电源变压器次级电压，并选择整流二极管。

7. 在如图 2.23 所示的供电电路中，试分析以下几种情况下哪种输出电压最高？哪种输出电压最低？并简要说明。

1) S_1、S_2 都断开。

2）S_1 闭合、S_2 断开。

3）S_1 断开、S_2 闭合。

4）S_1、S_2 都闭合。

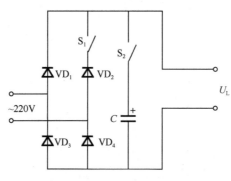

图 2.23　供电电路

8. 滤波电路的作用是什么？滤波输出电压与整流输出电压有什么不同？常用的滤波电路有哪些？

9. 试分别画出单相桥式整流加电容滤波、电感滤波和 RC-π 型滤波的电路。

10. 常用的特殊二极管有哪些？它们各有什么功能？

11. 试指出如图 2.24 所示电路中的错误，说明原因并改正。

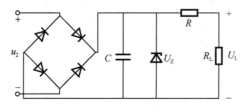

图 2.24　查错

12. 说明发光二极管和光敏二极管的工作条件有什么不同。

13. 现有两个发光二极管，现把它们作为动物的两只眼睛，试设计一个电路。

项目三

装配扩音器

自19世纪爱迪生发明留声机之后的一个多世纪以来，收音机、录放机、扩音机、数字音响等产品相继成熟并走进千家万户，成为与人类息息相关的日常用品。

扩音器如今广泛应用于校园广播、会议中心、家庭音响、音乐会场等。可以毫不夸张地说，扩音器成了音乐的孪生兄弟。

所有扩音设备均与小信号放大器、功率放大器等密切相关，它们是组成扩音器设备的核心电路。

本项目的学习围绕各种类型的电压放大器、功率放大器的工作原理、电路结构展开，并动手参与实践，体会功放电路带来的美妙感觉。

知识目标

- 掌握晶体管结构与符号、晶体管选用原则及电流放大基本原理。
- 知道固定偏置式电路和分压偏置式电路的结构，并能画出它们的交直流通路，能分析分压偏置式电路稳定工作点的原理，并学会静态工作点的估算。
- 了解功率放大器的性能及分类，掌握OTL功率放大器与OCL功率放大器的特点。
- 了解功放集成电路的种类及应用，并掌握一或两种功放集成电路的实际运用。

技能目标

- 熟练掌握晶体管等元器件的测量、质量筛选方法。
- 掌握元器件装配工艺。
- 能正确调试扩音器电路，学会排除功放电路简单故障。
- 学会元器件手册的运用，能按要求查阅集成功放、晶体管等元器件的各类参数。

所谓扩音器，就是把话筒、唱机、收音机或其他声源输出的微弱信号放大后，输送到扬声器中，使之发出更大声音的装置。扩音器电路以晶体管及集成电路为主，本项目着重介绍晶体管的基础知识。

■ 3.1　晶　体　管 ■

☞ 学习目标

1）能画出晶体管的符号。
2）了解晶体管的分类、工作特性及参数。
3）掌握晶体管工作状态的判别。
4）熟练掌握晶体管的两种管型和三个电极（b、c、e）的判定。

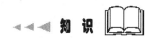

◀◀◀ 知　识

晶体管是由两个背靠背的 PN 结构成的。在工作过程中，两种载流子（电子和空穴）都参与导电，故称为双极型晶体管，简称晶体管，在电路中通常用字母 VT 表示。其常见的外形如图 3.1 所示。晶体管是半导体基本器件之一，它的主要功能是起到电流放大和开关作用。本节着重讨论晶体管的构造、原理及其工作特性。

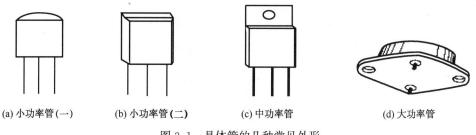

(a) 小功率管(一)　　　(b) 小功率管(二)　　　(c) 中功率管　　　(d) 大功率管

图 3.1　晶体管的几种常见外形

3.1.1　晶体管的结构与符号

晶体管有 3 个电极。二极管的核心部分是由一个单独 PN 结构成的，而晶体管的核心部分是由两个联系着的 PN 结构成。两个 PN 结将整个硅片分成掺杂方式不同的 3 个区域，即集电区、基区和发射区，如图 3.2 所示。

从 3 个区域引出的电极分别称为集电极（用字母 c 表示）、基极（用字母 b 表示）和发射极（用字母 e 表示）。由于不同的组合方式，形成了两种不同类型的晶体管：一种是箭头朝外的 NPN 型晶体管，另一种是箭头朝内的 PNP 型晶体管，箭头的方向表示晶体管发射极电流的流向，一般可以从晶体管上标出的型号来识别。

晶体管的种类很多，并且不同型号有不同的用途。晶体管根据实际需要可分为以下几类。

1）按设计结构分为点接触型、面接触型。

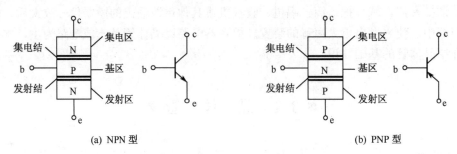

(a) NPN 型　　　　　　　　　　　　　　　　(b) PNP 型

图 3.2　晶体管的内部结构及符号

2）按工作频率分为高频管、低频管。

3）按功率大小分为大功率、中功率、小功率。

4）按封装材料分为金属封装、塑料封装。

5）按用途分为放大管和开关管。

6）按管芯所用的半导体材料分为硅管和锗管。

微课

认识晶体管

晶体管有一套命名规则，晶体管型号由 5 部分组成。第 1 部分用数字表示电极数目；第 2 部分用字母表示所选的材料和极性；第 3 部分用字母表示器件的类别；第 4 部分用数字表示同种器件型号的序号；第 5 部分用字母表示同一型号中的不同规格。例如：

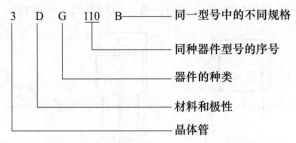

第 2 部分：A—锗　PNP 管；B—锗　NPN 管；
　　　　　　C—硅　PNP 管；D—硅　NPN 管；

第 3 部分：X—低频小功率管；D—低频大功率管；G—高频小功率管；
　　　　　　A—高频大功率管；K—开关管

在电子制作中常用的晶体管有 90×× 系列，包括低频小功率硅管 9012（PNP 管）、9013（NPN 管）、低噪声管 9014（NPN）、高频小功率管 9018（NPN）等。它们的型号一般都标在封装壳上，外形通常是 TO-92 标准封装。国产小功率管如 3DG6（高频小功率硅管）、3AX31（低频小功率锗管）等，它们的型号都印在金属外壳上。

3.1.2　晶体管的主要特性

因晶体管内部的两个 PN 结是相互影响的，使晶体管呈现出单个 PN 结所没有的电流放大功能，开拓了 PN 结应用的新领域，促进了半导体电子技术的发展。晶体管的主要特性是电流放大作用。

1. 晶体管偏置电路

要使晶体管具有电流放大能力，除了晶体管内部结构特殊外，必须在晶体管的 3 个电极上加上适当的偏置电压，使晶体管发射结为正向偏置，集电结为反向偏置。现以如图 3.3 所示电路验证晶体管的电流放大作用。图中 R_P 是可调电阻器，R_c 为集电极偏置电阻器，E_{BB} 是基极电源，并加在基极与发射极之间（发射结），该电源通过 R_P 使晶体管的发射结处在正向偏置的状态。E_{CC} 是集电极电源，加在集电极与发射极之间，该电源通过 R_c 调压使晶体管的集电结处在反向偏置的状态，电路中的 3 个电流表分别测量发射极电流 I_E、基极电流 I_B 和集电极电流 I_C。调节 R_P 的大小可改变电流 I_B、I_C、I_E 的数值，并将相应的数值记录在表 3.1 中。

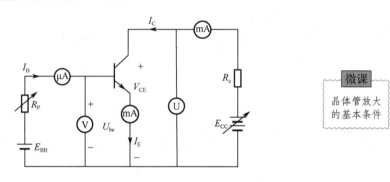

图 3.3　晶体管偏置电路

微课

晶体管放大的基本条件

表 3.1　晶体管 3 个电极的电流大小关系

$I_B/\mu A$	0	10	20	30	40	50
I_C/mA	0.01	0.56	1.14	1.74	2.33	2.91
I_E/mA	0.01	0.57	1.16	1.77	2.37	2.96

2. 晶体管电流放大原理

微课

晶体管的电流放大作用

1）从表 3.1 中可看出，晶体管 3 个电极电流分配关系为

$$I_E = I_C + I_B \tag{3.1}$$

2）I_B 是微安级的，而 I_C、I_E 是毫安级的（1mA＝1000μA），由此可认为集电极电流与发射极电流近似相等，即

$$I_E \approx I_C \tag{3.2}$$

3）晶体管的基极电流 I_B 变化，使集电极电流 I_C 发生更大的变化，即基极电流 I_B 的微小变化会引起集电极电流 I_C 的较大变化，俗称"以小控大"，这就是晶体管的电流放大作用。设电流放大系数为 $\bar{\beta}$（也称为共射直流放大系数），则 I_C 与 I_B 的关系可表示为

$$I_C = \bar{\beta}I_B \tag{3.3}$$

联立式（3.1）可得

$$I_E = (1+\bar{\beta})I_B \tag{3.4}$$

综上所述，晶体管具有电流放大作用，其共射直流放大系数用 $\bar{\beta}$ 表示（也可用交流放大系数 β 表示）。晶体管处于放大状态的条件是发射结正偏、集电结反偏。

3.1.3　晶体管的参数

晶体管的参数用来表征其性能和适用范围，是电路设计时选用晶体管的重要依据，主要参数有如下几种。

1. 直流参数

(1) 共射直流放大系数 $\bar{\beta}$

$$\bar{\beta} = \frac{I_C}{I_B} \tag{3.5}$$

(2) 极间反向电流 I_{CEO}、I_{CBO}

I_{CEO} 为基极开路时，集电极与发射极间的反向饱和电流。

I_{CBO} 为发射极开路时，集电极与基极间的反向饱和电流。

它们的关系式为

$$I_{CEO} = (1+\bar{\beta})I_{CBO} \tag{3.6}$$

常温下，硅管的 I_{CBO} 在纳安（10^{-9}A）数量级通常可忽略。反向电流愈小，管子性能愈稳定，硅管比锗管的极间反向电流小 $2\sim 3$ 个数量级，因此温度稳定性能比锗管好。

2. 交流参数

交流参数是描述晶体管对于动态信号的性能指标。

交流放大系数 β

$$\beta = \frac{\Delta i_C}{\Delta i_B} \tag{3.7}$$

在近似分析时可以认为 $\beta = \bar{\beta}$。

3. 极限参数

极限参数是指在晶体管安全工作时所允许的电压、电流和功耗的最大值。

(1) 集电极最大允许电流 I_{CM}

i_C 在一定的范围内变化，β 值保持基本不变，但当 i_C 数值大到一定程度时，β 值将减小。β 值减小到额定值的 2/3 时，所允许的电流称为集电极最大允许电流，用 I_{CM} 表示。

(2) 极间反向击穿电压

1) U_{CBO} 为发射极开路时，集电极-基极间的反向击穿电压。

2) U_{CEO} 为基极开路时，集电极-发射极间的反向击穿电压。

3) U_{EBO} 为集电极开路时，发射极-基极间的反向击穿电压。

4. 集电极最大允许耗散功率 P_{CM}

晶体管正常工作时，必须在集电极加上反向电压，并形成集电极电流 I_C，在集电极上产生一定的功率消耗，这个功率会转换为热量，使集电结温度升高。P_{CM} 就是表示集电结上允许消耗功率的最大值，超过此值就会使管子性能变坏或烧毁。通常，硅管允许温度约为 150℃，锗管约为 70℃。对于大功率晶体管，通常采用加散热装置的办法来提高 P_{CM}。

【例 3.1】 某电路流过晶体管集电极的电流为 100mA，加在其集电极 - 发射极间的电压为 20V，下列参数的晶体管是否满足电路要求？

A 管：$I_{CM}=150\text{mA}$，$U_{CEO}=30\text{V}$，$P_{CM}=1\text{W}$。

B 管：$I_{CM}=200\text{mA}$，$U_{CEO}=50\text{V}$，$P_{CM}=3\text{W}$。

C 管：$I_{CM}=50\text{mA}$，$U_{CEO}=100\text{V}$，$P_{CM}=2\text{W}$。

D 管：$I_{CM}=180\text{mA}$，$U_{CEO}=15\text{V}$，$P_{CM}=1\text{W}$。

分析 按题目要求可知，所选用的晶体管 $I_{CM}>100\text{mA}$，$U_{CEO}>20\text{V}$，$P_{CM}>100\text{mA}\times20\text{V}=2\text{W}$，所以，有如下结论：

A 管 P_{CM} 太小，不符合。

B 管 3 个参数均符合，可以选用。

C 管 I_{CM} 太小，不符合。

D 管 U_{CEO} 太小，不符合。

3.1.4 晶体管的工作状态

分别给晶体管加上不同的偏置电压，晶体管可工作于不同的 3 个区域，分别是截止区、放大区和饱和区。

1. 截止区

晶体管工作在截止区的特点是发射结电压小于导通压降 U_{ON} 且集电结反向偏置，对于共射极电路 $U_{BE}\leqslant U_{ON}$（硅管 $U_{ON}=0.6\sim0.7\text{V}$、锗管 $U_{ON}=0.2\sim0.3\text{V}$），且 $U_{CE}>U_{BE}$，即发射结反向偏置，集电结反向偏置。如图 3.4(a) 所示，在这个区域内无电流流过晶体管，晶体管好像是一个断开的开关，特点为

$$I_B\approx0, \quad I_C\approx0, \quad U_{CE}\approx U_{CC}$$

实际的情况是，处于截止状态的晶体管集电极有很小的电流 I_{CEO}（通常可忽略），它不受 i_B 的控制，但受温度的影响。

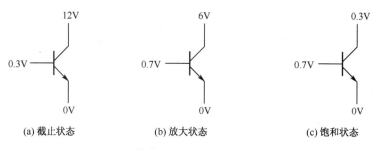

(a) 截止状态　　　　(b) 放大状态　　　　(c) 饱和状态

图 3.4 晶体管的 3 种工作状态的极间电压

2. 放大区

晶体管工作在放大区的特点是发射结电压大于导通压降 U_{ON} 且集电结反向偏置，对于共射极电路 $U_{BE} \geqslant U_{ON}$，且 $U_{CE} > U_{BE}$。即发射结正向偏置，集电结反向偏置 [如图 3.4(b) 所示] 时，晶体管表现出 I_B 对 I_C 的控制，即晶体管处于放大状态。当 U_{CE} 约大于 1V 时，无论 U_{CE} 怎么变化，I_C 几乎不变，这就是晶体管的恒流特性。处在这个区域内的晶体管，集电极与发射极之间可等效于一个受 i_B 控制的电流源，如图 3.5 所示，关系式可表达为

$$i_C = \beta i_B \quad 或 \quad I_C = \bar{\beta} I_B \tag{3.8}$$

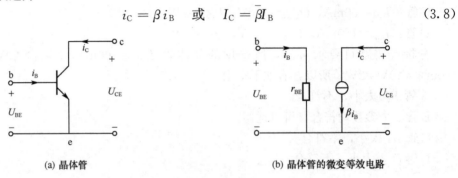

(a) 晶体管 　　　　　　　　　　(b) 晶体管的微变等效电路

图 3.5　晶体管的恒流特性

3. 饱和区

饱和区的特点是发射结与集电结均处于正向偏置。对于共射极电路来说 $U_{BE} > U_{ON}$，且 $U_{CE} < U_{BE}$，这时 i_B 再增大，i_C 几乎就不再增大了，晶体管失去了电流放大作用。处在这个区域内的晶体管 $I_C \neq \bar{\beta} I_B$，晶体管在电路中好像是一个闭合的开关。此时晶体管集电极-发射极压降称为饱和压降 U_{CES}，约为 0.1～0.3V，通常可近似认为是 0V，即

$$U_{CES} \approx 0V \tag{3.9}$$

对于小功率管，可以认为当 $U_{CE} = U_{BE}$（即 $U_{CB} = 0$ 时），晶体管处于临界状态，即处于饱和或临界放大状态。

在模拟电子线路中，大多数情况下晶体管工作在放大状态，所以晶体管偏置电压的正确设置至关重要。

■ 3.2　小信号放大器 ■

☞学习目标
1）能画出固定偏置式、分压偏置式放大电路的电路图及直流通路和交流通路。
2）了解固定偏置式放大电路的工作原理。
3）会分析分压偏置式放大电路自动稳定工作点过程。
4）了解射极输出器电路的特点。

放大器主要用于放大微弱信号，输出电压或电流在幅度上得到了放大，输出信号的能量得到了加强。放大器应具备的条件如下。

1）放大器中的放大管应该工作在放大区。

2）输入信号能输送至放大器的输入端。

3）有信号电压输出。

3.2.1 固定偏置式放大电路的组成

1. 固定偏置式放大电路

如图 3.6 所示是双电源供电的固定偏置式电路，U_{BB} 是基极电源，通过偏置电阻器 R_b 供给晶体管发射结正向偏压；U_{CC} 是集电极电源，通过集电极电阻器 R_c 供给集电结的反向偏压，由 U_{BB} 和 U_{CC} 共同作用，使晶体管工作在放大状态。在实际应用中，通常采取单电源供电形式。

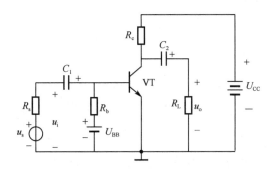

图 3.6 双电源供电的固定偏置式放大电路

2. 固定偏置式放大电路各元器件的作用

1）晶体管 VT 是放大电路的核心器件，起电流放大作用。

2）电源 U_{CC} 和 U_{BB} 提供晶体管正确的工作电压，使晶体管处于放大状态。

3）偏置电阻器 R_b 用来调节基极偏置电流 I_B 的大小，为晶体管提供一个合适的静态工作点。R_b 一般为几十千欧到几百千欧。

4）集电极负载电阻器 R_c 将集电极电流 i_C 的变化转换为电压的变化，以获得电压放大。R_c 一般为几千欧。

5）电容器 C_1、C_2 是用来传递交流信号的，起到耦合的作用。使交流信号顺利地通过晶体管得到放大，同时，又使放大电路的信号源及负载间直流信号相隔离，起隔直作用。为了减小传递信号的电压损失，C_1、C_2 应选得足够大，一般为几微法至几十微法，通常采用电解电容器，因此在使用时要注意电容器的极性。

6）电路中⊥或⏚称为电路公共端，常称为接地。实际使用时，仅与设备的机壳相连，并不一定与大地相连。

7) 电路中 R_L 称为负载电阻器。R_L 可以是扬声器等负载或下一级放大电路。

3. 放大器中电压和电流符号写法的规定

为了区别放大器电路中电流或电压的直流分量、交流分量和总量等概念，对符号写法特作如下规定。

1) 直流分量，用大写字母带大写下标（称为"大大"）表示，如 U_{CC}、I_B 等。

2) 交流分量，用小写字母带小写下标（称为"小小"）表示，如 u_c、i_b 等。

3) 总量，用小写字母带大写下标（称为"小大"）表示，如 u_B、i_B 等。

总量由直流分量与交流分量叠加而成，例如电流总量是直流电流分量与交流电流分量之和，表达式为 $i_B = i_b + I_B$。

4) 交流分量的有效值，用大写字母带小写下标（称为"大小"）表示，如 U_i、I_o 等。

3.2.2 固定偏置式放大电路的定性分析

在实际应用中，通常又将固定偏置式放大电路画成单电源供电的实用电路，如图 3.7 所示。

1. 静态分析

1) 静态，是指无交流信号输入时电路的状态。

2) 静态工作点，在静态时放大电路中晶体管各极电流和电压值称为静态工作点 Q，静态分析主要是确定放大电路中的静态值 I_{BQ}、I_{CQ} 和 U_{CEQ}，下标中的 Q 表示静态。

 放大器的静态工作点设置合适，是放大器能正常工作的重要前提。

3) 直流通路，即放大器的直流等效电路，是放大器输入回路和输出回路直流电流流通的路径。因为电容器具有隔直作用，所以画直流通路时将电容器视为开路，其他不变。固定偏置式放大电路的直流通路画法就是将 C_1 和 C_2 视为开路，这时 R_s、u_s 和 R_L 均与电路断开，如图3.8所示。

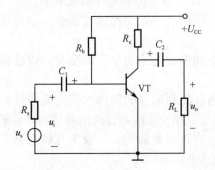

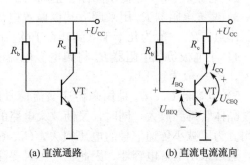

(a) 直流通路　　　　(b) 直流电流流向

图 3.7　固定偏置式放大电路的实用电路　　图 3.8　固定偏置式放大电路的直流通路

直流通路主要用于分析放大器的静态工作点。由图 3.8(b)可知,电路中电流流通路径有如下两条。

第 1 条通路是 $U_{CC} \rightarrow R_b \rightarrow$ VT 的基极 $\rightarrow$ VT 的发射极 $\rightarrow$ 地。

第 2 条通路是 $U_{CC} \rightarrow R_c \rightarrow$ VT 的集电极 $\rightarrow$ VT 的发射极 $\rightarrow$ 地。

图 3.8 中,U_{BEQ} 是一个常量,硅管为 0.6~0.7V,锗管为 0.2~0.3V。

微课

放大电路的
直流通路

【例 3.2】 如图 3.7 所示,已知 $R_b = 300k\Omega$,$R_c = 2k\Omega$,电源 U_{CC} 为 12V,晶体管电流放大系数为 50,求电路的静态工作点。

解 由电压回路定律可知,第 1 条通路(晶体管基极回路):

$$U_{CC} = R_b \cdot I_{BQ} + U_{BEQ} \qquad (3.10)$$

其中,I_{BQ} 为流过基极电阻器的电流(基极电流),$U_{BEQ} \approx 0.7V$(硅管)。

得

$$I_{BQ} = \frac{U_{CC} - U_{CEQ}}{R_b} = \frac{12 - 0.7}{300 \times 10^3} = 38(\mu A)$$

$$I_{CQ} = \beta \cdot I_{BQ} = 50 \times 38 \times 10^{-6} = 1.9(mA)$$

第 2 条通路(晶体管集电极回路):

$$U_{CC} = R_c \cdot I_{CQ} + U_{CEQ} \qquad (3.11)$$

得

$$U_{CEQ} = U_{CC} - R_c \cdot I_{CQ} = 12 - 2 \times 10^3 \times 1.9 \times 10^{-3} = 8.2(V)$$

2. 动态分析

动态是指有交流信号输入时,电路中的电流、电压随输入信号发生相应变化的状态。由于动态时放大电路是在直流电源 U_{CC} 和交流输入信号 u_i 共同作用下工作的,电路中的电压 u_{CE}、电流 i_B 和 i_C 均包含直流分量和交流分量。

交流通路即放大器的交流等效电路。在 u_i 单独作用下,由于电容器 C_1、C_2 足够大,容抗近似为零(相当于短路),直流电源 U_{CC} 的交流内阻较小,可视为与地短接,如图3.9所示。

当输入信号 u_s 为正向时(如图 3.9 所示),晶体管基极产生电流 i_b,由于晶体管集电极电流 $i_c = \beta \cdot i_b$,故基极电流越大,则晶体管集电极电流 i_c 也越大,在集电极电阻器 R_c 产生的压降 $u_o = R_c \cdot i_c$,将晶体管电流放大转换成电压信号输出。

从图 3.9 可知,输入正向信号时,晶体管集电极电流方向为电阻器 R_c 的下端到上端,即为下正上负,故晶体管集电极的输出电压为

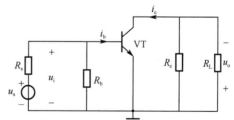

图 3.9 固定偏置式放大电路的交流通路

$$u_c = -i_c \cdot R_c = -\beta \cdot i_b \cdot R_c \qquad (3.12)$$

即 i_b 越大(u_b 越大),u_c 越小,这就是共射极放大器的重要特性,输出信号与输入信号呈现反相关系。

（1）输入电阻 r_i 和输出电阻 r_o。

输入电阻与输出电阻是放大器的两个性能参数，在多级放大器的阻抗匹配中尤显重要。

1）输入电阻 r_i。放大器的输入回路总电阻即为放大器的输入电阻，如图 3.10 所示中的 r_i。此时放大器的输入电阻是信号源 u_s 的负载。

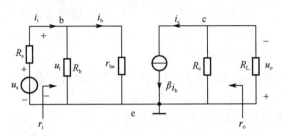

图 3.10　固定偏置式放大电路的交流等效通路

输入电阻表示为

$$r_i = \frac{u_i}{i_i} = R_b \mathbin{/\!/} r_{be} \tag{3.13}$$

其中，r_{be} 可用式（3.14）来计算。

$$r_{be} = \left[300 + (1+\beta)\frac{26}{I_{EQ}} \right](\Omega) \tag{3.14}$$

为了减轻信号源的负担，要求放大器的输入电阻越大越好。式（3.13）中，通常 R_b 远大于 r_{be}，因此输入电阻可以近似表示为

$$r_i \approx r_{be} \tag{3.15}$$

2）输出电阻 r_o。输出电阻 r_o 是从放大器输出端（不包括负载 R_L）看进去的等效电阻，可用式（3.16）表达。

$$r_o = \frac{u_o}{i_c} \approx R_c \tag{3.16}$$

对于负载而言，放大器的输出电阻 r_o 越小，负载电阻 R_L 的变化对输出电压的影响就越小，表明放大器带负载能力越强，通常情况下放大器的 r_o 越小越好。

（2）电压放大倍数

电压放大倍数是衡量放大器放大能力的指标，用 A_V 表示。电压放大倍数是指输出信号电压有效值与输入交流电压有效值之比，设 $R_L' = R_L \mathbin{/\!/} R_c$，则电压放大倍数可用式（3.17）来计算。

$$A_V = \frac{u_o}{u_i} = \frac{-i_c R_L'}{i_b r_{be}} = \frac{-\beta i_b R_L'}{i_b r_{be}} = -\frac{\beta R_L'}{r_{be}} \tag{3.17}$$

式（3.17）中，"$-$" 号表示共射极放大器输出电压信号与输入信号相位相反。当 $R_L = \infty$（R_L 开路）时，

$$A_V = -\frac{\beta R_c}{r_{be}} \tag{3.18}$$

（3）频率特性

放大器对不同频率的信号，其放大倍数是不一样的。通常放大器放大能力在中频段时最强且最稳定，在低频段和高频段放大倍数将明显下降。

3.2.3 分压偏置式放大电路的结构

温度变化会引起放大电路的静态工作点发生偏移，从而影响放大电路的正常工作。为了提高静态工作点的稳定性，在放大电路中通常采用分压偏置式放大电路来提高静态工作点的稳定性。

1. 电路结构

分压偏置式放大器的电路结构如图 3.11 所示。

2. 电路中各元器件的作用

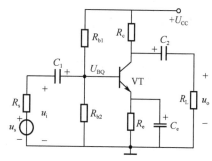

图 3.11　分压偏置式放大电路

1）R_{b1} 为上偏置电阻器，R_{b2} 为下偏置电阻器，R_{b1}、R_{b2} 的取值一般为几十千欧。电源电压 U_{CC} 经 R_{b1}、R_{b2} 分压后得到基极电压 U_{BQ}，给晶体管 VT 的发射结提供合适的正向偏置电压，同时给基极提供一个合适的基极电流。

2）R_e 为发射极电阻器，也称发射极负反馈电阻器，主要起到稳定工作点作用。

3）C_e 称为发射极交流旁路电容器，作用是避免交流信号电压在发射极电阻器 R_e 上产生压降，造成放大电路电压放大倍数下降。

4）R_c 为集电极电阻器，电源通过 R_c 给集电结加上反向偏压，使晶体管工作在放大区。

5）R_L 为负载电阻器，VT 为晶体管，是放大电路的核心器件。

3. 交/直流通路

将电路中的电容器 C_1、C_2、C_e 开路，其他不变，得到如图 3.12 所示的分压偏置式放大电路直流通路。

将电路中的电容器 C_1、C_2、C_e 和 U_{CC} 短路，其他不变，得到如图 3.13 所示的分压偏置式放大电路交流通路。

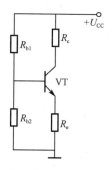

图 3.12　分压偏置式放大电路直流通路

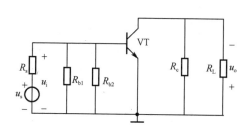

图 3.13　分压偏置式放大电路交流通路

3.2.4 分压偏置式放大电路的定性分析

1. 自动稳定工作点原理

静态工作点不但决定电路的工作状态，而且还影响电路放大倍数、输入/输出电阻等动态参数。影响电路的静态工作点不稳定的因素很多，比如电源电压的波动、器件的老化及温度变化所引起晶体管的参数变化等，其中温度变化对工作点影响是最主要的。

（1）温度对静态工作点的影响

温度变化时，晶体管的 I_{CBO}、β、U_{BEQ} 等参数将会随之变化，导致静态工作点偏移。当温度升高时，放大器相关参数变化过程如下。

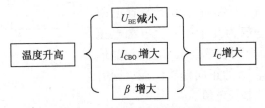

上述变化过程如不加以控制，最终将导致晶体管温度不断上升，晶体管性能劣化，甚至损坏。

温度降低时，I_{CBO}、β、U_{BEQ} 变化与上述情况则相反。

（2）稳定静态工作点原理

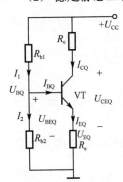

图 3.14 分压偏置式
放大电路电流分析

微课

分压偏置式放大电路静态工作点的稳定

分析图 3.14 可知，$I_1 = I_2 + I_{BQ}$，因 $I_2 \gg I_{BQ}$（设计放大器基极偏置电路时应满足这个条件），得 $I_1 \approx I_2$，此时晶体管基极电压 U_{BQ} 可以用式（3.19）来表示。

$$U_{BQ} = \frac{R_{b2}}{R_{b1} + R_{b2}} U_{CC} \tag{3.19}$$

由式（3.19）可以看出，U_{BQ} 与温度基本无关，只由 R_{b1}、R_{b2}、U_{CC} 分压决定，从而保证了基极对地有一个稳定的电压。

当温度升高时，晶体管集电极电路 I_{CQ} 将增大，则 I_{EQ} 也相应增大，这时在 R_e 上产生的电压 U_{EQ} 也增加，因为 U_{BQ} 是一个基本不变值，所以 $U_{BEQ} = U_{BQ} - I_{EQ}R_e$ 将减小，因此基极 I_{BQ} 减小，$I_{CQ} = \beta I_{BQ}$ 亦减小，使工作点恢复到原有的状态。

上述稳定工作点的过程可简单表示为

温度 $t\uparrow \rightarrow I_{CQ}\uparrow \rightarrow I_{EQ}\uparrow \rightarrow U_{EQ}(=I_{EQ}R_e)\uparrow \rightarrow U_{BEQ}(=U_{BQ}-I_{EQ}R_e)\downarrow \rightarrow I_{BQ}\downarrow$
$I_{CQ}\downarrow$

可见，稳定工作点的关键在于利用发射极电阻器 R_e 两端的电压来反映集电极电流的变化情况，并控制 I_C 的变化，最后达到稳定静态工作点的目的。这实际上是通过 R_e 变化量来调节的，可从以下 3 点加深理解。

1）由于温度变化对 I_{CBO}、β 和 U_{BEQ} 等参数产生影响，将导致晶体管集电极电流 I_{CQ} 变化，从而引起放大器工作点的偏移。因此，要稳定工作点的关键在于稳定晶体管集电极电流 I_{CQ}。

2）放大器中晶体管基极电压 U_{BQ} 由偏置电阻器 R_{b1}、R_{b2} 分压得到（即分压偏置式放大电路），故晶体管基极电压相对比较稳定，与温度无关。

3）由于晶体管发射极电阻器 R_e 的存在，与基极电压共同起作用，稳定了晶体管集电极电流的变化，使放大器的静态工作点趋于稳定。

2. 分压偏置式放大器分析

分压偏置式放大器的分析重点围绕其静态工作点、输入/输出电阻、电压放大倍数等参数的估算展开。

【例 3.3】 已知如图 3.11 所示中 $R_{b1}=7.5\text{k}\Omega$，$R_{b2}=2.5\text{k}\Omega$，$R_e=1\text{k}\Omega$，$R_L=R_c=2\text{k}\Omega$，$U_{CC}=12\text{V}$，晶体管电流放大倍数为 30，试计算放大电路的静态工作点、电压放大倍数及输入/输出电阻。

解 （1）静态工作点的计算

分压偏置式放大器静态工作点的计算步骤是先求 I_{CQ}，再计算 I_{BQ}，最后得出 U_{CEQ}。

由式(3.19)得

$$U_{BQ} = \frac{R_{b2}}{R_{b1}+R_{b2}}U_{CC} = \frac{2.5}{7.5+2.5} \times 12 = 3(\text{V})$$

$$I_{CQ} \approx I_{EQ} = \frac{U_{BQ}-U_{BEQ}}{R_e} = \frac{3-0.7}{1000} = 2.3(\text{mA})$$

$$I_{BQ} = \frac{I_{CQ}}{\beta} = \frac{2.3}{30}\text{mA} = 77(\mu\text{A})$$

$$U_{CEQ} = U_{CC} - I_{CQ} \cdot (R_e + R_c) = 12 - 2.3 \times (1+2) = 5.1(\text{V})$$

（2）输入/输出电阻计算

由交流等效图 3.13 可得放大器输入电阻为

$$r_i = R_{b1} \mathbin{/\mkern-5mu/} R_{b2} \mathbin{/\mkern-5mu/} r_{be} \tag{3.20}$$

根据式（3.14），有

$$r_{be} = 300 + (1+\bar{\beta})\frac{26}{I_{EQ}} = 300 + 31 \times \frac{26}{2.3 \times 10^{-3}} = 0.65(\text{k}\Omega)$$

代入式（3.20）得

$$r_i = 484(\Omega)$$

放大器的输出电阻为

$$r_o = R_c \tag{3.21}$$

故得

$$r_o = 2(\text{k}\Omega)$$

（3）放大倍数的计算

$$A_V = -\bar{\beta}\frac{R_L \mathbin{/\!/} R_C}{r_{be}} = -30 \times \frac{2 \mathbin{/\!/} 2}{0.65} \approx -46$$

3.2.5 共集电极放大器

1. 晶体管在放大电路中的 3 种连接方式

根据晶体管在放大电路中的不同连接方式，可分为共发射极放大器、共基极放大器、共集电极放大器 3 种基本组态，如图 3.15 所示。

1）共发射极放大器。以基极为输入端，集电极为输出端，发射极为共同端，如图 3.15(a)所示。前面讨论的固定偏置式放大器、分压偏置式放大器均属于共发射极放大器。

2）共基极放大器。以发射极为输入端，集电极为输出端，基极为共同端，如图 3.15(b)所示。

3）共集电极放大器。以基极为输入端，发射极为输出端，集电极为共同端，如图 3.15(c)所示。

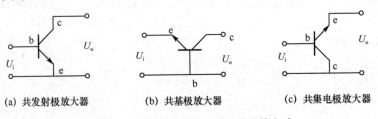

(a) 共发射极放大器   (b) 共基极放大器   (c) 共集电极放大器

图 3.15   晶体管在电路中的 3 种连接方式

2. 共集电极放大器电路

共集电极放大器电路如图 3.16 所示。

共集电极放大器的交/直流通路分别如图 3.17 和图 3.18 所示。

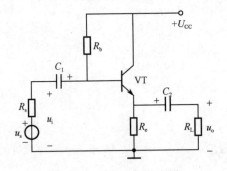

图 3.16   共集电极放大器

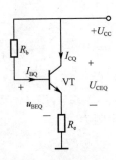

图 3.17   共集电极放大器的直流通路

3. 共集电极放大器的特点

（1）输出电压与输入电压相位相同且略小于输入电压

从如图 3.18 所示的电路中可以看出，

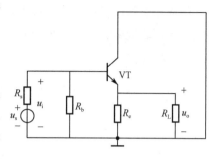

图 3.18　共集电极放大器的交流通路

$$u_i = u_{be} + u_o$$

因为 $u_i \gg u_{be}$，所以 $u_o \approx u_i$。表明输出电压总是跟随输入电压变化且同相，电压放大倍数略小于 1 且近似等于 1。因此，共集电极放大器又称射极跟随器。该电路虽然无电压放大能力，但是输出电流 i_e 仍为基极电流的 $(1+\beta)$ 倍，因此，共集电极放大器具有较强的电流放大能力和功率放大能力。

（2）输入电阻大

发射极电阻器 R_e 及负载电阻器 R_L 折合到基极回路时，将增大为 $(1+\beta)$ 倍，所以共集电极放大器的输入电阻为

$$r_i = r_{be} + (1+\beta)R'_L \tag{3.22}$$

其中，

$$R'_L = R_e /\!/ R_L$$

r_i 比共发射极放大器的输入电阻要大得多，一般可达几十千欧至几百千欧。

（3）输出电阻小

基极回路电阻 $(R_b /\!/ r_{be})$ 折合到发射极回路时，应减小为原来的 $1/(1+\beta)$ 倍。通常情况下，输出电阻 r_o 可小到几十欧。

4. 共集电极放大器的应用

共集电极放大器具有输入电阻大和输出电阻小的特点。常用于多级放大器的第一级或最末级，也可用于中间隔离级。

■ 3.3　多级放大器 ■

☞**学习目标**

1）了解多级放大器的耦合方式。
2）了解 3 种耦合方式的优点与缺点。
3）了解多级放大器的性能。

在电子技术应用过程中，被放大的信号往往是十分微弱的。单级放大器的放大能力有限，此时可以采用多个放大电路合理连接，从而构成多级放大器。

3.3.1 多级放大器的耦合方式

组成多级放大器的每一个放大器称为"级"。级与级之间的连接方式称为级间耦合。多级放大器级间耦合方式常见的有阻容耦合、直接耦合和变压器耦合。

1. 阻容耦合

各级放大器之间通过耦合电容及后级放大器输入电阻进行连接的耦合方式称为阻容耦合，如图 3.19 所示中的 C_2。

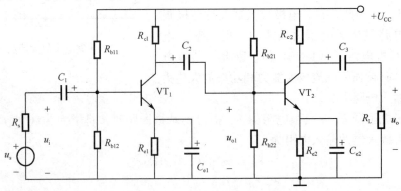

图 3.19　两级阻容耦合放大器

（1）优点

由于电容器 C_2 对直流具有阻碍作用，因而阻容耦合放大电路各级之间的直流通路相互隔离，因此，各级的静态工作点互不影响。当输入信号频率较高时，耦合电容器容量较大，前级的输出信号就可以几乎无衰减地传递到后级的输入端，所以在分立元器件电路中，阻容耦合方式得到非常广泛的应用。

（2）缺点

当输入信号频率较低或为直流信号时，耦合电容器上呈现较大的容抗，信号一部分甚至全部都衰减在耦合电容器上，而不能很好地传递到后一级，产生频率失真。此外，在集成电路中制造大容量的电容器是比较困难的。因此，阻容耦合方式不利于集成化。

2. 直接耦合

将前一级的输出端直接连接到后一级的输入端，称为直接耦合，如图 3.20 所示。

（1）优点

电路中只有晶体管和电阻器，没有大的电容器，低频交流信号与直流信号畅通无阻，失真小，广泛应用于直流放大器和集成电路中。

（2）缺点

各级之间直接相连，因此各级静态工作点相互影响。另外易产生零点漂移，即放大器无输入信号时，却有缓慢的无规则信号输出。产生零点漂移的原因很多，其中温度变化及电源电压波动对零点漂移的影响最大，因此，直接耦合放大器须采取措施（如第一级放大器须采用差动放大器），以减少零点漂移现象。

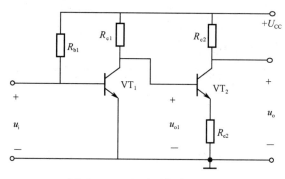

图 3.20 两级直接耦合放大器

3. 变压器耦合

如图 3.21 所示为变压器耦合放大器电路，放大电路的输出端通过变压器耦合到后级的输入端或负载电阻器上。

（1）优点

变压器耦合放大器的前后级是靠磁路耦合的，所以与阻容耦合电路一样，它的各级放大电路的静态工作点互不影响，而且便于实现级间的阻抗变换。适当选择变压器的原、副边绕组的匝数比（变比），可以使副边折合到原边的负载等效电阻与前级电路输出电阻相等（或相近），这种情况叫作阻抗匹配。

（2）缺点

变压器存在体积大、重量重、频率失真较大、不利于集成化等缺点。这种耦合方式通常用于功放、中频调谐放大器及多级放大器的输出级。

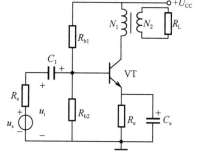

图 3.21 变压器耦合放大器

3.3.2 多级放大器的定性分析

对多级放大器的性能分析主要关注放大器的电压放大倍数、输入电阻和输出电阻、频率特性等参数。

1. 电压放大倍数

多级放大器对放大的信号而言，前级的输出信号就是后级输入信号。设各级放大器的放大倍数为 A_{V_1}，A_{V_2}，$\cdots$，A_{V_n}。则总电压放大倍数是各级电压放大倍数之积：

$$A_V = A_{V_1} \cdot A_{V_2} \cdot \cdots \cdot A_{V_n} \tag{3.23}$$

2. 输入/输出电阻

多级放大器的输入电阻就是第一级放大器的输入电阻，输出电阻就是最后一级放大器的输出电阻。

3. 频率特性与通频带

多级放大器的放大倍数虽然提高了，但通频带比任何一级的通频带都要窄。这是多级放大器中一个重要的概念。为满足多级放大器的频率要求，应该将每一级放大电路的通频带都要设置得宽一些。

4. 非线性失真

晶体管输入/输出特性的非线性导致每一级放大器均存在非线性失真，经多级放大器放大后，输出信号波形失真将更大，故要减少多级放大器的失真，就应尽量克服各单级放大器的失真。

■ 3.4 低频功率放大器 ■

☞ **学习目标**

1）了解低频功率放大器应满足的要求。
2）了解功率放大器的分类方法。
3）理解复合管组合原则及特点。
4）能画出复合管形式的分压偏置式电路。

◄◄◄ 知 识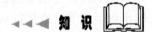

在实践中，常常要求放大器的末级有足够大的功率去推动或控制一些设备正常工作。例如使扬声器（喇叭）的音圈振动发出声音、控制电动机的旋转等。用于放大低频功率信号的放大器，称为低频功率放大器，简称为功放。

3.4.1 功率放大器的性能与分类

放大电路实质上都是能量转换电路。电压放大器的主要任务是使负载得到不失真的电压信号，注重电压增益、输入/输出电阻等指标。而功率放大器的主要任务是使负载得到不失真（或失真较小）的输出功率，常工作于大电流、高电压的大信号状态下，故功率放大器的性能要求与小信号电压放大器有所不同。

1. 良好的功率放大器应满足的要求

1）输出功率 P_{om} 尽可能大。功率放大器提供给负载的信号功率称为输出功率，记为 P_{om}。为使功率放大器输出足够大的功率，功率放大器常工作于接近极限的工作状态。

2）转换效率高。功率放大器的最大输出功率与电源提供的直流功率之比称为转换效率，这个比值大，意味着转换效率高。

3）非线性失真要小。功率放大器往往在较大的动态范围内工作，要求功率放大管工作在放大区，若进入饱和区和截止区都会造成非线性失真。功率放大器的非线性失真必须在允许的范围内。

4）功率放大器要有良好的散热装置。在功率放大器中，有相当大的功率消耗在功率放大器的集电结上，使功率放大器温度升高，性能变差，严重时还会损坏，所以必须在功率放大器上加装良好的散热装置及各种保护措施。

2. 功率放大器的分类

按电路工作状态分类，常把功率放大器分为甲类、乙类、甲乙类 3 种。3 种功放电路输出波形比较如图 3.22 所示。

（1）甲类功放

在输入信号的整个周期内都有电流流过晶体管，也就是说，电源始终不断地输出功率。在无信号输入时，这些功率就损耗在放大器等元器件上。在有信号输入时，一部分功率转化为有用的输出功率，因此，甲类功放功率损耗较大，效率较低，转换效率最高只能达到 50%。

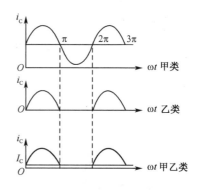

图 3.22　3 种功放电路输出波形的比较

（2）乙类功放

在输入信号的整个周期内，晶体管有半个周期工作在放大区，另半个周期工作在截止区。如果采用两只管子分别在正负半周轮流工作，则放大器可以输出一个完整的波形。乙类功放转换效率最高可达 78.5%。缺点是输出信号在越过晶体管死区时得不到正常放大而产生交越失真。

（3）甲乙类功放

晶体管导通时间大于信号的半个周期，即介于甲类功放和乙类功放中间，甲乙类功放转换率仍然较高。

3.4.2　复合管应用

在功率放大器的末级，通常要求有比较大的电流放大倍数和足够的功率输出。由于大功率晶体管的电流放大倍数往往较小，在实际应用中，常采用放大倍数大的小功率晶体管和放大倍数低的大功率晶体管复合而成，这样的复合管具有较大的电流放大倍数和输出功率。

1. 复合管（又称达林顿管）

（1）定义
两只或两只以上的晶体管按一定规律组合等效于一只晶体管。

（2）组合的原则

参与复合的晶体管各电极上电流都能按各自的正确方向流动，复合管的类型取决于参与复合的第一只晶体管的类型。

2. 复合管的4种组合方式及特点

（1）4种组合方式

复合管的4种组合方式如图3.23所示。

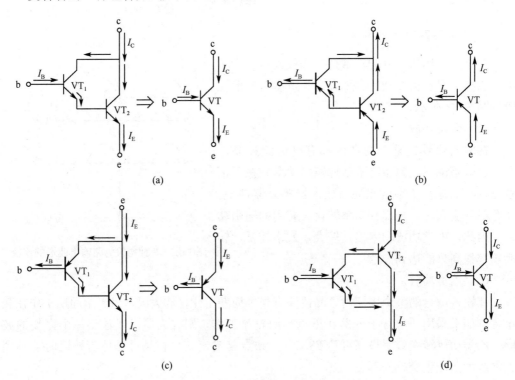

图3.23　复合管的4种组合方式

（2）特点

1）复合管的电流放大倍数等于两只参与复合的晶体管电流放大倍数之积。

若VT_1的电流放大倍数为$\bar{\beta}_1$，VT_2的电流放大倍数为$\bar{\beta}_2$，复合管放大倍数为$\bar{\beta}$，则

$$\bar{\beta} = \bar{\beta}_1 \cdot \bar{\beta}_2 \qquad (3.24)$$

从式（3.24）可以看出，复合管大大地提高了电流放大倍数。

2）穿透电流大。从图3.23(a)中可以看出，晶体管VT_1发射极电流全部注入VT_2的基极，因此增大了VT_2的穿透电流，使其热稳定性变差。在实际应用中又是怎样解决这个问题的呢？

如图3.24所示，在VT_1发射极上接分流电阻器R_E，这样VT_1发射极电流一部分分流到R_E，从而减小了VT_2的穿透电流。一般R_E选取几十至几百欧。

3. 复合管的应用

将分压偏置式放大电路的放大管用复合管代替，如图3.25所示。

图3.25中，VT$_1$和VT$_2$复合后，从工作原理上看，VT$_1$和VT$_2$等效于一只NPN型晶体管，但增大了输出电流及功率。

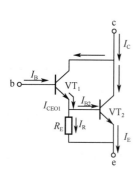

图3.24 减小穿透电流的电路　　图3.25 复合管形式的分压偏置式放大电路

■ 3.5 互补对称功率放大器 ■

☞**学习目标**

1）能区别OTL功率放大器与OCL功率放大器的不同点。

2）能分析OTL功率放大器与OCL功率放大器的工作原理。

3）理解消除交越失真的方法。

4）掌握1种或2种集成功放电路的应用。

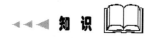

变压器耦合功率放大器的优点是实现电路间的阻抗匹配，但是体积庞大、笨重，传输效率低。目前最广泛使用的是无输出变压器的功率放大器（OTL电路）和无输出电容器的功率放大器（OCL电路）。

3.5.1 OTL功率放大器

1. OTL电路结构及工作原理

（1）电路结构

如图3.26所示的电路，VT$_1$（NPN管）和VT$_2$（PNP管）是两只特性一致的互补晶体管，通常将其称为对管，采用单电源供电。输出电容器C一般为大容量的电解电容器，其容量通常为几百至几千微法。信号从两管的基极输入，从两管的发射极输出，集电极是输入/输出信号的共同端，因此这两只管子组成了射极输出器。

（2）工作原理

1）由于 VT_1 和 VT_2 管子特性对称，静态（无信号输入）时，中点电位 $U_o = U_{CC}/2$，所以电容器 C 两端电位也为 $U_{CC}/2$。此电压是表明 OTL 功放电路静态工作点是否正常的重要标志。

2）当基极输入信号 u_i 正半周（信号极性为上正下负）时，两只管子的基极电位升高，使 VT_1 正偏导通，VT_2 截止，VT_1 的集电极电流 i_{c1} 由正向电源 U_{CC} 经过电容器 C 流向负载 R_L，这样在 R_L 上就得到了上正下负的正半周放大信号，如图 3.27 所示的 u_{o1} 波形；同时，电容器 C 充有左"＋"右"－"的电压。

3）当基极输入信号 u_i 负半周（信号极性为上负下正）时，两只管子的基极电位下降，使 VT_2 正偏导通，VT_1 截止，VT_2 的集电极电流 i_{c2} 由电容器 C 的正极经过 VT_2 流向负载 R_L，最后回到电容器 C 的负极，这样 R_L 上得到下正上负的负半周放大信号，如图 3.27 所示的 u_{o2} 波形。

在这个过程中，电容器 C 不仅起着耦合输出信号作用，还起到晶体管 VT_2 的供电作用。为了使输出波形对称，必须保持电容器 C 上的电压基本维持在 $U_{CC}/2$ 不变，因此电容器 C 的容量必须足够大。

由以上分析可知，在输入信号 u_i 的整个周期内，功率放大器 VT_1、VT_2 两管轮流交替工作、互相补充，使负载获得完整的信号波形，故称其为单电源互补对称电路。

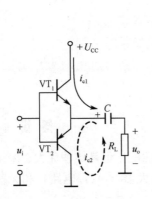

图 3.26　OTL 电路

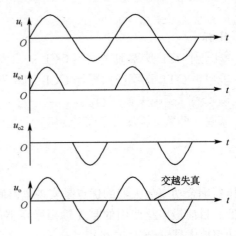

图 3.27　OTL 电路输出波形

2. OTL 电路存在的问题及解决办法

（1）存在的问题分析

从原理上可以看出，OTL 电路工作在乙类状态，设输入信号 u_i 为正弦波，如图 3.27 所示。在正负半周 R_L 上得到的电压分别是 u_{o1} 和 u_{o2}，最后在 R_L 上得到的波形不是一个完整的正弦波，在波形上存在着一定的失真，把这种出现在输出波形正负半周交界处的失真，称为交越失真。

交越失真产生的原因是：由于晶体管发射结死区电压的存在（硅管 0.5V，锗管约为0.2V），输入信号电压小于功率放大器死区电压时，功率放大器处于截止状态，输出电流为零。只有在输入信号克服死区电压后才能导通，因此，输出波形会产生交越失真。

（2）消除交越失真的办法

因为OTL电路工作在乙类工作状态，不可避免地存在着交越失真，要消除交越失真，应在电路的结构上采取措施。如图3.28所示为改进后的OTL电路。

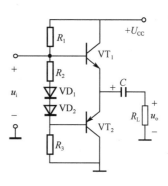

图 3.28　改进后的 OTL 电路

如图3.28所示的电路中给 VT_1、VT_2 发射结加适当的正向偏压，提供一定的静态偏置电流，使 VT_1、VT_2 导通时间稍微超过半个周期，即工作在甲乙类状态。图中 R_2、VD_1、VD_2 起到提供偏置电压的作用。静态时晶体管 VT_1、VT_2 处于微导通状态，这样就克服了晶体管死区电压对输入信号的影响，从而消除了交越失真。

3.5.2　OCL 功率放大器

由于OTL电路需要大容量的输出电容并易带来低频失真，因此可采用正负电源的供电方式，从而取消输出电容，这种功放电路称为无输出电容功率放大器，简称为OCL功率放大器。

1. OCL 功率放大器及工作原理

（1）电路结构

如图3.29所示，图中 $+U_{CC}$ 与 $-U_{CC}$ 为正负双电源（电压大小相等，极性相反），晶体管 VT_1、VT_2 是互补对管，R_L 为负载。

（2）工作原理

因为 VT_1、VT_2 为互补对管，静态时中点（O点）的电位 $U_O=0V$。当基极输入信号 u_i 在正半周时，两只功率放大器的基极电位升高，使 VT_1 正偏导通，VT_2 反偏截止，VT_1 的集电极电流 i_{c1} 由正向电源 $+U_{CC}$ 经过 VT_1 流向负载 R_L，这样 R_L 上得到被放大的正半周信号电流。

当基极输入信号 u_i 负半周时，两只功率放大器的基极电位下降，使 VT_2 正偏导通，VT_1 截止，电流 i_{c2} 由 R_L 流向 VT_2 的发射极，最后回到 $-U_{CC}$，这样 R_L 上得到被放大的负半周信号电流。

可见，在输入信号 u_i 的整个周期内，VT_1、VT_2 两管轮流交替地工作，互相补充，使负载获得完整的信号波形，所以该电路又称为双电源互补对称电路。

2. 改进后的 OCL 功率放大器

OCL功率放大器工作在乙类工作状态也存在着交越失真，如图3.30所示为改进后的OCL功率放大器。

在 VT_1、VT_2 基极之间串入二极管和电阻器，以供给两管一定的正向偏置电压，使两管处于微导通状态，中点电压 $U_O=0V$。无论输入信号正半周还是负半周，总有一只管子立即导通，因此消除了交越失真。

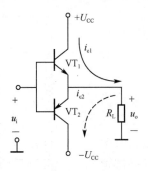 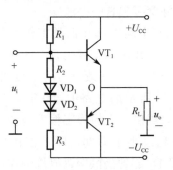

图 3.29　OCL 功率放大器　　　　图 3.30　改进后的 OCL 功率放大器

3.5.3　常用集成功放电路

目前市场上已有很多型号的集成功放电路，它们具有体积小、性能优良、价格便宜、易安装和调试等优点。现以 TDA2030 及 LM386 为例说明集成功放电路的使用方法。

1. TDA2030A 集成功放电路

TDA2030A 是单声道功放电路，如图 3.31 所示。采用 V 型五脚单列直插式 TO-220 封装结构。广泛应用于汽车立体声收录机、中功率音响设备中。具有体积小、输出功率大、静态电流小（50mA 以下）、动态范围大（能承受 3.5A 的电流）、负载能力强的特点，可带动 4~16Ω 的扬声器，音色无明显个性，特别适合制作输出功率中等的高保真功放。其内部有短路保护、热保护、地线偶然开路保护、电源极性反接保护等。

（a）引脚序号　　　　　　　　　（b）外观

图 3.31　TDA2030A 外形图

（1）引脚功能

1 脚为同相输入端；2 脚为反相输入端；3 脚为负电源输入端；4 脚为信号输出端；5 脚为正电源输入端。

（2）应用电路

如图 3.32 所示为 TDA2030A 典型的两种应用电路。

如图 3.32 所示中的二极管 VD_1、VD_2 是为防止电源接反导致损坏组件而采取的防护措施。电源电压的极限为 ±20V，为留有工作余量，常取 ±15V。虽然 TDA2030A 组

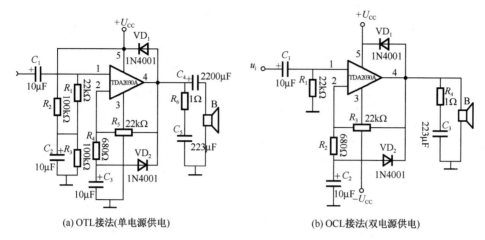

图 3.32　TDA2030 应用电路

(a) OTL接法(单电源供电)　　　(b) OCL接法(双电源供电)

成的功放电路所需的元器件很少，但所选元器件必须是优质品，否则会影响音质效果。TDA2030A 可与 LM1875 直接代换。

2. LM386 集成功放电路

LM386 是美国国家半导体公司生产的音频功放集成电路，主要应用于低电压消费类产品。静态功耗低，约为 4mA，可用电池供电。工作电源电压范围 4～12V 或 5～18V（LM386-4），具有外围元器件少、失真度低，易安装和调试方便等优点。

LM386 的封装形式有塑封 DIP8 双列直插式和 SO-8 贴片式。如图 3.33 所示为 LM386 引脚排列图。

3. LM386 典型应用电路

LM386 有两个信号输入端，当信号从 2 脚输入时，构成反相放大器，输出信号与输入信号相位相反；当信号从 3 脚输入时，构成同相放大器，输出信号与输入信号相位相同。在 1 脚与 8 脚间连接不同的元器件，可改变放大器的放大倍数。LM386 典型应用如图 3.34～图 3.36 所示。

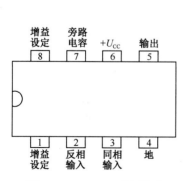

图 3.33　LM386 引脚排列

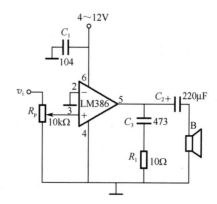

图 3.34　LM386 外接最少元器件用法

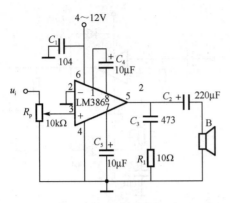

图 3.35　LM386 电压放大倍数最大的用法

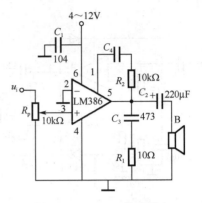

图 3.36　LM386 典型用法

■ 动手做　扩音器 ■

☞学习目标

1）进一步加深理解复合管的工作原理及应用。

2）熟练掌握电阻器、二极管、晶体管、电容器、电位器等元器件的性能判别。

3）理解 OTL 功放的工作原理，掌握电子产品的制作和调试方法，提高操作实践能力，培养工程实践观念。

4）熟练掌握万用表、示波器等仪器的使用。

动手做 1　剖析电路工作原理

1. 电路原理图

如图 3.37 所示为扩音器电路原理图。

2. 工作原理分析

扩音器电路由前置放大级、激励放大级、末级互补输出级组成。

1）晶体管 VT_1 为前置放大管，采用 NPN 型硅管，温度稳定性较好，有利于降低噪声，采用能自动稳定工作点的分压式偏置电路，R_1 为上偏置电阻器，R_2 为下偏置电阻器，C_4 为发射极旁路电容器。通过限流降压电阻器 R_6 及稳压电容器 C_{11} 提供 VT_1 合适的工作电压。发射极电阻器 R_5 的阻值较小，对稳定静态工作点的作用不大，主要起交流负反馈作用。C_1 为信号输入耦合电容器。C_2、C_5 能起到抑制 VT_1、VT_2 高频自激作用，其容量一般为 $47\sim200\text{pF}$。

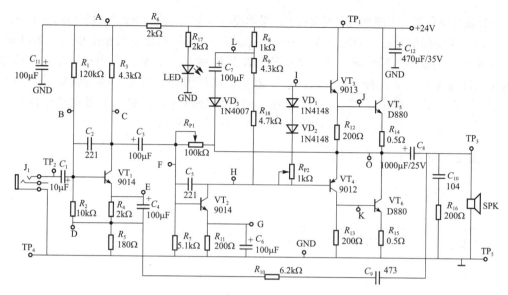

图 3.37 扩音器电路原理图

2）晶体管 VT_2 为激励放大管，应选用小功率低噪声晶体管，它能使功率放大器输出级有足够的推动信号。扩音器电路中点电压（+12V）通过 R_{P1} 和 R_7 两个偏置电阻器，提供 VT_2 正常偏置电压，调节 R_{P1} 可设置 VT_2 合适的静态工作点。

3）VT_3、VT_4 是末级互补输出对管，分别与 VT_5、VT_6 构成复合管对输出电流进行放大，能给喇叭提供足够大的驱动电流，VT_3、VT_4 的放大倍数应尽可能一致，可以保证输出信号的正负半周信号对称，让失真更小。其中 VT_3、VT_5 复合等效于一只 NPN 型晶体管，VT_4、VT_6 复合成一只 PNP 型晶体管。

4）R_{12}、R_{13} 为穿透电流的分流电阻器，也是 VT_5、VT_6 的偏置电阻器。其值不可过小，否则将使有用信号损失过大。

5）R_{14} 和 R_{15} 是防止 VT_5、VT_6 过流的限流电阻器，取值一般为 0.5～1Ω。

6）C_7、VD_3、R_8 组成"自举升压电路"。在信号正半周时，信号越强，VT_3、VT_5 导通越充分，其内阻越小，以至中点电压 U_o 上升越多，使 VT_3、VT_5 动态范围变小。加入 C_7（其容量较大）后，电容器两端电压基本不变，在中点电压升高的同时，L 点电压也随着升高，使 VT_3 的基极电位升高而获得正常的偏压，保证了 VT_5 大电流输出。R_8 为隔离电阻器，将电源与 C_7 隔开，使 C_7 上举的电压不被电源吸收，从而扩大功放管 VT_3、VT_5 的动态范围。

7）在 VT_3、VT_4 基极间串入 R_{18}、VD_1、VD_2、R_{P2}，以供给两个晶体管一定的正向偏压，使 VT_3、VT_4 静态时都处于微导通状态，可消除交越失真。调整 R_{P2} 使 VT_3、VT_4 的基极电压改变而实现对其静态工作点的调整，在能够消除交越失真的情况下尽量取更小值。与 R_{P2} 串联的 VD_1 和 VD_2 是温度补偿二极管。

8）R_{16} 和 C_{10} 组成输出高频补偿电路。R_{16} 不能太小，否则相当于高频对地短路了；也不能太大，否则，C_{10} 就起不到应有的作用。

9）C_8 是输出耦合电容器。有音频信号输入时，O 点电压会大幅度变化，这个信号中有一个直流分压存在，不能直接加到喇叭上，必须经过一个隔直流通交流的电容器将其隔开。

10）当音频信号正半周输入 VT_1 时，由晶体管的基极与集电极相位相反关系可知，VT_1 集电极的输出信号电压为负，又经激励管 VT_2 倒相，从 VT_2 集电极输出音频信号为正，这时 VT_3、VT_5 导通，VT_4、VT_6 截止。同样道理，当输入的音频信号是负半周时，VT_3、VT_5 截止，VT_4、VT_6 导通。由上面分析可知，输入信号在整个周期内都得到放大，在负载 B（扬声器）便得到一个完整的音频信号。

动手做2　准备工具及材料

1. 准备制作工具

电烙铁、烙铁架、电子钳、尖嘴钳、镊子、小一字螺钉旋具、万用表、静电手环、直流稳压电源、信号发生器、示波器等。

2. 材料清单

制作扩音器电路的材料清单如表 3.2 所示。

表 3.2　材料清单

序号	标号	参数或型号	数量	序号	标号	参数或型号	数量
1	R_1	120kΩ	1	18	C_{10}	104	1
2	R_2	10kΩ	1	19	C_{12}	470μF/35V	1
3	R_3、R_9	4.3kΩ	2	20	R_{P1}	蓝白电位器100kΩ	1
4	R_4、R_6	2kΩ	2	21	R_{P2}	3296型电位器1kΩ	1
5	R_5	180Ω	1	22	SPK	5W/8Ω扬声器	1
6	R_7	5.1kΩ	1	23	VD_1、VD_2	1N4148	2
7	R_8	1kΩ	1	24	VD_3	1N4007	1
8	R_{10}	6.2kΩ	1	25	VT_1、VT_2	9014	2
9	R_{11}、R_{12}、R_{13}、R_{16}	200Ω	4	26	VT_3	9013	1
10	R_{14}、R_{15}	0.5Ω/1W	2	27	VT_4	9012	1
11	R_{17}	3kΩ	1	28		D880	2
12	R_{18}	4.7kΩ	1	29	VT_5、VT_6	散热片	2
13	C_1	10μF/25V	1	30		M3螺丝	2
14	C_2、C_5	221	2	31	J_1	3.5mm立体声插座	1
15	C_3、C_4、C_6、C_7、C_{11}	100μF/25V	5	32	$TP_1 \sim TP_5$	φ1.3插针	5
16	C_8	1000μF/25V	1	33		配套双面PCB	1
17	C_9	473	1	34	LED_1	红色	1

3. 识别与检测元器件

1）识别与测量电阻器。按表 3.3 中的要求进行识别与测量电阻器并记录。

表 3.3 识别与测量电阻器记录表

序号	标号	色环	标称阻值	万用表挡位	测量值
1	R_1				
2	R_2				
3	R_3、R_9				
4	R_4、R_6				
5	R_5				
6	R_7				
7	R_8				
8	R_{10}				
9	R_{11}、R_{12}、R_{13}、R_{16}				
10	R_{14}、R_{15}				
11	R_{17}				
12	R_{18}				

2）识别与测量电容器。按表 3.4 中的要求识别电容器名称、标称容量与检测容量并记录。

表 3.4 识别与测量电容器记录表

序号	标号	电容器名称	标称容量	万用表检测值	万用表挡位
1	C_1				
2	C_2、C_5				
3	C_3、C_4、C_6、C_7、C_{11}				
4	C_8				
5	C_9				
6	C_{10}				
7	C_{12}				

3）识别与检测二极管。按表 3.5 中的要求识别二极管的名称，判别二极管的性能并记录。

表 3.5 识别与检测二极管记录表

序号	标号	二极管名称	正向测量结果（导通或截止）	反向测量结果（导通或截止）	万用表挡位	性能判别（良好或损坏）
1	VD_1、VD_2					
2	VD_3					
3	LED_1					

4）识别与检测晶体管。按表 3.6 中的要求识别晶体管的型号，判别管型、引脚名称，测量直流放大倍数并记录。

表 3.6　识别与检测晶体管记录表

序号	标号	晶体管型号	管型 （NPN 或 PNP）	引脚排列（e、b、c）		直流放大倍数
1	VT_1、VT_2			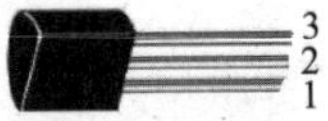	1—（　　） 2—（　　）	
2	VT_3				1—（　　） 3—（　　）	
3	VT_4				1—（　　） 3—（　　）	
4	VT_5、VT_6				2—（　　） 3—（　　）	

5）识别与检测电位器。按表 3.7 中的要求识读电位器的标称阻值，测量电阻值可调范围、判定性能并记录。

表 3.7　识别与检测电位器记录表

序号	标号	电位器外形	画出电路图符号 并标注引脚号	标称阻值	实测电阻值 可调范围	性能判定 （良好或损坏）
1	R_{P1}					
2	R_{P2}					

动手做 3　安装步骤

1. 扩音器电路安装顺序与工艺

元器件按照先低后高、先易后难、先轻后重、先一般后特殊的原则进行安装，注意本电路中的 1N4007、1N4148、电解电容器、发光二极管、晶体管等极性元器件的引脚不能装反。元器件安装顺序与工艺要求如表 3.8 表示。

表 3.8 元器件安装顺序及工艺

步骤	元件名称	安装工艺要求
1	电阻器 $R_1 \sim R_{18}$	① 水平卧式安装，色环朝向一致； ② 电阻器本体紧贴 PCB，两边引脚长度一样； ③ 剪脚留头在 1mm 以内，不伤到焊盘
2	二极管 $VD_1 \sim VD_3$	① 区分二极管的正负极，水平卧式安装； ② 二极管本体紧贴 PCB，两边引脚长度一样； ③ 剪脚留头在 1mm 以内，不伤到焊盘
3	瓷片电容器 C_2、C_5、 C_9、C_{10}	① 看清电容的标识位置，使在 PCB 上字标可见度要大； ② 垂直安装，瓷片电容器引脚根基距离 PCB 1～2mm； ③ 剪脚留头在 1mm 以内，不伤到焊盘
4	立体声插座 J_1	① 校正立体声插座两边引脚，将引脚对准 PCB 孔直插到底； ② 不剪脚
5	测试插针 $TP_1 \sim TP_5$	① 对准 PCB 孔直插到底，垂直安装，不得倾斜； ② 不剪脚
6	电解电容器 C_1、C_3、C_4、 C_6、C_7、C_8、C_{11}、C_{12}	① 正确区分电容器的正负极，垂直安装，紧贴 PCB； ② 剪脚留头在 1mm 以内，不伤到焊盘
7	电位器 R_{P1}、R_{P2}	① 注意区分电位器的型号； ② 将电位器的 3 只引脚对准 PCB 插孔插装，直插到底； ③ 剪脚留头在 1mm 以内，不伤到焊盘
8	晶体管 $VT_1 \sim VT_4$	① 注意区分晶体管型号； ② 将晶体管 3 只引脚对准 PCB 插孔插装，引脚留长 3～5mm； ③ 剪脚留头在 1mm 以内，不伤到焊盘
9	发光二极管 LED_1	① 注意区分发光二极管的正负极； ② 垂直安装，紧贴电路板或安装到引脚上的凸出点位置； ③ 剪脚留头在 1mm 以内，不伤到焊盘
10	晶体管 VT_5、VT_6	① 将晶体管安装在散热片上，用 M3 螺钉固定，但不拧紧； ② 将散热片中间插针与晶体管的引脚对准 PCB 插孔插装，直插到底； ③ 拧紧螺钉； ④ 剪脚留头在 1mm 以内，不伤到焊盘

2. 安装扩音器电路

1）如图 3.38 所示为扩音器印刷电路板图。

2）如图 3.39 所示为扩音器电路元器件装配图。

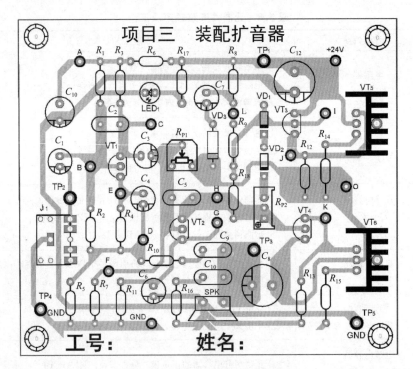

图 3.38　扩音器印刷电路板图

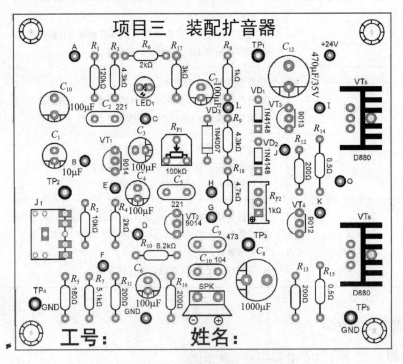

图 3.39　扩音器电路元器件装配图

3. 评价安装工艺

根据评价标准，从元器件识别与检测、整形与插装、元器件焊接工艺 3 方面对电路安装进行评价，将评价结果填入表 3.9 中。

表 3.9 电路安装评价

序号	评价分类	优	良	合格	不合格
1	元器件识别与检测				
2	整形与插装				
3	元器件焊接工艺				
评价标准	优	有 5 处或 5 处以下不符合要求			
	良	有 5 处以上、10 处以下不符合要求			
	合格	有 10 处以上、15 处以下不符合要求			
	不合格	有 15 处以上不符合要求			

动手做 4　测量扩音器电路的技术参数

1. 测量参数项目

1）调节 R_{P1}，使 O 点的电压值为 +12V。

2）利用万用表测量 A～K 点电压。

3）利用示波器测量 TP_2 处输入电压波形，TP_3 处输出电压波形，计算电压放大倍数。

2. 测量操作步骤

步骤 1　测量前的检查

1）整体目测电路板上元器件有无全部安装，检查元器件引脚有无漏焊、虚焊、搭锡等情况。

2）检查极性元器件引脚是否装错，如二极管、晶体管、电解电容等。

3）检查大功率管与散热支架间是否压平压紧，绝缘是否良好等。

4）用万用表检查电源输入端的电阻值，判别电源端是否有短路现象。

步骤 2　通电调试电路

1）确认无误后，将直流电源电压调至直流 +24V，然后关闭电源，将电源输出端与电路板供电端（TP_1、TP_4）相连，通电观察电路板有无冒烟，有无异味，电容器有无炸裂，功放管有无异常烫手等现象，发现有异常情况立即断电，排除故障。

2）将功放复合管 VT_3、VT_4 基极短接：断电后，用导线短路元器件 VD_1、VD_2、R_{P2}，其目的是防止因功放电路前级装错元器件引起功放管集电极电流过大而损坏。

3）调试 VT_1 的静态工作点：用导线将输入端的电容器 C_1 与地短接，接上 +24V 电源，可用一个 470kΩ 的电位器代替 R_1 接在电路上，调节电位器使 VT_1 集电极电位为 20V±0.5V。然后测量 470kΩ 电位器的实际阻值，并换成相同阻值的固定电阻器。

4）调节中点电压：从原理上可以看出，该电路的静态工作点受到前后级相互牵制，VT_2 的偏置电压取自最后输出端的中点电压，反过来中点电压又受 VT_2 控制。用万用表测量 C_8 正极对地电压（中点电压）是否为 +12V，如有偏差，可调节 R_{P1} 使之为 +12V。

5）确定好 VT_1 的静态工作点和中点电压后，拆除短接导线，再调节 R_{P2} 阻值，使整机静态电流处于 50～100mA。

6）接通电源时扬声器应发出"呼"的冲击声，用手碰 C_1 输入端时扬声器将发出"嗡"的交流声，表明电路工作基本正常，此时可接入音频信号测试。

步骤3 测量电路中关键点的电压

1）测试以下静态工作电压，将结果填入表 3.10 中。

表 3.10 电路静态参数测量记录表

序号	测量项目	测量值	万用表挡位	序号	测量项目	测量值	万用表挡位
1	O 点电压			9	H 点电压		
2	A 点电压			10	I 点电压		
3	B 点电压			11	J 点电压		
4	C 点电压			12	K 点电压		
5	D 点电压			13	LED_1 两端电压		
6	E 点电压			14	VD_1 两端电压		
7	F 点电压			15	VD_2 两端电压		
8	G 点电压			16	VD_3 两端电压		

2）根据表 3.10 中的电压测量值，按表 3.11 中的要求判断下列各元器件的工作状态。

表 3.11 判断各元器件工作状态记录表

序号	元器件标号	工作状态	序号	元器件标号	工作状态
1	VD_1		6	VT_3	
2	VD_2		7	VT_4	
3	VD_3		8	VT_5	
4	VT_1		9	VT_6	
5	VT_2		10	LED_1	

3）按表 3.12 中的要求测量或计算静态电流与功耗。

表 3.12 静态电流与功耗记录表

序号	测量项目	数值	序号	测量项目	数值
1	流过 LED_1 的电流		3	整机电流	
2	LED_1 功耗		4	待机功耗	

步骤4 测量动态参数

1）产生输入信号：将信号发生器的输出信号调成 $f=1kHz$，$U_{p\_p}=10mV$ 的正弦波信号,并将此信号输入 J_1 处端口。

2)测试输出波形:用示波器测量 TP_3 处电压波形,将 TP_2 处的正弦波信号的幅度逐渐增大,直至放大器输出信号在示波器上的波形刚要产生切峰失真而又未产生失真时为止,此时根据表3.13中的测试项目,并将输入电压波形与输出电压波形记录在表中。

表 3.13 电压波形测量记录表

测量内容	要求		
1. 将示波器耦合方式置于"直流耦合";	1. 标出耦合方式为"接地"时的基准位置		
2. 测量输入信号 TP_2 处的波形,记录波形在示波器界面的上半部分;	2. 画出两个测量点输出端的电压波形		
	3. 读出波形的峰点、谷点的电位值		
3. 测量输出信号 TP_3 处的波形,记录波形在示波器界面的下半部分	4. 读出波形的周期		
	5. 画出二处波形的时序关系		
TP_2 处与 TP_3 处波形	测量值记录		
	测量项目	TP_2 处波形	TP_3 处波形
	u/div		
	t/div		
	周期		
	峰-峰值		
	峰点电压		
	谷点电压		
	两者相位关系		
	最大不失真电压放大倍数		
	最大不失真电压增益		

步骤 5 评价参数测量结果

根据仪器仪表使用情况与测量数据记录进行评价,将评价结果记录在表3.14中。

表 3.14 评价记录表

序号	评价分类	优 (3处以下错误)	良 (4~6处错误)	合格 (7~10处错误)	不合格 (11处以上错误)
1	仪表使用规范				
2	测量数值记录				

■ 项 目 小 结 ■

本项目是电子技术最为基础的内容,又是非常重要的一部分,首先介绍了晶体管的基础知识,然后阐述了放大器的基本概念及 OCL 电路及 OTL 电路,最后,利用扩音器电路又将本项目知识点连在一起。现将各部分小结如下。

（1）晶体管

晶体管是半导体的核心器件。着重掌握以下内容。

1）晶体管有 3 个电极（b、c、e），两个 PN 结（集电结、发射结），两种管型（NPN 和 PNP）。

2）3 个电极上电流关系为 $i_E = i_C + i_B$。

3）晶体管的电流放大原理是基极电流的微小变化控制集电极电流的较大变化，实质上是指以小电流控制大电流。发射极上的箭头方向是发射极正向电流的方向。

（2）晶体管工作的 3 个区域及特点

1）放大区。发射结正偏，集电结反偏，在这个区域内集电极电流受基极电流控制，满足 $i_C = \beta i_B$。

2）截止区。发射结和集电结均反偏。基极电流与集电极电流均接近于零。

3）饱和区。发射结和集电结均为正偏。在这个区域内集电极电流不受基极电流控制，晶体管饱和压降 $U_{CEO} \approx 0.2V$。

（3）晶体管的主要参数

1）电流放大系数 $\bar{\beta}$：$\bar{\beta} = \dfrac{I_C}{I_B}$。

2）交流放大系数 β：$\beta = \dfrac{\Delta i_C}{\Delta i_B}$。

3）极间反向电流 i_{CBO} 与 i_{CEO} 的关系：$i_{CEO} = (1 + \beta) i_{CBO}$。

4）极限参数。集电极最大允许电流 I_{CM}：β 下降到额定值的 2/3 时所允许的最大集电极电流。极间反向击穿电压 U_{CBO}、U_{CEO} 和 U_{EBO}，集电极最大允许功耗 P_{CM}。在选用晶体管时，极限参数为重要依据之一。学习时应注意灵活运用。

（4）小信号放大器

1）晶体管放大电路有共发射极、共集电极、共基极 3 种接法。固定偏置式放大电路和分压偏置式放大电路是共发射极电路。

2）信号放大器电路在工作时，电路中既有直流成分又有交流成分，瞬间的总量是直流量与交流量之和。

3）直流电源利用基极偏置电阻器、集电极偏置电阻器提供给晶体管偏置电压，使放大器有一个合适的静态工作点。利用直流电流驮载交流信号一起放大，再经过耦合电容器的隔直作用，分离出放大后的交流信号输出。

4）固定偏置式放大电路静态工作点易受外界温度影响。分压偏置式放大电路具有稳定静态工作点的特性，利用 R_{b1}、R_{b2} 串联分压提供基极电压，并通过 R_e 将电流 I_C 变化量反馈到输入端，从而使工作点稳定。

（5）多级放大器

多级放大器的耦合方式有 3 种，即阻容耦合、直接耦合、变压器耦合。阻容耦合方式的放大器各级静态工作点互不影响。直接耦合放大器利于集成化，但存在两个问题：①前后级静态工作点相互影响；②零点漂移。变压器耦合方式可实现阻抗匹配。

（6）低频功率放大器

1）低频功率放大器按工作状态不同可分为甲类功放、乙类功放、甲乙类功放。

2）复合管复合的原则：①保证参与复合的每一只晶体管的 3 个电极上电流都能按各自的正确方向流动；②复合管的类型取决于参与复合的第一只管子。复合后的电流放大倍数为两只管子电流放大倍数之积。

（7）互补对称功率放大器

1）OCL 功率放大器是直接耦合功率放大电路，采用双电源供电。为了消除交越失真，静态时应使功率放大器微导通；因而 OCL 电路中功率放大器常工作在甲乙类状态。

2）OTL 功率放大器采用单电源供电，输出电容器容量一般较大，一方面起到信号耦合作用，另一方面充当负半周电源使用。

3）集成功率放大器具有体积小、重量轻、工作可靠、调试方便等优点，是今后功率放大电路发展的方向。

◀ ◀ ◀ 知识链接

Hi-Fi 高保真音响

Hi-Fi 是英文 High-Fidelity 的缩写，即高保真的意思，是指逼真地还原音源信息，即"原汁原味"，实际上就是对高保真音响系统其重放声保真度的形容。

1. Hi-Fi 高保真音响概述

随着人们的生活水平不断提高，国内外音响技术的迅猛发展，高保真音响真实动人的音乐给许多音乐爱好者悠然的旋律享受，解除身心疲劳，使人们真正地了解到音乐的内涵。高保真音响一直是广大音响爱好者追求的热点。通常用"发烧友"来形容不遗余力追求音乐和音响的人。

2. Hi-Fi 高保真音响的设计要点

1）电路尽可能简单，功率放大器对称性好，信噪比高，音频动态范围宽，对大的信号不产生瞬时失真。

2）音响的前级放大器一般采用场效应管和晶体管，很多高保真音响采用场效应管，可使音响的音色更加独特。

3）电源功率应足够大，能承受瞬时大功率输出，有源直流伺服电源给前级放大器供电效果较好，可大大提高信噪比。

4）印刷电路板是制作高保真音响的关键材料，铜箔越厚，线路的阻值越小，通常在铜箔上镀上一层焊锡以提高厚度。可在铜箔上镀铜，在条件许可的情况下，也可在铜箔上镀上银（银的电阻率比铜小得多）。

5）前级放大部分与后级放大部分相互隔离，采用线路板中的"地"将小信号放大电路进行屏蔽隔离，将同一功能部分地连在一起，然后将各部分都连到一点上，这就是平常我们所说的"一点接地"。

6）除电路简洁外，选材是制作高保真音响的关键，如晶体管应选用低噪声、高频响应好的晶体管。电容器选用 MKP 音频专用电容器，电位器和电源开关均选用发烧级产品，末级采用较著名的专用音响对管等。

3. Hi-Fi 高保真音响特点

1）高保真音响非常讲究音乐的内涵和音乐的美感。高保真音响能够表现出音乐所要表达的深刻含义，与欣赏者产生情感上的交流，让听者聆听到真实的声音而感到舒服。"高保真"又是无止境的。

2）信号线是高保真音响的神经，插孔采用了镀金无磁插孔，信号的输出线采用单晶铜高保真音响线等。一条发烧级的信号线少则上千元，贵的上万元。

3）喇叭的品质比较好，用来聆听音乐的 Hi-Fi 喇叭每只几百元甚至上万元，而普通喇叭只有几元至几十元。

4）Hi-Fi 音箱内部有设计制作严谨、高品质的分频器，能保证音域的平衡，Hi-Fi 音箱的中低音单元口径至少在 5 英寸（1 英寸＝2.54 厘米）以上，且配有较大容积的音箱。

5）从其制作工艺上来看，高保真音响系统非常讲究内部元件的排布、走向及焊接质量。

6）Hi-Fi 高保真音响制作方面工艺要求极高，因此价格超级昂贵。

音乐只能用耳朵去体验，还不能用仪表来测定。因此，高保真音响的设计要以人为本，从人听音乐的本质出发，要寻找尽善尽美的音响效果，这是一个相当复杂的过程，音响效果做得只有更好，没有最好。正因为如此，音响科技才会不断地进步，音响商家才有了各施拳脚的机会，纷纷尽一切可能推出自己最好的音响产品，同时也积极地推动了音响事业发展。

知 识 巩 固

一、填空题

1. 晶体管 3 个电极电流 I_C、I_B、I_E 之间的关系式为_____；其中 I_B 与 I_C 之间的关系式为_____。

2. 晶体管工作状态有 3 种，即_____状态，_____状态和_____状态。晶体管工作在放大状态时发射结必须加_____电压，集电结加_____电压，要使信号不失真地放大，晶体管应工作于_____状态。

3. 晶体管的放大原理是基极电流的_____变化控制了集电极电流的_____变化。

4. 晶体管的 3 种组合状态是_____电路、_____电路、_____电路。

5. 多级放大器有 3 种耦合方式，即_____耦合，_____耦合、_____耦合。

6. 画直流通路时将电容器视为_____，主要用于分析放大器的_____，画交流通路时，将_____和_____视为短路，其余不变。

7. 某固定偏置式放大电路中，实测得晶体管集电极电位 $U_C \approx U_{CC}$，则该放大器的晶体管处于_____工作状态。

8. 对于晶体管放大器来说，希望其输入电阻要_____一些，以减轻信号源的负担，输出电阻要_____一些，以增强带负载的能力。

9. 射极输出器作为第一级，主要是利用它的_____大的特点；放在末级是利用它的_____小的特点；放在中间级是兼用它的_____大和_____小的特点。

10. 直接耦合放大器的两个特殊问题是_____和_____。

11. OCL 电路采用_____电源供电，存在着_____失真，OTL 电路采用_____电源供电，输出电容有_____和_____作用。

12. 复合管组合的原则是_____。

二、综合题

1. 已知两只晶体管的电流放大系数 β 分别为 100 和 50。现测得放大电路中这两只管子两个电极的电流如图 3.40 所示，分别求另一电极的电流，标出其实际方向，并在圆圈中画出晶体管。

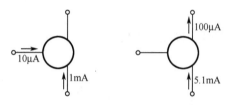

图 3.40　综合题 1 图示

2. 有两只晶体管，一只的电流放大倍数 $\beta = 200$，$I_{CEO} = 200\mu A$；另一只的电流放大倍数 $\beta = 100$，$I_{CEO} = 10\mu A$，其他参数大致相同。你认为应选用哪只晶体管？为什么？

3. 一只晶体管 $I_{B1} = 20\mu A$ 时 $I_{C1} = 2mA$，$I_{B2} = 40\mu A$ 时，$I_{C2} = 4mA$，求 β 值。

4. 测得放大电路中 6 只晶体管的直流电位如图 3.41 所示。在圆圈中画出晶体管，并分别说明它们是硅管还是锗管。

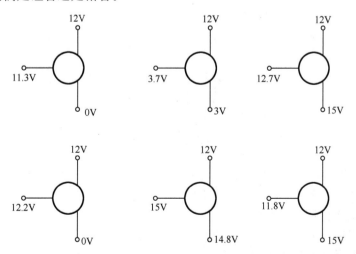

图 3.41　综合题 4 图示

5. 分别判断如图 3.42 所示各电路中晶体管是否有可能工作在放大状态。

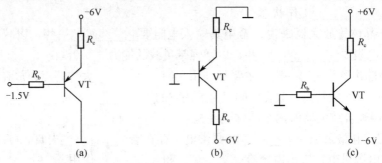

图 3.42　综合题 5 图示

6. 请说出下列字符的含义：I_B、i_B、u_i、U_i。

7. 有三级阻容耦合放大器，各级电压放大倍数 A_V 分别为 10 倍、40 倍、20 倍，求这个放大器总的电压放大倍数。

8. 简述复合管组合的原则，画出由 NPN 型和 PNP 型晶体管组合成的 NPN 型晶体管的组合图。

9. 如图 3.43 所示中的哪些接法可以构成复合管？标出它们等效管的类型及引脚。

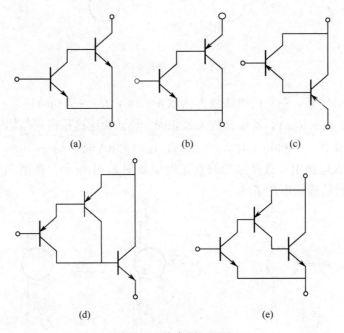

图 3.43　综合题 9 图示

10. 画出固定偏置式放大电路图及它的直流通路与交流通路。

11. 如图 3.44 所示的电路，已知 $R_c=4\text{k}\Omega$，电源电压为 $U_{CC}=12\text{V}$，$\beta=40$，将可变电阻器 R_P 的阻值调到 400kΩ，求：

1）静态工作点 I_{BQ}、I_{CQ}、U_{CEQ} 的值（设 $U_{BEQ}=0$）。

2）输入电阻 r_i 和输出电阻 r_o。

3）电压放大倍数 A_V。

4）在调整静态工作点时，如果将 R_P 调至零，晶体管是否会损坏？为什么？如果会损坏，在电路中可以采取什么措施？

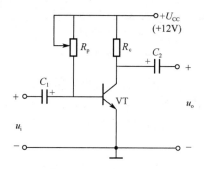

图 3.44　综合题 11 电路

12. 如图 3.45 所示电路中，设某一参数变化时其余参数不变。请在表 3.15 中填入：①增大；②减小；③基本不变。

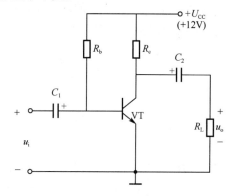

图 3.45　综合题 12 电路

表 3.15　综合题 12 用表

参数变化	I_{BQ}	U_{CEQ}	$|A_V|$	r_i	r_o
R_b 增大					
R_c 增大					
R_L 增大					

13. 如图 3.46 所示，在放大电路实验中，常用测量的方法来获得放大电路的参数，现画出放大电路的实验方框图，根据测量的数据填空。

1）测得 $U_1 = 10\text{mV}$，$U_2 = 8\text{mV}$，则输入电阻 $r_i = $ _____。

2）断开 R_L，测得 $U_3 = 3.5\text{V}$，接上 R_L，测得 $U_3 = 3.0\text{V}$，则输出电阻 $r_o = $ _____。

3）R_L 不接时，电压放大倍数 $A_V = $ _____。

4）R_L 接上时，电压放大倍数 $A_V = $ _____。

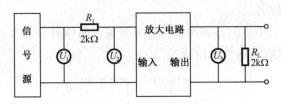

图 3.46　综合题 13 电路

14. 画出分压偏置式放大电路图。分析温度降低时，它稳定工作点的原理。

15. 如图 3.47 所示电路，已知 $U_{CC}=12V$，$R_{b1}=20k\Omega$，$R_{b2}=10k\Omega$，$R_c=3k\Omega$，$R_e=2k\Omega$，$R_L=3k\Omega$，$\beta=50$。试估算静态工作点，并求电压放大倍数、输入电阻和输出电阻。

16. 分析射极输出器电路的特点，并简述它的应用。

17. 什么是直接耦合放大器？与阻容耦合放大器相比有哪些优点？

18. 功率放大器的作用是什么？对它有哪些要求？它与电压放大器有哪些区别？

19. 试简述甲类、乙类、甲乙类功率放大器的区别。

20. 简述 OCL 功放电路存在的问题及其产生原因，该如何解决？

21. 如图 3.48 所示为某 OTL 电路的一部分，图中的 R_3 与 C_1 组成什么电路？如何理解它的工作原理？

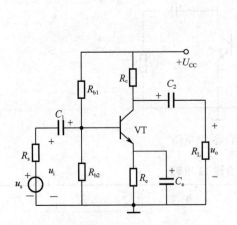

图 3.47　综合题 15 电路

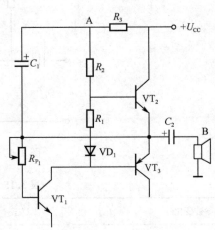

图 3.48　综合题 21 电路

项目四

制作 LED 调光器

当今人们都崇尚节能环保，使得 LED 灯的应用日渐普及，家庭照明、景观装饰、广告屏幕等随处可见，走在马路上会发现 LED 组成的各种屏幕画面丰富多彩。LED 灯控制器的核心是 LED 调光器。

LED 调光器涉及锯齿波发生、比较运算、LED 功率驱动等技术。本项目的学习始终围绕核心控制部分开展，利用最常见的运算放大器实现锯齿波发生器，学习重点是运算放大器的几种最典型的应用。

知识目标

- 明确运算放大器基本特性与原理。
- 掌握同相、反相比例运放电路的组成结构、放大倍数计算等。
- 掌握运算放大器在工程实践中的基本应用。
- 了解反馈在放大器中的作用。

技能目标

- 会运用运算放大器组成矩形波三角波产生电路并会分析工作原理。
- 学会调试 LED 调光器，进一步熟悉电路装调步骤，提高电路组装技巧。
- 解剖一个市场上常见的 LED 调光器，绘出电路图，分辨其优劣。

■ 4.1 集成运算放大器 ■

☞**学习目标**

1）了解运算放大器的概念。
2）会画运算放大器的电路符号。
3）熟记理想运算放大器的两个重要结论。
4）知道常用运算放大器的几种型号。

◀◀◀ **知 识**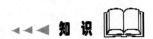

4.1.1 认识集成运算放大器

集成运算放大器简称集成运放，是一种集成化的半导体器件，即在一小片硅片上制成许多晶体管、二极管、电阻器、电容器等元器件，组成具有很高放大倍数的直接耦合多级放大电路的组件。它首先运用于模拟计算机中，能对信号进行加、减、乘、除、微积分等数学运算，故名运算放大器（简称运放）。随着现代电子技术的发展，其应用范围也大大扩展，在信号收集、处理、波形的发生与整形等方面得到了广泛的应用。

1. 集成运算放大器的电路结构与电路符号

集成运算放大器的内部电路由输入级、中间级及输出级组成，如图 4.1 所示。

集成运放的电路符号如图 4.2 所示，其中 U_+ 端称为同相输入端，U_- 端称为反相输入端，$U_\circ$ 为运算放大器输出端。

运放的差模输入信号为

$$U_{id} = U_+ - U_-$$

运放的输出电压为

$$U_\circ = A_{UO} \cdot U_{id} = A_{UO}(U_+ - U_-)$$

其中，A_{UO} 为集成运放的开环电压放大倍数。

图 4.1 集成运放内部框图   图 4.2 集成运放电路符号

2. 理想运放的特征

集成运放具有较高的电压增益，较大的输入电阻，极小的输出电阻，而理想运放具有下列特点。

1）开环电压放大倍数 $A_{UO} = \infty$。

2）输入电阻 $r_i = \infty$。

3）输出电阻 $r_o = 0$。

4）共模抑制比 $K_{CMRR} = \infty$。

根据上述理想条件，可得出以下两个理想运放重要结论。

1）理想运放的两输入端电位差等于零（即 $U_+ = U_-$）。

2）理想运放的输入电流为零。

上述理想运放的两个重要结论可以使电路分析简化。虽然实际运放达不到理想运放的性能参数，但在分析电路时常常把运放看作理想运放。

3. 集成运放使用时的注意事项

（1）输入端保护

如图 4.3 所示的二极管 VD_1、VD_2 可限制输入电压（0.6～0.7V），防止输入电压过高，起到输入端保护作用。

（2）输出保护

如图 4.3 所示中稳压二极管 VZ_1、VZ_2 组成输出过压保护电路，它将输出电压限制在稳压管稳定电压范围内。

（3）电源极性保护

如图 4.3 所示中二极管 VD_3、VD_4 组成电源极性错接保护电路，一旦电源极性接反，VD_3、VD_4 即反向截止，保护集成运放不致损坏。

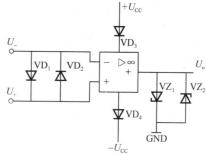

图 4.3　运放保护电路

4.1.2　常用运算放大器

1. 单运放 LM741

如图 4.4 所示为 LM741 引脚功能，实物外形与 LM358 类似。LM741 运放共有 8 只引脚，简要说明如下。

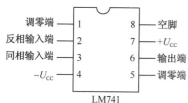

图 4.4　LM741 引脚功能

引脚 2 为反相输入端，如果信号加在此端，则输出信号与输入信号反相。如反相输入端加正电压，则输出端产生负电压，如图 4.5(a) 所示。

引脚 3 为正相输入端，如果信号电压加在此端，输出信号与输入信号同相。如同相输入端接入正电压，则输出端就产生正电压，如图 4.5(b) 所示。

引脚 4 与 7 为电源端，使用双电源时，7 端加正电源，4 端加负电源。电源电压范围为 $\pm 12 \sim \pm 15V$。

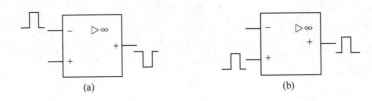

图 4.5　输入/输出信号关系

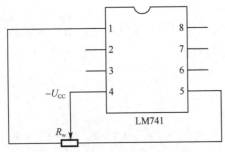

图 4.6　LM741 调零电路

引脚 1 与 5 为调零端，由于制造工艺等原因造成运算放大器内电路不完全对称，当输入差模信号为零时，输出端不等于零（称为零漂）。故在实际运用时，需接入调零电路进行补偿，使运放在输入信号为零时输出电位也等于零，调零电路如图 4.6 所示。

2. 双运放 LM358

如图 4.7(a)所示为 LM358 内部框图，属双运放电路，（b）为其实物图，共有 8 个引脚。与 LM741 的最大区别是取消了调零端。

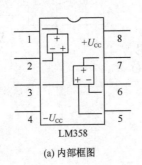

(a) 内部框图

(b) 实物图

图 4.7　LM358

LM358 内部包括有两个独立的、高增益、内部频率补偿的双运算放大器，适合于电源电压范围很宽的单电源使用，也适用于双电源工作模式。在推荐的工作条件下，电源电流与电源电压无关。它的使用范围包括传感放大器、直流增益模块和其他使用单电源供电运算放大器的场合。

LM358 的封装形式有塑封双列直插式和贴片式。其工作特性如下。

1) 内部频率补偿。

2) 直流电压增益高（约 100dB）。

3) 单位增益频带宽（约 1MHz）。

4) 电源电压范围宽：单电源（3～30V）。

5) 双电源（±1.5～±15V）。

6）低功耗电流，适合于电池供电。

7）低输入偏流。

8）低输入失调电压和失调电流。

9）共模输入电压范围宽。

10）差模输入电压范围宽，等于电源电压范围。

11）输出电压摆幅大，最低为 0V，最高可达 $(U_{CC}-1.5)$ V。

3. 电压比较器 LM339

LM339 为电压比较器，属集成运放的一个种类，如图 4.8 所示为其内部框图。
LM339 集成电路内部含有 4 个独立的电压比较器，该电压比较器的特点如下。

1）失调电压小，典型值为 2mV。

2）电源电压范围宽，单电源为 2～36V，双电源电压为 ±1～±18V。

3）对比较电压信号源的内阻限制较宽。

4）共模范围很大，为 0～ $(U_{CC}-1.5)$ V。

5）差动输入电压范围较大，最高可达电源电压。

6）输出端电位可灵活方便地选用。如图 4.9 所示，改变 U_{CC} 的大小可灵活改变输出电压 U_o 的大小。

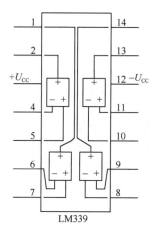

图 4.8　LM339 内部框图

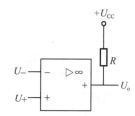

图 4.9　LM339 输出电压选择

■ 4.2　反馈与负反馈 ■

☞ **学习目标**

1）了解放大器中反馈的概念。

2）能判断正、负反馈。

3）学会定性分析放大器中的负反馈。

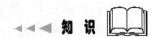

知　识

4.2.1　什么是反馈

反馈就是把放大器输出信号（电压或电流）的一部分或全部通过一定的电路送回到输入端。从输出端反馈到输入端的信号称为反馈信号，传递反馈信号的电路称为反馈电路，反馈放大器的组成如图 4.10 所示。

图 4.10　反馈放大器组成

1. 正反馈

如果反馈信号加到放大器输入端，使输入端信号得到加强，这种反馈称为正反馈。正反馈会使放大电路信号越来越强，最后形成自激振荡，如话筒啸叫现象。

2. 负反馈

如果反馈信号加到放大器输入端，使输入端信号减弱，这种反馈类型则称为负反馈。负反馈能增强放大器的稳定性，故广泛应用于各类放大电路中。

微课

正反馈与负反馈

4.2.2　负反馈及其在放大电路中的应用

1. 负反馈的 4 种类型

根据反馈信号的种类，可分为电压反馈与电流反馈。反馈信号为电压信号则称为电压反馈；反馈信号为电流信号则称为电流反馈。

根据反馈信号与输入信号的关系，可分为并联反馈与串联反馈。如反馈信号输入与放大器输入端呈并联关系，则称为并联反馈；如与放大器输入端呈串联关系，则称为串联反馈。

由以上反馈组合，可得出放大器中负反馈共有以下 4 种类型。

1）电流串联负反馈，如图 4.11（b）所示。

2）电流并联负反馈，如图 4.11（a）所示。

3）电压串联负反馈，如图 4.11（c）所示。

4）电压并联负反馈，如图 4.11（d）所示。

微课

负反馈在放大电路中的作用

2. 负反馈类型的判别

现以如图 4.11（c）所示为例，来说明负反馈类型的判别方法。

（1）运用瞬时相位极性法判别是正反馈还是负反馈

根据共发射极放大器集电极电位与基极电位反相的特性，标出某一瞬时的信号极性，如图 4.11（c）所示，反馈信号削弱了放大器输入信号（U_{be1} 减小），故为负反馈。

（2）判别是电压反馈还是电流反馈

如图 4.11（c）所示反馈信号取自放大器的输出端，反馈信号大小与放大器输出电压成正比，故为电压反馈。

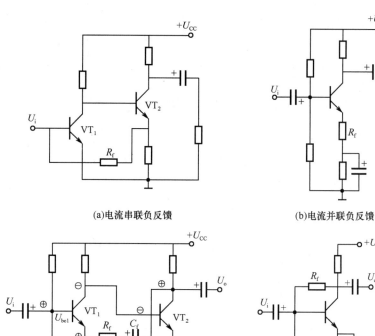

(a)电流串联负反馈　　(b)电流并联负反馈

(c)电压串联负反馈　　(d)并压串联负反馈

图 4.11　4 种类型负反馈

（3）判别是串联反馈还是并联反馈

图 4.11（c）中反馈信号通过 C_f、R_f 馈入第一级放大器 VT 的发射极，与放大器输入信号呈串联关系，故判为串联反馈。

综上分析，图 4.11（c）中元件 C_f、R_f 构成电压串联负反馈。现将判别负反馈类型的方法总结列于表 4.1。

表 4.1　负反馈类型判别

电路结构	反馈类型	电路结构	反馈类型
反馈信号直接取自放大器输出端	电压反馈	反馈信号直接馈入放大器输入端	并联反馈
反馈信号不直接取自放大器输出端	电流反馈	反馈信号间接馈入放大器输入端	串联反馈

3. 负反馈对放大电路的影响

（1）提高了放大倍数的稳定性

引入负反馈后，放大器的放大倍数 A_{UF} 可由下式计算：

$$A_{UF} = \frac{A_U}{1 + A_U \cdot F} \tag{4.1}$$

其中，A_U 为开环放大倍数，F 为反馈系数。

式（4.1）表明，引入负反馈后，放大器放大倍数降低了。

将式（4.1）变换后可得 $A_{UF} \approx \dfrac{1}{F}$，表明，引入负反馈后，放大器放大倍数只取决于反馈电路，而与放大电路几乎无关，而反馈电路大多是由阻容元件构成的，故放大倍数比较稳定。

（2）减小非线性失真

由于晶体管是非线性器件，当输入信号较大时，晶体管易进入非线性区（饱和、截止状态），导致输出信号出现非线性失真。引入负反馈电路后，能显著减小非线性失真，改善输出波形，且反馈愈深，波形失真愈小。

（3）改变了输入/输出电阻

放大器引入不同类型的负反馈后，能相应改变放大器的输入/输出电阻，以满足放大器在各种场合的使用。4 种负反馈类型对放大器输入/输出电阻的影响如表 4.2 所示。

表 4.2　4 种负反馈类型对放大器输入/输出电阻的影响

负反馈类型	r_i 变化	r_o 变化	效果
电压负反馈		变小	稳定输出电压
电流负反馈		变大	稳定输出电流
并联负反馈	变小		
串联负反馈	变大		减轻前级放大器负担

（4）扩展放大器的通频带

引入负反馈后，放大器的通频带（也称带宽）增大，使放大器在较大的信号频率范围内放大倍数几乎不变。

■ 4.3　基本运算放大电路 ■

☞学习目标

1）熟悉运放的基本运用电路（同相、反相、加减法运算电路）。

2）能运用理想运放的两个重要结论，推导、计算比例运放电路的放大倍数。

3）了解叠加法在运放电路分析中的运用。

◀◀◀ 知 识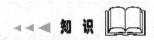

4.3.1　反相比例运算放大器

微课

反相比例
运算放大器

反相比例运算放大器是将输入信号电压加在运放的反相输入端，如图 4.12 所示，这是集成运放的一种典型应用电路。

图 4.12 中，R_1 为输入电阻器，R_f 为负反馈电阻器，根据 4.2 节知识，可判断 R_f 为电压并联负反馈，R_2 为平衡电阻器。

由理想运放的两个重要结论可知：

$$i_N = i_P = 0$$
$$U_P = U_N$$

得

$$i_1 = i_f \tag{4.2}$$
$$U_P = U_N = 0 \tag{4.3}$$

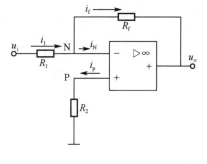

图 4.12　反相比例放大器

式（4.3）表明，集成运放两个输入端电位相等，但又没有直接相连，故称两个输入端为"虚短"，又因输入端电位为零，但没有直接接地，称之为"虚地"。

由图 4.12 所示列出节点 N 的电流方程为

$$i_1 = \frac{u_i - u_N}{R_1}$$

$$i_f = \frac{u_N - u_o}{R_f}$$

所以，

$$\frac{u_i - u_N}{R_1} = \frac{u_N - u_o}{R_f}$$

整理得出

$$u_o = -\frac{R_f}{R_1} u_i$$

因此，该电路的放大倍数为

$$A_{UF} = -\frac{R_f}{R_1} \tag{4.4}$$

可见，反相比例运算放大器的放大倍数由 R_f 与 R_1 的比例决定，式（4.4）中负号表示输出信号与输入信号反相。

【例 4.1】　如图 4.12 所示电路，设 $R_1 = 10\text{k}\Omega$，$R_f = 100\text{k}\Omega$，求 A_{UF} 与 R_2。

解　由式（4.4）得

$$A_{UF} = -\frac{R_f}{R_1} = -10$$
$$R_2 = R_1 // R_f = R_1 \cdot R_f / R_1 + R_f = 9.1(\text{k}\Omega)$$

此为平衡电阻器的取值依据。

4.3.2　同相比例运算放大器

同相比例运算放大器将输入信号电压加到运放的同相输入端，如图 4.13 所示。电阻器 R_f 引入了电压串联负反馈。故可认为同相比例运算放大器的输入电阻无穷大，输出电阻近似为零。

微课

同相比例运算放大器电路分析

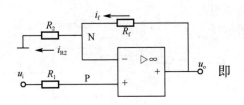

图 4.13　同相比例放大器

根据理想运放的特点可知：

$$i_{\mathrm{f}} = i_{R2}$$

$$u_{\mathrm{P}} = u_{\mathrm{N}} = u_{\mathrm{i}} \tag{4.5}$$

即

$$\frac{u_{\mathrm{o}} - u_{\mathrm{N}}}{R_{\mathrm{f}}} = \frac{u_{\mathrm{N}} - 0}{R_{2}}$$

将式（4.5）代入，得

$$u_{\mathrm{o}} = \left(1 + \frac{R_{\mathrm{f}}}{R_{2}}\right)u_{\mathrm{i}} \tag{4.6}$$

式（4.6）表明，同相比例运算放大器输入信号与输出信号同相。

4.3.3　加/减法运算电路

1. 加法运算电路

在反相比例运算放大器的基础上，增加几个输入端，即成为如图 4.14 所示的加法运算电路。

由理想运放的条件可知，$i_{\mathrm{N}} = 0$，$u_{\mathrm{N}} = u_{\mathrm{P}} = 0$，则 $i_{\mathrm{f}} = i_{1} + i_{2} + i_{3}$。即

$$\frac{0 - u_{\mathrm{o}}}{R_{\mathrm{f}}} = \frac{u_{\mathrm{i1}} - 0}{R_{1}} + \frac{u_{\mathrm{i2}} - 0}{R_{2}} + \frac{u_{\mathrm{i3}} - 0}{R_{3}}$$

如果设 $R_{\mathrm{f}} = R_{1} = R_{2} = R_{3}$，则

$$u_{\mathrm{o}} = -(u_{\mathrm{i1}} + u_{\mathrm{i2}} + u_{\mathrm{i3}}) \tag{4.7}$$

由式（4.7）可看出，输出信号电压等于输入信号电压之和，完成了对输入信号的加法运算，负号表示输入信号与输出信号相位相反。

2. 减法运算电路

两个信号分别输入运放的同相、反相输入端，即可实现代数相减，如图 4.15 所示。

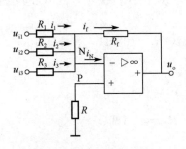

图 4.14　加法运算电路

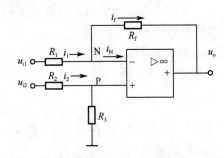

图 4.15　减法运算电路

利用叠加法分析，有以下结论。

1）设 $u_{\mathrm{i2}} = 0$ 时，等效图如图 4.16(a)所示，可以看出其属于反相比例运算放大器，故

$$u_{\mathrm{o1}} = -\frac{R_{\mathrm{f}}}{R_{1}} u_{\mathrm{i1}} \tag{4.8}$$

2）设 $u_{i1}=0$ 时，等效图如图 4.16(b)所示，属同相比例运算放大器，故

$$u_{o2} = \left(1+\frac{R_f}{R_1}\right)\frac{R_3}{R_2+R_3} \cdot u_{i2} \qquad (4.9)$$

叠加式（4.8）与式（4.9），可得

$$u_o = u_{o2} + u_{o1} = \left(1+\frac{R_f}{R_1}\right)\frac{R_3}{R_2+R_3} \cdot u_{i2} - \frac{R_f}{R_1}u_{i1} \qquad (4.10)$$

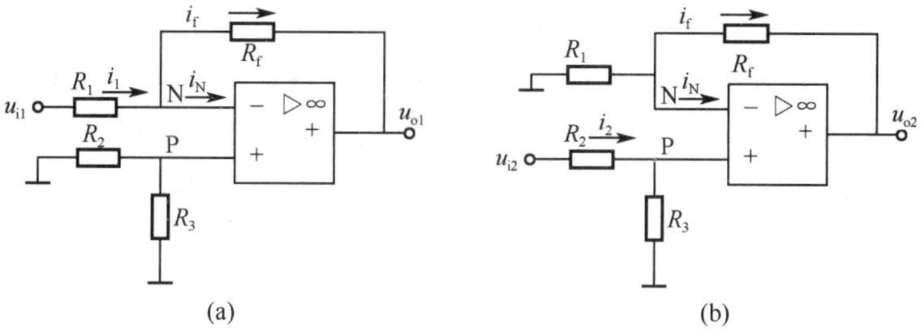

图 4.16 减法运算电路等效图

为保证运放输入级的静态平衡，应满足条件 $R_1 /\!/ R_f = R_2 /\!/ R_3$，则式（4.10）变换成

$$u_o = \frac{R_f}{R_2}u_{i2} - \frac{R_f}{R_1}u_{i1}$$

取 $R_1 = R_2$ 时，则为

$$u_o = \frac{R_f}{R_2}(u_{i2} - u_{i1}) \qquad (4.11)$$

式（4.11）表明，电路的输出电压与两个输入端电压差成正比例，即完成了减法运算，电路的增益只与外接电阻器有关，即

$$A_{UF} = \frac{R_f}{R_1} \qquad (4.12)$$

【例 4.2】 试画出能实现关系式 $u_o = 2u_{i2} - u_{i1}$ 的运算电路，并确定各电阻器的阻值。

解 运算放大器电路采用如图 4.15 所示减法运算电路。

题中要求的关系式与式（4.10）对比可知，$R_1 = R_f$，$R_3 = R_2 + R_3$，但为保证运放输入端的静态平衡，R_2 不能为零，故选 R_3 为无穷大（开路），可取 $R_f = 10k\Omega$，则 $R_1 = 10k\Omega$，$R_2 = R_1 /\!/ R_f = 5k\Omega$。

减法运算放大器能放大差模信号且抑制共模信号，不仅可用作减法运算，也可广泛应用于信号的测量、自控等系统中。

■ 4.4 集成运算放大电路在实际工程中的运用 ■

☞ **学习目标**

1）建立控制电路信号采集、放大的概念。

2）学会电压比较器电路的设计。

3）了解微弱信号整流电路的构成原理。

◀ ◀ ◀ 知 识 📖

在工业控制、遥控、遥测、生物医学等领域中，运放常被用于模拟信号的转换比较、微弱信号的放大等。本节内容列举了几种电路在工程方面的实际应用。

4.4.1 仪表用放大器

在测量系统中，通常都用传感器获取信号，如用热敏、光敏、气敏等传感器取得与温度、光照、气味成比例的电信号。此电信号的特点是微弱且含有较大共模信号，有时共模信号还会大于差模信号，因此要求放大器有足够大的放大倍数、较高的输入电阻、较强的共模抑制能力。

本小节介绍的仪表用放大器，也称为精密放大器，就能满足上述要求。

1. 基本电路

如图 4.17 所示是最为典型的仪表用放大器的电路结构，它由 3 个运放构成，运放 A_1、A_2 构成同相比例运算放大器，A_3 为减法运算电路。

根据理想运放的条件，可以得出

$$u_o = -\frac{R_f}{R}\left(1+\frac{2R_1}{R_2}\right)(u_{i2}-u_{i1}) \tag{4.13}$$

式（4.13）表明，当 $u_{i1}=u_{i2}$ 时，输出电压为零，可见电路放大差模信号，抑制共模信号，当输入信号含有共模噪声时，也被抑制。此外，图 4.17 中对运放外围电阻精度、对称性要求较高。故在精度要求较高的场合，应使用集成仪表放大器如 AD8221，在要求不高的场合，也可用通用运放按如图 4.17 所示电路实现。

2. 应用举例

如图 4.18 所示为采用二极管 PN 结作为温度传感器的数字式温度计电路，分辨率为 0.1℃。电路由电桥、放大器、数字显示 3 部分构成，电桥中二极管 VD 为温度传感器，R_w 为调零电位器。二极管 VD 的 PN 结随温度变化其压降产生毫伏级的微小变化，经仪表用放大器放大后，在数字表上显示。

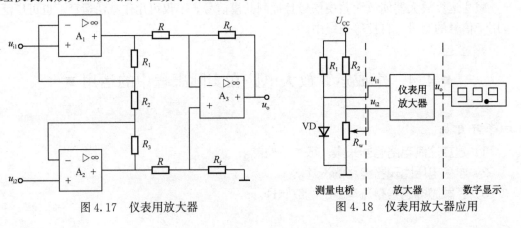

图 4.17　仪表用放大器　　　　　图 4.18　仪表用放大器应用

4.4.2 电压比较器

当运放不引入负反馈（即处于开环状态或引入正反馈）时，工作于非线性区，可构成电压比较器，典型的电压比较器应用如图 4.19 所示。

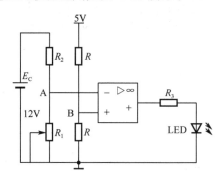

图 4.19　电压比较器应用

图 4.19 为监控蓄电池电压的电压比较器应用电路，使用蓄电池的设备如电动车等为防止蓄电池过度使用造成损坏，要求 12V 蓄电池电压下降到 10.5V 时即停止使用并充电。

如图 4.19 所示中，B 点电压为 2.5 V，调整 R_1，使 E_C 为 10.5V 时，A 点电位为 2.5V。

当 E_C 在 10.5V 以上时，A 点电压大于 2.5V，即 $U_A>U_B$，运放的反相输入电压高于同相输入电压，运放输出低电平，LED 不亮。

当 E_C 处于 10.5V 以下时，A 点电压小于 2.5V，即 $U_A<U_B$，运放的同相端电压高于反相端电压，运放输出高电平，LED 亮，表明 12V 蓄电池已放完电，需要重新充电才能使用。

适当改变图 4.19 中的 R_1、R_2 比例，即可用于各种电压的比较，可广泛应用于电动车、应急灯、UPS 电源等使用蓄电池的设备上，避免蓄电池过度放电，提醒用户及时充电，延长蓄电池使用寿命。

4.4.3 微弱信号的精密整流电路

将交流电转换成直流电，称为整流。利用二极管的单向导电性即可实现整流，如半波整流等，但当被整流交流信号很微弱（如小于 0.6V）时，由于二极管死区电压的存在，单纯用二极管进行整流便无能为力了。

如图 4.20 所示为半波精密整流电路。当 $u_i>0$ 时，集成运放的输出端 $u'_o<0$，从而二极管 VD_2 导通，VD_1 截止，电路构成反相比例运算电路，输出电压为

$$u_o = -\frac{R_f}{R_1} \cdot u_i \tag{4.14}$$

当 $u_i<0$，运放输出端 $u'_o>0$，从而使二极管 VD_1 导通，VD_2 截止，R_f 上电流为零，因此 $u_o=0$。

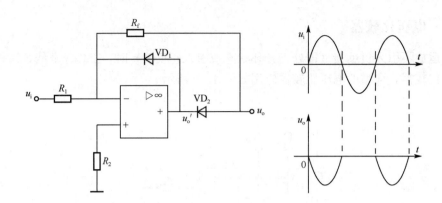

图 4.20 半波精密整流电路

如图 4.20 所示精密整流电路的实质是利用了集成运放的开环放大倍数较大的特点，被整流信号经放大后克服了整流二极管的死区电压，从而实现整流。值得一提的是，整流后的信号电压大小取决于集成运放的闭环放大倍数，即式（4.14）。

精密整流电路可完成半波整流，也可完成全波整流，这里不再一一介绍。

■ 动手做　LED 调光器 ■

☞ **学习目标**

1）理解运放构成的电压跟随器、电压比较器的工作原理。
2）了解矩形波三角波产生电路的工作原理。
3）了解 LED 调光器电路的工作原理。
4）掌握 LED 调光器电路的安装工艺与调试方法。

◀ ◀ ◀ **动手做**

动手做 1　剖析电路工作原理

1. 电路原理图

如图 4.21 所示为 LED 调光器电路原理图。

2. 工作原理分析

微课
LED调光器
电路分析

LED 调光器电路主要由电压跟随器电路、矩形波三角波产生电路、电压比较器电路及 LED 驱动电路组成。LED 调光功能是通过脉宽调制器（PWM）控制的，调制器给 LED 提供了具有一定频率的脉冲宽度可调的脉冲电压。脉冲宽度越大即占空比越大，提供给 LED 的平均电压越大，LED 就越亮，反之亦然。

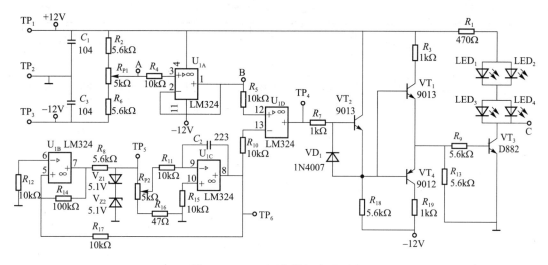

图 4.21　LED调光器电路原理图

1）电压跟随器电路由 R_2、R_{P1}、R_6、R_4、U_{1A} 组成，U_{1A} 的输出电压与输入电压相同，电位器 R_{P1} 中间滑片上下滑动时，B 点电压会跟随着 A 点电压发生变化，运放 U_{1A} 的输入阻抗大，而输出阻抗小，在电路中起着隔离缓冲的作用。

2）矩形波三角波产生电路由 U_{1B}、U_{1C} 及外围元器件构成，U_{1B} 输出矩形波，通过 R_8、V_{Z1} 与 V_{Z2} 限幅，在理想的情况下，幅度在 ±5.6V 之间，此信号经 U_{1C} 构成的积分电路可产生三角波，三角波又加载到触发比较器 U_{1B}，自动翻转形成矩形波，这样即可构成矩形波三角波发生器。调节 R_{P2} 可改变对 C_2 充放电的时间，也就是可以改变矩形波与三角波的频率。

3）电压比较器电路由 U_{1D}、R_5、R_{10} 组成，TP_6 处三角波信号与 B 点的直流信号进行比较，B 点电位值大小决定 TP_4 处矩形波的脉冲宽度与占空比，当 R_{P1} 中间滑片向上滑动时，B 点电位升高，TP_4 处波形占空比就变大，当 R_{P1} 中间滑片向下滑动时，B 点电位减小，TP_4 处波形占空比就变小。

4）LED 驱动电路由 $VT_1 \sim VT_4$ 及外围元器件组成，VT_1 与 VT_4 组成了 OCL 驱动电路，VD_1 在电路中起到保护 VT_2 发射结的作用。$LED_1 \sim LED_4$ 的发光亮度由 TP_4 处占空比大小决定，占空比越大，亮度越亮，反之亦然。

动手做 2　准备工具及材料

1. 准备制作工具

电烙铁、烙铁架、电子钳、尖嘴钳、镊子、小一字螺钉旋具、万用表、静电手环、直流双路稳压电源、示波器等。

2. 材料清单

制作 LED 调光器的元器件清单如表 4.3 所示。

表 4.3　材料清单

序号	标号	参数或型号	数量	序号	标号	参数或型号	数量
1	R_1	470Ω	1	11	VT_1、VT_2	9013	2
2	R_2、R_6、R_8、R_9、R_{13}、R_{18}	5.6kΩ	6	12	VT_3	D882	1
3	R_3、R_7、R_{19}	1kΩ	3	13	VT_4	9012	1
4	R_4、R_5、R_{10}、R_{11}、R_{12}、R_{15}、R_{17}	10kΩ	7	14	U_1	LM324	1
5	R_{14}	100kΩ	1	15		DIP4 插座	1
6	R_{16}	47Ω	1	16	V_{Z1}、V_{Z2}	稳压管 5.1V	2
7	C_1、C_3	瓷片电容器 104	2	17	VD_1	1N4007	1
8	C_2	涤纶电容器 223	1	18	$TP_1 \sim TP_6$	ϕ1.3 插针	6
9	R_{P1}	蓝白电位器 5kΩ	1	19	$LED_1 \sim LED_4$	ϕ5 白色 LED	4
10	R_{P2}	3296 电位器 5kΩ	1	20		配套双面 PCB	1

3. 识别与检测元器件

1）识别与测量电阻器。按表 4.4 要求进行识别与测量电阻器并记录。

表 4.4　色环电阻器读数与测量记录表

序号	标号	色环	标称阻值	万用表挡位	测量值
1	R_1				
2	R_2、R_6、R_8、R_9、R_{13}、R_{18}				
3	R_3、R_7、R_{19}				
4	R_4、R_5、R_{10}、R_{11}、R_{12}、R_{15}、R_{17}				
5	R_{14}				

2）识别与测量电容器。按表 4.5 中的要求识别电容器名称，标称容量与检测容量并记录。

表 4.5　电容器识别与测量记录表

序号	标号	电容器名称	标称容量	万用表检测值	万用表挡位
1	C_1、C_3				
2	C_2				

3）识别与检测二极管。按表 4.6 中的要求识别二极管的名称，判别二极管的性能并记录。

表 4.6 识别与检测二极管记录表

序号	标号	二极管名称	正向测量结果（导通或截止）	反向测量结果（导通或截止）	万用表挡位	性能判别（良好或损坏）
1	V_{Z1}、V_{Z2}					
2	VD_1					
3	$LED_1 \sim LED_4$					

4）识别与检测晶体管。按表 4.7 中的要求识别晶体管的型号，判别管型、引脚名称，测量直流放大倍数并记录。

表 4.7 识别与检测晶体管记录表

序号	标号	晶体管型号	管型（NPN 或 PNP）	引脚排列（e、b、c）	直流放大倍数
1	VT_1、VT_2			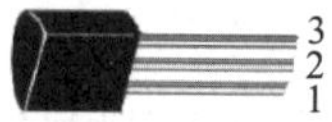 1—（ ） 2—（ ）	
2	VT_3			 1—（ ） 3—（ ）	
3	VT_4			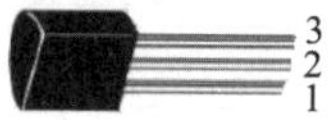 1—（ ） 3—（ ）	

5）识别与检测电位器。按表 4.8 中的要求识读电位器的标称阻值，测量电阻值可调范围、判定性能并记录。

表 4.8 识别与检测电位器记录表

序号	标号	电位器外形	画出电路图符号并标注引脚号	标称阻值	实测电阻值可调范围	性能判定（良好或损坏）
1	R_{P1}	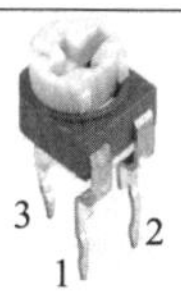				
2	R_{P2}					

动手做 3 安装步骤

1. 电路安装顺序与工艺

元器件按照先低后高、先易后难、先轻后重、先一般后特殊的原则进行安装，注意本电路中的 1N4007、发光二极管、晶体管、集成芯片等极性元器件的引脚不能装反。元器件安装顺序与工艺要求见表 4.9。

表 4.9　元器件安装顺序及工艺

步骤	元器件名称	安装工艺要求
1	电阻器 $R_1 \sim R_{19}$	① 水平卧式安装，色环朝向一致； ② 电阻器本体紧贴 PCB，两边引脚长度一样； ③ 剪脚留头在 1mm 以内，不伤到焊盘
2	二极管 VD_1、V_{Z1}、V_{Z2}	① 区分二极管的正负极，水平卧式安装； ② 二极管本体紧贴 PCB，两边引脚长度一样； ③ 剪脚留头在 1mm 以内，不伤到焊盘
3	瓷片电容器 C_1、C_3	① 看清电容的标识位置，使在 PCB 上字标可见度要大； ② 垂直安装，瓷片电容器引脚根基离 PCB 1～2mm； ③ 剪脚留头在 1mm 以内，不伤到焊盘
4	集成块 U_1 插座 DIP4	① 注意集成块插座的缺口方向与 PCB 图标上缺口方向一致； ② 对准 PCB 孔直插到底，与 PCB 面完全贴合； ③ 不剪脚
5	测试插针 $TP_1 \sim TP_6$	① 对准 PCB 孔直插到底，垂直安装，不得倾斜； ② 不剪脚
6	涤纶电容器 C_2	① 看清电容器的标识位置，使在 PCB 上字标可见度尽可能大； ② 垂直安装，直插到底； ③ 剪脚留头在 1mm 以内，不伤到焊盘
7	电位器 R_{P1}、R_{P2}	① 注意区分电位器的型号； ② 将晶体管的 3 只引脚对准 PCB 插孔插装，直插到底； ③ 剪脚留头在 1mm 以内，不伤到焊盘
8	晶体管 $VT_1 \sim VT_4$	① 注意区分晶体管型号； ② 将晶体管 3 只引脚对准 PCB 插孔插装，引脚留长 3～5mm； ③ 剪脚留头在 1mm 以内，不伤到焊盘
9	发光二极管 $LED_1 \sim LED_4$	① 注意区分发光二极管的正负极； ② 垂直安装，紧贴电路板或安装到引脚上的凸出点位置； ③ 剪脚留头在 1mm 以内，不伤到焊盘
10	集成芯片 U_1	① 电路安装完成后，用万用表检测与芯片对应的供电端引脚，电压是否正常； ② 供电端引脚正常后，断开 PCB 总电源； ③ 将芯片放在桌面上整排整形； ④ 使芯片的缺口对准 PCB 图标上缺口，用力将芯片引脚插入芯片插座内

2. 安装 LED 调光器电路

1）如图 4.22 所示为 LED 调光器印刷电路板图。

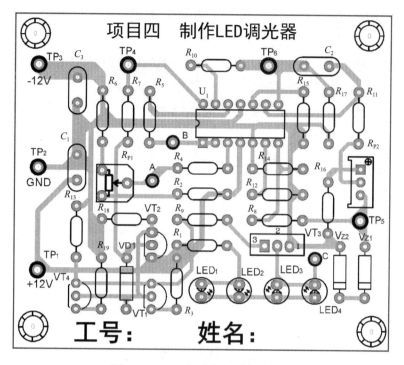

图 4.22　LED 调光器印刷电路板图

2）如图 4.23 所示为 LED 调光器电路元器件装配图。

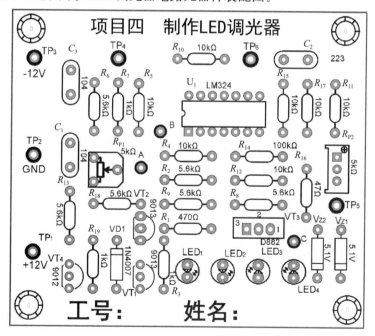

图 4.23　LED 调光器电路元器件装配图

3. 评价安装工艺

根据评价标准，从元器件识别与检测、整形与插装、元器件焊接工艺三个方面对电路安装进行评价，将评价结果填入表 4.10 中。

表 4.10　电路安装评价

序号	评价分类	优	良	合格	不合格
1	元器件识别与检测				
2	整形与插装				
3	元器件焊接工艺				
评价标准	优	有 5 处或 5 处以下不符合要求			
	良	有 5 处以上、10 处以下不符合要求			
	合格	有 10 处以上、15 处以下不符合要求			
	不合格	有 15 处以上不符合要求			

动手做 4　测量 LED 调光器电路的技术参数

1. 测量参数项目

1）利用万用表测量 A～C 点电压。

2）利用示波器测量 TP_4～TP_6 的电压波形。

2. 测量操作步骤

步骤 1　测量前检查

1）整体目测电路板上元器件有无全部安装，检查元器件引脚有无漏焊、虚焊、搭锡等情况。

2）检查极性元器件引脚是否装错，如二极管、晶体管、集成芯片 LM324 等。

3）检查集成芯片每只引脚是否全部装在集成插座上。

4）用万用表检查电源输入端的电阻值，判别电源端是否有短路现象。

步骤 2　通电调试电路

1）确认元器件安装无误后，打开直流电源，将电压调至直流 ±12V，再用万用表验证电压大小是否正确，然后关闭电源，将电源的接地端与 TP_2 相连，±12V 分别与 TP_1、TP_3 相连。

2）通电观察电路板有无冒烟。有无异味，集成芯片、晶体管有无烫手等异常情况。

3）调节 R_{P1}，查看 LED_1～LED_4 的亮度是否可调，确认完全正常后才能进行下一步测量。

步骤 3　测量静态参数

测试以下静态工作电压，填入表 4.11 中。

表 4.11　电路静态参数测量记录表

序号	测量项目	测量值	万用表挡位
1	A 点电压变化范围		
2	B 点电压变化范围		
3	LED_1 最亮时两端电压		
4	LED_1 最亮时 C 点电压		
5	LED_1 不亮时两端电压		
6	LED_1 不亮时 C 点电压		

步骤 4　测量动态参数

1）将 R_{P2} 中间滑片置于最上方，利用示波器测量 TP_5、TP_6 的电压波形，并将波形与相关参数记录在表 4.12 中。

表 4.12　电压波形测量记录表

测量内容	要求		
1. 将示波器耦合方式置于"直流耦合"； 2. 测量 TP_5 处的波形； 3. 测量 TP_6 处的波形	1. 标出耦合方式为"接地"时的基准位置		
	2. 画出两个测量点的电压波形		
	3. 读出波形的峰点、谷点的电位值		
	4. 读出波形的周期		
	5. 画出二处波形的时序关系		
TP_5 处与 TP_6 处波形	测量值记录		
	测量项目	TP_5 处波形	TP_6 处波形
	u/div		
	t/div		
	周期		
	峰-峰值		
	峰点电压		
	谷点电压		
	两者相位关系		

2）调节 R_{P1}，使 A 点电压为 +1V，此时测量 TP_4 处的电压波形，并将测量结果记录在表 4.13 中。

表 4.13　TP_4 处的电压波形测量记录表

TP_4 处波形	测量值记录
1. 将示波器耦合方式置于"直流耦合"； 2. 测量输入信号 TP_4 处的波形	1. 标出耦合方式为"接地"时的基准位置
	2. 读出波形的峰点、谷点的电位值
	3. 读出波形的周期
	4. 读出占空比

TP₄ 处波形	测量值记录	
	测量项目	TP₄ 处波形
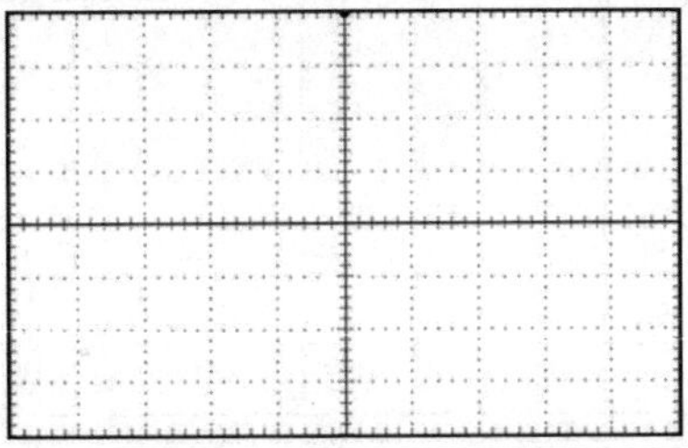	u/div	
	t/div	
	周期	
	正占空比	
	负占空比	

3）测量频率与占空比变化范围。测量 TP_4、TP_5、TP_6 三处电压波形的频率与占空比变化范围，将测量结果记录在表 4.14 中。

表 4.14 电压波形的频率与占空比变化范围记录表

序号	测量项目	频率范围	正占空比变化范围	负占空比变化范围
1	TP₄ 处波形			
2	TP₅ 处波形			
3	TP₆ 处波形			

步骤 5 评价参数测量结果

根据仪器仪表使用情况与测量数据记录进行评价，将评价结果记录在表 4.15 中。

表 4.15 评价记录表

序号	评价分类	优 （3 处以下错误）	良 （4～6 处错误）	合格 （7～10 处错误）	不合格 （11 处以上错误）
1	仪表使用规范				
2	测量数值记录				

■ 项目小结 ■

1）理想运算放大器的两个重要结论：两输入端电位相等，输入电流为零，是分析运放电路的重要依据。

2）放大器引入负反馈后，改善了放大器的性能，但以牺牲放大倍数为条件，负反馈对放大器性能的改变应熟记，尤其是对输入/输出电阻的影响，应加以理解，学会运用。

3）反馈方式的判别，应"找出规律、熟能生巧"。

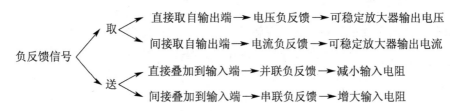

负反馈信号
取
　直接取自输出端 → 电压负反馈 → 可稳定放大器输出电压
　间接取自输出端 → 电流负反馈 → 可稳定放大器输出电流
送
　直接叠加到输入端 → 并联负反馈 → 减小输入电阻
　间接叠加到输入端 → 串联负反馈 → 增大输入电阻

4）比例运放电路可实现运算功能，此时运放工作于线性区，电路必须引入深度负反馈。对于计算公式，切忌死记硬背，学会灵活运用理想运放的条件去理解、推导。当作为电压比较器电路使用时，运放工作于非线性区，运放输出端电压最高可接近于运放正电源，输出低电压接近于运放负电源。驱动功率器件时，运放输出端须加合适的限流电阻。

5）学习运放的目的在于应用，现代电子技术的飞速发展，使得集成运放的型号、参数千差万别，应学会查阅集成运放的手册。一般可通过查阅手册明确运放以下几个要点：正电源端、负电源端、同相输入端、反相输入端、调零端等。

◀◀◀ 知识链接

智能测控系统的"眼"——传感器

生活中到处存在着非电信号，如人的血压、体温、光照度、各种气味等，由于工业控制上的需要，必须将这类非电信号转换成电信号进行测量、控制。如电子体温计需要将人的体温转换成电信号然后用数字的形式显示出来，血压计需要将人的血压转换成电信号等。

给传感器下个定义：能把被测物理量或化学量转换成与之有确定对应关系的电信号输出的装置称为传感器。根据传感器输出的信号不同，传感器有不同类型，如电阻式、电容式、开关量等。

传感器几乎与人的感官一一对应，能将自然界中各种非电量转换成精确的电信号，实现智能控制，见表 4.16。

表 4.16　传感器与人的感官对应

人的感官	传感器名称	传感器种类
视觉	光敏传感器	半导体光敏传感器、光敏电阻器、CCD 传感器
听觉	力敏传感器	电容式话筒、陶瓷传感器
触觉	温敏传感器	热敏电阻器、热电偶
嗅觉	气敏传感器	半导体传感器、燃烧式传感器
味觉	味觉传感器	离子传感器

此外，还有检测位移量、速度、流量、磁场及射线的传感器。

1. 最简单的传感器

如图 4.24 所示为最简单、容易理解的水银式温度传感器，通常用于常温区的温度测量或温度控制系统中。传感器上设有一个温度选择游标，可设定待控温度值。如图设定于 50℃，当温度低于 50℃时，游标的金属片与水银没有接触，即 A、B 两点断开；当温度达到 50℃时，A、B 两点接通，起到监控温度的作用。

2. 压力传感器

压力传感器是使用最广泛的传感器之一，它是检测气体、液体及固体等特质作用力能量的总称，如气压、质量等。

压力传感器的种类很多，传统的测量方法是利用弹性元件的形变和位移来表示，但其体积大、笨重、输出线性差。随着微电子的发展，利用半导体材料的压电效应和良好的弹性，研制出了半导体压力传感器，主要有硅压式和电容式两种，它们具有体积小、重量轻、灵敏度高等优点，因此半导体压力传感器得到了广泛应用。

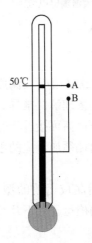

图 4.24 水银温控器

如图 4.25 所示为气体压力传感器的一种，其基本特性是整块单件为不锈钢结构，全密封外壳，在较宽的温度范围下运作，700×10^5 Pa 压力范围内的测量，坚固的设计适用于恶劣环境，与多种气体和液体相容，适合高震动和冲击的应用。

如图 4.26 所示为称重传感器，下面通过一个例子来说明称重传感器的应用。如图 4.27 所示是一个公路计重收费系统，该系统可用于动态轴重称量和整车重量称量，适用于公路超限控制、计重收费，还可用于其他需要进行动态车轴重量称量和整车称量的场所。

图 4.25 气体压力传感器

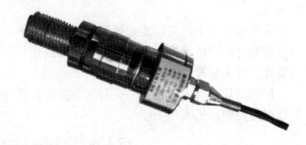

图 4.26 称重传感器

公路车辆计重收费系统由动态衡器、车辆分离器、轮轴识别器、称重控制器、称重管理计算机系统等构成。

1）动态衡器用于计量车辆各轴的动态重量，包含单称重台面及双称重台面两种结构形式。

2）车辆分离器主要用于为检重系统提供车辆驶入、离开信号，完成车辆的分离。

3）轮轴识别器由轮轴检测器及其控制器组成，用以判别驶过车辆轮轴的类型。

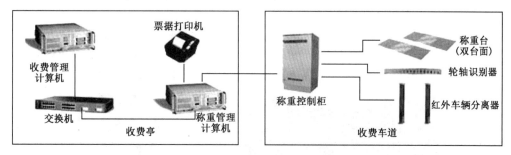

图 4.27　公路计重收费系统

4）称重控制柜中布置了称重控制器、电源、信号控制器、轮轴识别器的控制电路、保护电路等单元。

3. 温度传感器

常用的温度传感器有热电偶、热敏电阻器和集成温度传感器。

1）热电偶。热电偶的原理是当两种不同的金属组成回路时，若两个接触点温度不同，则回路中就有电流流过，称为温差现象或塞贝克效应。热电偶传感器就是利用这种效应制成的热敏传感器。这种传感器有很大的温度敏感范围，通常在 3000℃ 以内，在高温区有较好的精度与灵敏度。

2）热敏电阻器。利用温度变化时传感器电阻发生变化的原理测量温度，这种温度传感器在常温和较低温区内有比热电偶更高的灵敏度，广泛应用于家用空调、汽车空调、冰箱、冷柜、热水器、饮水机、暖风机、洗碗机、消毒柜、洗衣机、烘干机及中低温干燥箱、恒温箱等场合的温度测量与控制。如图 4.28 所示为部分热敏电阻器的外形。

4. 光电传感器

光电传感器的作用是将光信息转换为电信号。它是一种利用光敏元器件作为检测部件的传感器。光电传感器对光的敏感性主要是利用半导体材料的电学特性受光照后发生变化的原理，即光电效应。

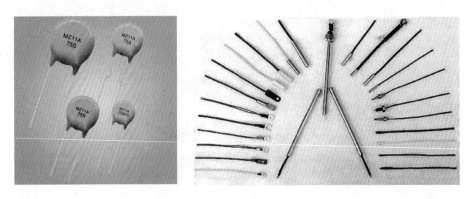

图 4.28　热敏电阻器的外形

常见的光电传感器有光敏电阻器、光敏二极管、光敏晶体管、光电池、光电倍增器等。如图 4.29 所示是光敏电阻器的实物图及其构成。可用万用表检测光敏电阻器两端的电阻值，在其受光照与否两种情况下，电阻值将发生很大变化。

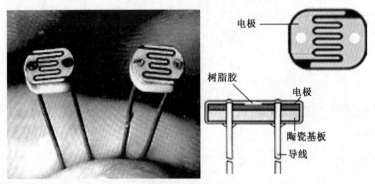

图 4.29　光敏电阻器实物及其构成

图 4.30 所示为一个光电晶体管应用的例子，光电晶体管 VT_1 受一定光强的光线照射后，其集电极与发射极导通，使得晶体管 VT_2 获得偏置而导通，驱动继电器工作，从而控制触点开关的电路工作，这个电路模拟出了一个光控电路的简单功能。

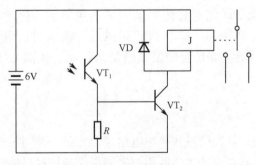

图 4.30　光控电路

知 识 巩 固

一、是非题

1. 若输出端短路时，输出电压 U_o 为零，反馈信号不为零，则为电流反馈。（　　）

2. 若输出端短路时，输出电压 U_o 为零，反馈信号不为零，则为电压反馈。（　　）

3. 若输入端短路时，如反馈信号同样被短路，则为串联反馈。　　　　（　　）

4. 若输入端短路时，如反馈信号同样被短路，则为并联反馈。　　　　（　　）

5. 在多级放大器中，级间常常接有去耦滤波电路，用以防止电源内阻的耦合作用引起的自激振荡。　　　　　　　　　　　　　　　　　　　　　　　（　　）

6. 外界电磁场及交流电网中的交流信号不会影响放大器的正常工作。　（　　）

7. 电压负反馈具有稳定放大器输出电压的作用。　　　　　　　　　　（　　）

8. 电流负反馈具有稳定放大器输出电流的作用。　　　　　　　　　　（　　）

9. 直流放大器是放大直流信号的，它不能放大交流信号。　　　　　　（　　）

10. 引入负反馈后，放大倍数将增大。　　　　　　　　　　　　　　　（　　）

11. 反相比例运算放大器是一种电压并联负反馈放大器。　　　　　　　（　　）

12. 同相比例运算放大器是一种电压串联负反馈放大器。　　　　　　　（　　）

二、选择题

1. 为了提高放大器的输入电阻，应采用_____。

A. 串联负反馈　　　　　　　B. 并联负反馈

C. 电压负反馈　　　　　　　D. 电流负反馈

2. 为了减轻前级信号源的负担并保证输出电压的稳定，应采用_____。

A. 电流串联负反馈　　　　　B. 电压串联负反馈

C. 电压并联负反馈　　　　　D. 电流并联负反馈

3. 为了提高带负载能力并保证输出电压的稳定，应采用_____。

A. 电流负反馈　　　　　　　B. 电压负反馈

C. 串联负反馈　　　　　　　D. 并联负反馈

4. 为了实现稳定静态工作点的目的，应采用_____。

A. 交流负反馈　　　　　B. 直流负反馈　　　　　C. 以上均可以

5. 如图 4.31 中运放为一个理想运算放大器，$R_1 = R_f = 5k\Omega$，当输入电压为 10mV 时，测流过 R_f 的电流为_____。

A. 2A　　　　　　B. 10mA　　　　　　C. 2μA　　　　　D. 2mA

6. 如图 4.31 中 R_2 为_____，其值为_____。

A. 负载电阻器　　　　　B. 负反馈电阻器　　　　　C. 平衡电阻器

D. 5kΩ　　　　　　E. 10kΩ　　　　　　F. 2.5kΩ

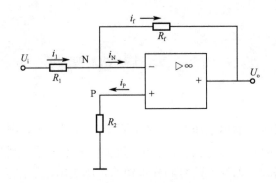

图 4.31 一个理想运放

7. 直流放大器的功能是_____。

A. 只能放大直流信号　　　　　　B. 只能放大交流信号

C. 直流信号和交流信号都能放大

8. 引起直流放大器零点漂移的因素很多，其中最难控制的是_____。

A. 半导体器件参数的变化

B. 电路中电容器容量和电阻器阻值的变化

C. 电源电压的变化

9. 集成电路按功能可分成两种，即_____。

A. 线性集成电路和固体组件

B. 数字集成电路和固体组件

C. 线性集成电路和数字集成电路

10. 运算放大器要进行调零的原因是由于_____。

A. 温度的变化　　　　　　　　　B. 存在输入失调电压

C. 存在偏置电流

三、综合题

1. 集成运放的功能是什么？由哪几部分组成？各部分的作用是什么？

2. 集成运放的同相输入端和反相输入端有什么不同？

3. 理想运放的理想特性是什么？

4. 什么是反馈？反馈放大器由哪几部分组成？

5. 什么是正反馈、负反馈？用什么方法判断？

6. 什么是电压反馈、电流反馈？如何判断？

7. 什么是串联反馈、并联反馈？如何判断？

8. 在引入负反馈后，放大器的哪些性能可得到改善？

9. 指出图 4.32 中各放大电路中的反馈元件或器件，并判断其类型和极性。各电路中有哪些是直流负反馈，它们起何作用？

10. 简述不同类型的负反馈对放大器输入电阻、输出电阻各产生何种影响？

11. 画出集成运放组成的反相比例运算电路、同相比例运算电路，并比较两种电路的不同之处。这两个放大器的特例分别是什么？

12. 有一理想运放接成如图 4.33 所示电路，已知 $u_i = 0.5V$，$R_1 = 10k\Omega$，$R_f = 100k\Omega$，试求输出电压 u_o 及平衡电阻器 R_2。

13. 有一理想运放接成如图 4.34 所示电路，已知 $u_i = 0.5V$，$R_1 = 10k\Omega$，$R_f = 100k\Omega$，试求输出电压 u_o。

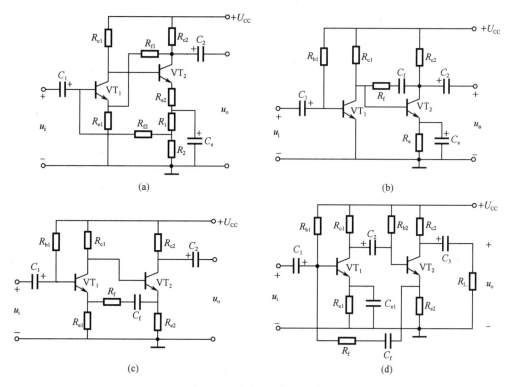

图 4.32　综合题 9 反馈电路

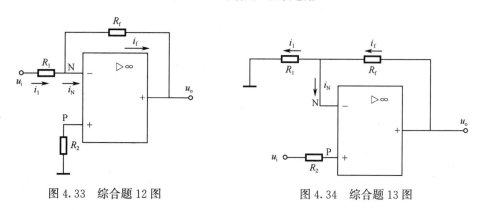

图 4.33　综合题 12 图　　　　　图 4.34　综合题 13 图

14. 如图 4.35 所示电路，$R_1 = R_2 = R_3 = R_f = 10k\Omega$，输入电压 $u_{i1} = 30mV$，$u_{i2} = 20mV$，求输出电压 u_o 的值。

15. 运放电路如图 4.36 所示，$R = 10k\Omega$，$u_{I1} = 2V$，$u_{I2} = -2V$，试求输出电压 u_o 的值。

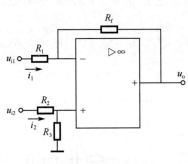

图 4.35　综合题 14 图

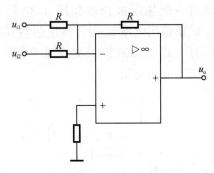

图 4.36　综合题 15 图

16. 反馈电阻器 $R_f = 100\text{k}\Omega$，画出输出电压 u_o 与输入电压 u_i 符合下列关系的运放电路图。

1) $\dfrac{u_o}{u_i} = -1$。

2) $u_o = 12u_i$。

3) $u_o = -10\ (u_1 + u_2 + u)$。

4) $u_o = 3\ (u_{i2} - u_{i1})$。

17. 在如图 4.37 所示电路中，已知 $U_{CC} = 12\text{V}$，$R_1 = 20\text{k}\Omega$，$R_2 = 10\text{k}\Omega$，$U_Z = 6\text{V}$，求 u_o。

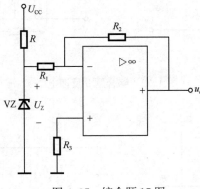

图 4.37　综合题 17 图

项目五

装调直流稳压器

　　交流电压经整流、滤波后能得到较平滑的直流电，但当电网电压波动、负载变化时，直流电会随之发生波动，在许多场合满足不了电子设备的需要，故稳定电压环节不可缺少。

　　电子设备能在不同的电网环境、不同的负载情况下正常工作，良好的稳压电源是基础，故稳压电源广泛应用于家电、通信设备、工业控制等方面。

　　本项目的学习始终围绕着串联稳压电源展开，包括稳压电源工作原理、保护电路的设计、电源的性能测试、常见集成稳压电路、稳压电源的装调等。

知识目标

- 明确稳压电源的组成与基本原理。
- 掌握串联稳压电源的典型电路结构，能对其工作原理进行定性分析。
- 学会正确选用稳压电源的关键元器件。
- 了解三端集成稳压电路的性能参数、应用电路。

技能目标

- 懂得测试稳压电源的性能。
- 学会查阅元器件手册，能合理选用符合电路所要求的元器件。
- 进一步提高电路装调技巧，熟练运用万用表、电流表、调压器等工具。

将交流电压变换成直流电压的设备称为直流电源，项目二介绍的电源适配器即为典型的直流电源，在分析电源适配器时发现，直流输出电压随负载及交流电压的变化而波动，这样就满足不了电子设备的要求，需要稳定输出电压。如图 5.1 所示为直流稳压器的基本组成。

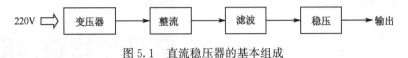

图 5.1　直流稳压器的基本组成

■ 5.1　简单而又实用的串联稳压电路 ■

☞ **学习目标**

1）了解稳压管稳压电路的优缺点。

2）理解调整管的作用，为学习带放大环节的串联稳压电源打基础。

◀◀◀ **知识**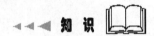

1. 采用稳压管的稳压电源

利用稳压管组成的并联稳压电源是最简单的方式，如图 5.2 所示（工作原理参见项目二相关内容）。

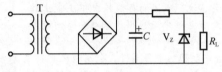

图 5.2　稳压管稳压电路

（1）优点

电路简单、经济。

（2）缺点

1）输出电流受稳压管最大允许电流限制，大约在几十毫安以下。

2）输出电压不可调，稳定度较差。

（3）应用范围

小功率、稳定度要求不高的场合。

2. 带调整管的稳压电源

为增大稳压管电路的负载电流，引入调整管放大电路。如图 5.3 所示为带调整管的稳压电路，负载电流 I_L 与流过调整管 VT 的集电极电流 I_{ce} 相等，选择较大功率的调整管，即可获得较大的负载电流，从而克服了稳压二极管负载电流太小的缺点。

对带调整管的稳压电源工作原理分析如下。

由图 5.3 可得，

$$U_{be} = U_b - U_e = U_Z - U_o$$
$$U_o = U_c - U_{ce} \tag{5.1}$$

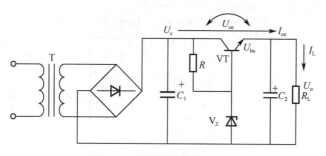

图 5.3　带调整管的稳压电源

由于 U_Z 基本不变，当 U_o 下降时，U_{be} 增大，则调整管集电极电流增大，即 I_{ce} 增大，U_{ce} 减小，由式（5.1）可知 U_o 上升，保持了输出电压 U_o 的不变，整个调整过程可表示如下：

$$U_o \downarrow \rightarrow U_{be} \uparrow \rightarrow I_{ce} \uparrow \rightarrow U_{ce} \downarrow \rightarrow U_o \uparrow$$
$$U_o \uparrow \underline{\hspace{8cm}}$$

由于引入了调整管，负载电流与稳压管电流相比增大了 β 倍，使得稳压电源负载能力大大增加，其输出电压可由下式计算：

$$U_o = U_Z - U_{be} \approx U_Z - 0.7 \tag{5.2}$$

如图 5.3 所示的串联稳压电源，虽然有较强的带负载能力，但存在稳压性能尚不理想、且输出电压不可调的缺点。

■ 5.2　具有放大环节的串联稳压电源的设计 ■

☞学习目标
1）会画串联稳压电源电路。
2）能根据要求选择电源调整管。
3）了解电源过流保护的必要性及原理。
4）懂得测试稳压电源的性能。

5.2.1　串联稳压电源的基本原理

1. 电路构成

如图 5.4 所示为增加比较放大环节的稳压电源的组成及典型电路。

串联稳压电源电路由 4 个部分组成：调整电路由调整管 VT_2、电阻器 R_1、电容器 C_2 组成，比较放大由晶体管 VT_1 完成，基准电压由 R_2、V_Z 确定，取样电路由 R_3、R_w、R_4 组成，电容器 C_1、C_3 起到电源滤波的作用。

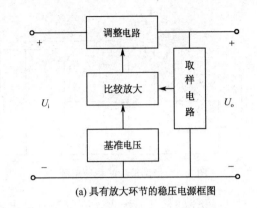

(a) 具有放大环节的稳压电源框图

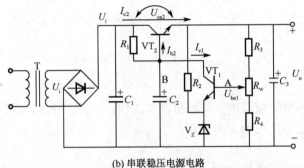

(b) 串联稳压电源电路

图 5.4 稳压电源框图及电路

取样电路反映了输出电压的变化量，与基准电压 U_Z 比较，其差值经比较放大管 VT_1 放大后驱动调整管 VT_2，使调整管的 U_{ce2} 发生变化，从而自动调节输出电压，达到稳压的效果。

2. 稳压原理

当电网电压上升或负载变轻时，输出电压 U_o 有上升的趋势，则取样电路分压点 A 点电压 U_A 升高，因 U_Z 不变，故 U_{be1} 升高（$U_{be1}=U_A-U_Z$），于是 I_{c1} 增大，分流了调整管 VT_2 基极电流，故 I_{b2} 减小，于是 U_{ce2} 增大，使输出电压 U_o（$U_o=U_i-U_{ce2}$）下降，从而保持 U_o 稳定。

整个过程可表示为

$$U_i\uparrow \rightarrow U_o\uparrow \rightarrow U_A\uparrow \rightarrow I_{c1}\uparrow \rightarrow I_{b2}\downarrow \rightarrow U_{ce2}\uparrow$$
$$U_o\downarrow$$

可简化为

$$U_i\uparrow \rightarrow U_o\uparrow \rightarrow U_A\uparrow \rightarrow U_B$$
$$U_o\downarrow$$

当电网电压下降或负载加重时，变化趋势相反，可简化分析为

$$U_i\downarrow \rightarrow U_o\downarrow \rightarrow U_A\downarrow \rightarrow U_B\uparrow$$
$$U_o\uparrow$$

3. 输出电压的估算

由图 5.4（b）比较放大级电路可得

$$U_A = U_Z + U_{be1}$$

由取样电路分压电阻关系可得

$$U_A = \frac{R_4 + R_{w(\text{下})}}{R_3 + R_w + R_4} \cdot U_o （忽略 VT_1 基极电流）$$

由上述二式可得

$$U_o = \frac{R_3 + R_4 + R_w}{R_4 + R_{w(\text{下})}}(U_Z + U_{be1}) \approx \frac{R_3 + R_4 + R_w}{R_4 + R_{w(\text{下})}} \cdot U_Z \tag{5.3}$$

式（5.3）表明：调节 R_w 可改变输出电压。当 R_w 调到最上端时 $R_{w(\text{下})}$ 最大，此时输出电压最小；当 R_w 调到最下端时 $R_{w(\text{下})}$ 最小，则输出电压最大。

【例 5.1】　如图 5.4 所示，已知稳压管 $U_Z = 6.8V$，$R_3 = R_4 = 1k\Omega$，$R_w = 680\Omega$，求稳压电源输出电压的可调范围。

解　由式（5.3）可得

$$U_O = U_o = \frac{R_3 + R_4 + R_w}{R_4 + R_{w(\text{下})}}(U_Z + U_{be1}) \approx \frac{R_3 + R_4 + R_w}{R_4 + R_{w(\text{下})}} \cdot U_Z$$

1）当 R_w 调到最下端（即 $R_{w(\text{下})} = 0$）时，输出电压最高，得

$$U_{omax} = \frac{R_3 + R_4 + R_w}{R_4 + R_{w(\text{下})}} \cdot U_Z = \frac{1 + 1 + 0.68}{1} \cdot 6.8 = 18.2 （V）$$

2）当 R_w 调到最上端（即 $R_{w(\text{下})}$ 为最大）时，输出电压最低，得

$$U_{omin} = \frac{R_3 + R_4 + R_w}{R_4 + R_{w(\text{下})}} \cdot U_Z = \frac{1 + 1 + 0.68}{1 + 0.68} \cdot 6.8 = 10.8 （V）$$

结论：此稳压电源的电压调整范围为 10.8～18.2V。

5.2.2　串联稳压电源的设计

图 5.4 表明了串联稳压电源的基本构成，设计一个满足性能要求的稳压电源，必须对各个元器件进行分析、选择。正确选用元器件是保证稳压电源性能良好的重要因素。

【例 5.2】　设计一个串联稳压电源，电路结构如图 5.4 所示。要求输出最大电流 1A，输出电压 12V（调节范围为 10.5～13V）。试确定各元器件的参数和型号。

分析　（1）确定变压器的功率、二次绕组电压 u_2

根据电源设计要求，输出电压最大为 13V，为保证调整管处于放大状态（$U_{ce2} > 3V$）及电网电压波动（设 ±10%），确定整流滤波后电压为 $U_I = (13 + 3) \times (1 + 10\%) \approx 18(V)$，得

$$u_2 = \frac{U_I}{1.2} = 15 （V）$$

变压器功率

$$P = u_2 \cdot I_L = 15 （W）$$

因变压器自身存在损耗，故取变压器功率为 20W。

（2）整流管的选择

二极管额定电流

$$I_{FN}=\frac{1}{2}I_{L}=0.5\ (A)$$

整流二极管额定电压

$$U_{FN}=1.4\times u_2=21\ (V)$$

查阅手册可选用 1N4001（参数为 1A/50V）。

（3）滤波电容器 C_1 的选择

滤波电容器 C_1 最高承受电压为 $1.4u_2=21V$，考虑到电网的波动，滤波电容器耐压可选为 25V 或 35V。

参见表 2.3，滤波电容器容量取 2200μF。

所以，滤波电容器 C_1 选用铝电解电容 2200μF/25V。

（4）调整管 VT_2 的选择

根据晶体管的 3 个极限参数确定调整管的选用。

1）I_{CM}。由电源要求可知，电源最大电流为 1A，电源负载电流全部流过调整管，故调整管集电极电流为 $I_{CM}=1A$。

2）U_{CEO}。$U_{CEO}\geqslant 1.4U_2=21V$。

3）P_{CM}。$P_{CM}=U_{CE}\cdot I_{CM}$。

这里，U_{CE} 取值需满足当电源输入电压最高而输出电压调到最低（10.5V）时，U_{CE} 最大，即

$$U_{CE}=21-10.5=10.5\ (V)$$

故 $P_{CM}=10.5\cdot 1=10.5\ (W)$。

为确保电源能长期稳定工作，调整管的参数应有足够余量，故选用大功率管 3DD15A（参数为 $I_{CM}=3A$，$U_{CEO}=50V$，$P_{CM}=50W$），并加装合适的散热器。

（5）比较放大管 VT_1 的选择

比较放大管是影响稳压性能的重要因素，要求其反向穿透电流（I_{CEO}）要小，放大系数 β 足够大，在电源电路中，比较放大管承受的最高工作电压为 $1.4u_2=21V$，故选用小功率二极管 S9013，其参数为 $U_{CEO}=35V$，$I_{CM}=0.5A$，$P_{CM}=0.6W$。

（6）稳压二极管 V_Z 的确定

为提高电源的温度稳定性，稳压二极管稳定电压选用 6.2V（6V 左右的稳压二极管理论上温漂系数为零），由于仅作为基准电压使用，其工作电流为毫安级。

所以，稳压二极管选用 6.2V/0.5W。

（7）取样电阻器的确定

取样电压的计算公式

$$U_A=\frac{R_4+R_{w(下)}}{R_3+R_w+R_4}\cdot U_。$$

等式能够成立的前提是忽略比较放大管 VT_1 的基极电流，故（$R_3+R_4+R_w$）值不能太大。

同时要使取样电压变化量大部分能通过比较放大管 VT_1 放大及控制调整管 VT_2，则 $\dfrac{R_4+R_{w(\overline{F})}}{R_3+R_w+R_4}$ 的值不能太小，一般取 $0.5\sim0.8$。

综合考虑，取值如下：$R_3=680\Omega$，$R_4=1k\Omega$，$R_w=680\Omega$，取值确定后，可根据式 5.3 进行验证，调整范围应满足 $10\sim13V$。

（8）其他元器件

C_2 选用 $100\ \mu F/25V$ 的电解电容器；C_3 选用 $470\mu F/25V$ 的电解电容器。

R_2 选用 $1k\Omega$（稳压二极管的限流电阻器）。

确定好各元器件参数的串联稳压电源电路如图 5.5 所示。

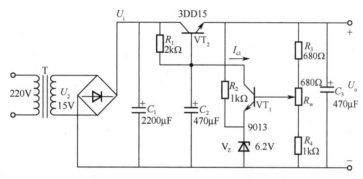

图 5.5　串联稳压电源电路设计

综上所述，为了达到稳压电源良好的性能，选用元器件要考虑多方面的因素，如元器件性能参数、价格、是否容易购买等。理论上计算得到的元器件参数，根据实际调试情况往往需要反复调整，以达到最佳应用效果。

5.2.3　过流保护电路的设计

串联稳压电源若负载过重，输出电流剧增，使调整管功耗过大，容易损坏调整管及其他元器件，故可靠的过流保护措施不可缺少。

1. 限流式保护电路

电路如图 5.6 所示，虚线框内过流取样电阻器 R、稳压管 V_Z 构成限流式过流保护电路。电源正常工作时，$(U_{be1}+U_R)$ 小于 U_Z 的击穿电压，稳压二极管 V_Z 处于截止状态，对电路工作不产生影响。电路过流时，流过取样电阻器 R 的电流 I_L 急剧增大，取样电阻器 R 的压降 $(U_R=I_L\cdot R)$ 增大，当 $(U_{be1}+U_R)$ 大于 V_Z 的击穿电压时，稳压管 V_Z 击穿导通，此时调整管的基极电流因稳压管的分流而减少，故调整管集

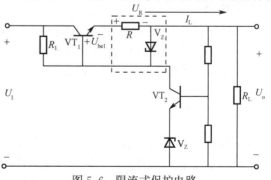

图 5.6　限流式保护电路

电极电流减少，限制了调整管的集电极功耗，避免调整管因过流而损坏，同时也限制了电源输出电流。一旦负载电流减小，V_Z 又恢复截止，电路自动恢复正常工作。

2. 截流式保护电路

电路如图 5.7 所示，保护电路由 R_0、R_1、R_2、VT_2 组成，正常工作时，A 点电位仅略低于 B 点电位，保护晶体管 VT_2 截止，不影响电路正常工作。

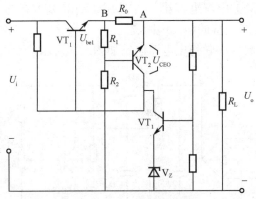

图 5.7　截流式保护电路

当负载电流过大时，取样电阻器 R_0 上压降增大，A 点电位 U_A 电压下降，于是 B 点电位高于 A 点电位，即 $U_B > U_A$，过流保护管 VT_2 饱和导通。调整管发射极、取样电阻器 R_0 串联后，与保护晶体管集电极-发射极呈并联关系，故得

$$U_{be1} + U_{R_0} = U_{CEO} \tag{5.4}$$

而晶体管饱和压降 U_{CEO} 较小，可近似为 $U_{CEO} = 0.2V$，故由式（5.4）可得

$$U_{be1} + U_{R_0} = 0.2V \tag{5.5}$$

显然，此时 U_{be1} 小于 0.6V，即调整管 VT_1 趋于截止，电源输出电流接近于零。电路恢复正常后，VT_2 截止，稳压电源自动恢复工作。

■ 5.3　三端集成稳压电路 ■

☞**学习目标**

1）能识别三端集成稳压电路的型号。

2）能记住三端集成稳压电路典型应用图。

3）能正确选用三端集成稳压电路。

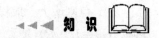

将串联稳压电源的元器件集成在一个很小的芯片上，即成为集成稳压器，使用时只需加很少的外围元器件即可。由于集成稳压器具有体积小、可靠性高、成本低等优点，在电子工程上得到了广泛的应用。集成稳压器种类很多，以三端集成稳压器最为普遍。

5.3.1 固定及可调电压输出的集成稳压器

1. 7800 系列

    1—U_I
    2—GND
    3—U_o

7800 系列为输出固定正电压的三端集成稳压器,外形如图 5.8 所示,其输出电压有 5~24V 等,各型号与对应的输出电压见表 5.1。

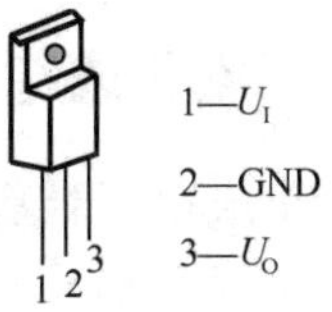

图 5.8   7800 系列稳压器外形

表 5.1   7800 系列三端集成稳压器主要参数

型号	7805	7806	7809	7812	7815	7818	7824
输出电压	+5V	+6V	+9V	+12V	+15V	+18V	+24V
最高输入电压	35V						
最大输出电流	1.5A						

    如图 5.9 所示为三端集成稳压器的典型应用图。

    图 5.9 中,C_1 的作用为防止电路产生自激振荡,电容器 C_2 用于滤除输出电压的高频噪声,C_1、C_2 取值一般小于 1μF,根据需要有时须并接一个较大容量的电解电容器。

2. 7900 系列

    7900 系列为输出固定负电压的三端集成稳压器,外形如图 5.10 所示,其输出电压有 −5~−24V 等,各型号与输出电压对应关系见表 5.2。

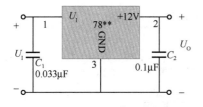

微课
三端集成
稳压器

图 5.9   7800 系列典型应用图    图 5.10   7900 系列稳压器外形

表 5.2   7900 系列三端集成稳压器主要参数

型号	7905	7906	7909	7912	7915	7918	7924
输出电压	−5V	−6V	−9V	−12V	−15V	−18V	−24V
最高输入电压	−35V						
最大输出电流	1.5V						

    7900 系列基本应用电路如图 5.11 所示,输出为负电压,其他元器件作用参见 7800 系列的相关内容。

3. W117/217/317 及 W337 系列

    常用可调正电压输出的三端集成稳压器有 W117/217/317 系列,以及负电压输出的

W337，不仅输出电压可调（调压范围为 1.2～37V），其稳压性能亦优于固定式三端集成稳压器，其外形与 7800 系列和 7900 系列相同。

5.3.2　三端集成稳压器的典型应用

三端集成稳压器基本应用图如图 5.12 所示，选取外围元器件时须注意两点：一是 W317 调整端与输出端（即图 5.12 中 LM317T 1 端与 2 端）之间为稳定的电压值 1.25V；二是 W317 最小稳定负载电流典型值为 5mA，负载电流小于 5mA，则 W317 稳压性能变坏，故电阻器 R_1 值不能太大，最大取值为 $R_{max} = (1.25/0.005)\Omega = 250\Omega$，实际取值可略小，如 240Ω。

图 5.12 输出电压 U_O 可由下式计算：

$$U_O = \left(1 + \frac{R_2}{R_1}\right) \times 1.25 \tag{5.6}$$

为减小电阻器 R_2 上的纹波电压，可并联一个 10μF 电容器 C，如图 5.13 所示。

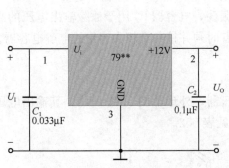

图 5.11　7900 系列典型应用图

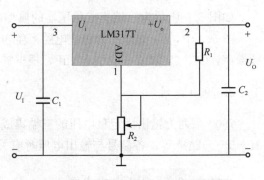

图 5.12　LM317 典型应用图

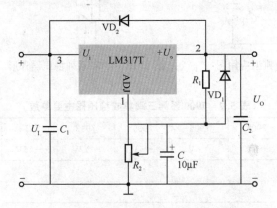

图 5.13　LM317 应用改进图

图 5.13 中，二极管 VD_1 给电容器 C 提供放电回路，避免 LM317 内部调整管因电容器 C 放电损坏，二极管 VD_2 的作用是防止输入端突然断开时，输出电压逆向放电而损坏三端集成稳压器。

■ 动手做　直流稳压器 ■

☞ **学习目标**

1）理解三端集成稳压器的工作原理及应用。

2）能根据电路原理图安装电路。

3）了解实用稳压电源的设计方法、装调步骤。

4）能用万用表测量电路关键点的电压、电流。

5）懂得测试稳压电源的性能。

6）能提出改善直流稳压器性能的方法。

微课
直流稳压器
电路分析

动手做 1　剖析电路工作原理

1. 电路原理图

如图 5.14 所示为直流稳压器电路原理图。

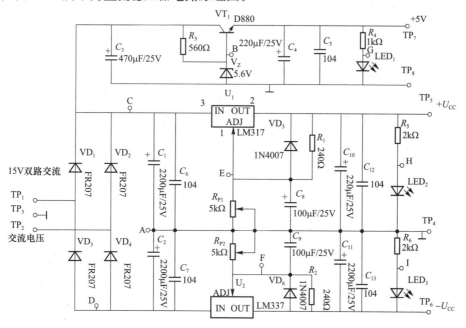

图 5.14　直流稳压器电路原理图

2. 工作原理分析

本电路由 4 部分组成，分别是双电源桥式整流滤波电路、LM317 正电源稳压电路、LM337 负电源稳压电路、带调整管的稳压电路。

1）双电源桥式整流滤波电路由 $VD_1 \sim VD_4$、C_1、C_2、C_6、C_7 组成，将双路交流电压整流滤波成较为稳定的正负电源电压，作为 U_1、U_2 输入电压。

2）LM317 正电源稳压电路由 U_1、VD_5、R_{P1}、C_8、C_{10}、C_{12}、R_5、LED_2 组成，改变 R_{P1} 的阻值，可改变输出电压的大小。二极管 VD_5 给电容器 C_8 提供放电回路，避免 LM317 内部调整管因电容器 C_8 放电损坏。C_{10}、C_{12} 起到滤波稳压作用，R_5、LED_2 起到电源指示与 C_{10} 放电通道作用。

3）LM337 负电源稳压电路由 U_2、VD_6、R_{P2}、C_8、C_{10}、C_{13}、R_6、LED_3 组成，改变 R_{P2} 的阻值，可改变输出电压的大小。二极管 VD_6 给电容器 C_9 提供放电回路，避免 LM337 内部调整管因电容器 C_9 放电损坏。C_{11}、C_{13} 起到滤波稳压作用，R_6、LED_3 起到电源指示与 C_{11} 放电通道作用。

4）带调整管的稳压电路由 C_3、R_3、VT_1、V_Z、C_4、C_5、R_4、LED_1 组成，TP_7 处输出约为 $+5V$ 的正电压。

动手做 2　准备工具及材料

1. 准备制作工具

电烙铁、烙铁架、电子钳、尖嘴钳、镊子、一字螺钉旋具、万用表、静电手环、示波器等。

2. 材料清单

制作直流稳压器电路的材料清单如表 5.3 所示。

表 5.3　材料清单

序号	标号	参数或型号	数量	序号	标号	参数或型号	数量
1	R_1、R_2	240Ω	2	13	VT_1	D880	1
2	R_3	560Ω	1	14	$VD_1 \sim VD_4$	FR207	4
3	R_4	1kΩ	1	15	VD_5、VD_6	1N4007	2
4	R_5、R_6	2kΩ	2	16	V_Z	5.6V 稳压管	1
5	R_{P1}、R_{P2}	5kΩ	2	17	$LED_1 \sim LED_3$	φ5 红 LED	3
6	C_1、C_2	2200μF/25V	2	18	$TP_1 \sim TP_8$	φ1.3 插针	8
7	C_3	470μF/25V	1	19		TO-220 散热片	3
8	$C_5 \sim C_7$、C_{12}、C_{13}	104	5	20		M3 螺钉	3
9	C_4、C_{10}、C_{11}	220μF/25V	3	21		滑动变阻器 200Ω/100W	1
10	C_8、C_9	100μF/25V	2	22		交流双 15V 变压器	1
11	U_1	LM317	1	23		220V 电源线	1
12	U_2	LM337	1	24		配套双面 PCB	1

3. 识别与检测元器件

1）识别与测量电阻器。按表 5.4 中的要求识别与测量电阻器并记录。

表 5.4　色环电阻器读数与测量记录表

序号	标号	色环	标称值	万用表检测值	万用表挡位
1	R_1、R_2				
2	R_3				
3	R_4				
4	R_5、R_6				

2）识别与测量电容器。按表 5.5 中的要求识别电容器名称、标称容量与耐压并记录。

表 5.5　电容器识别与测量记录表

序号	标号	电容器名称	标称容量	耐压
1	C_1、C_2			
2	C_3			
3	$C_5 \sim C_7$、C_{12}、C_{13}			
4	C_4、C_{10}、C_{11}			
5	C_8、C_9			

3）识别与测量二极管。按表 5.6 中的要求识别二极管的名称，判别二极管的性能并记录。

表 5.6　识别与测量二极管记录表

序号	标号	二极管名称	正向测量结果（导通或截止）	反向测量结果（导通或截止）	万用表挡位	性能判别（良好或损坏）
1	$VD_1 \sim VD_4$					
2	VD_5、VD_6					
3	V_Z					
4	$LED_1 \sim LED_3$					

4）识别与检测晶体管。按表 5.7 中的要求识别晶体管的型号，判别管型、引脚名称，测量直流放大倍数，并记录。

表 5.7　识别与检测晶体管记录表

标号	晶体管型号	管型（NPN 或 PNP）	引脚排列（e、b、c）		直流放大倍数
VT_1				1—（　　　） 2—（　　　）	

5）识别与检测电位器。按表 5.8 中的要求识读电位器的标称阻值，测量阻值可调范围、判定性能，并记录。

表 5.8 识别与检测电位器记录表

标号	电位器外形	元器件名称	标称阻值	实测阻值可调范围	性能判定（良好或损坏）
R_{P1}、R_{P2}					

动手做 3 安装步骤

1. 电路安装顺序与工艺

元器件按照先低后高、先易后难、先轻后重、先一般后特殊的原则进行安装，注意本电路中的 FR207、1N4007、大容量电解电容器、稳压二极管、发光二极管、晶体管、三端集成稳压器等极性元器件的引脚不能装反。元器件安装顺序与工艺要求见表 5.9。

表 5.9 元器件安装顺序及工艺

步骤	元器件名称	安装工艺要求
1	电阻器 R_1～R_6	① 水平卧式安装，色环朝向一致； ② 电阻器本体紧贴 PCB，两边引脚长度一样； ③ 剪脚留头在 1mm 以内，不伤到焊盘
2	（1）整流二极管 VD_1～VD_6 （2）稳压二极管 Vz	① 区分二极管的正负极，水平卧式安装； ② 区分 FR207、1N4007 及稳压二极管，对应 PCB 位置安装； ③ 二极管本体紧贴 PCB，两边引脚长度一样； ④ 剪脚留头在 1mm 以内，不伤到焊盘
3	瓷片电容器 C_5～C_7、C_{12}、C_{13}	① 看清电容器的标识位置，使在 PCB 上字标可见度要大； ② 垂直安装，瓷片电容器引脚根基距离 PCB 1～2mm； ③ 剪脚留头在 1mm 以内，不伤到焊盘
4	测试探针 TP_1～TP_8	① 对准 PCB 孔直插到底，垂直安装，不得倾斜； ② 不剪脚
5	电解电容器 C_4、C_{10}、C_{11}	① 正确区分电容器的正负极、容量，电容器垂直安装，紧贴 PCB； ② 剪脚留头在 1mm 以内，不伤到焊盘
6	发光二极管 LED_1～LED_3	① 注意区分发光二极管的正负极； ② 垂直安装，紧贴电路板或安装到引脚上的凸出点位置； ③ 剪脚留头在 1mm 以内，不伤到焊盘

步骤	元器件名称	安装工艺要求
7	晶体管 VT$_1$	① 注意区分晶体管型号，以免与 LM317、LM337 混淆； ② 将晶体管安装在散热片上，用 M3 螺钉固定，但不拧紧； ③ 将散热片中间插针与晶体管的引脚对准 PCB 插孔插装，直插到底； ④ 拧紧螺钉； ⑤ 剪脚留头在 1mm 以内，不伤到焊盘
8	电解电容器 C$_1$、C$_2$	① 正确区分电容器的正负极、容量，电容器垂直安装，紧贴 PCB； ② 剪脚留头在 1mm 以内，不伤到焊盘
9	三端集成稳压器 U$_1$、U$_2$	① 注意区分三端集成稳压器型号，以免与其他外形相似的元器件混淆； ② 将三端集成稳压器安装在散热片上，用 M3 螺钉固定，但不拧紧； ③ 将散热片中间插针与晶体管的引脚对准 PCB 插孔插装，直插到底； ④ 拧紧螺钉； ⑤ 剪脚留头在 1mm 以内，不伤到焊盘

2. 安装直流稳压器电路

1) 如图 5.15 所示为直流稳压器印刷电路板图。

2) 如图 5.16 所示为直流稳压器元器件装配图。

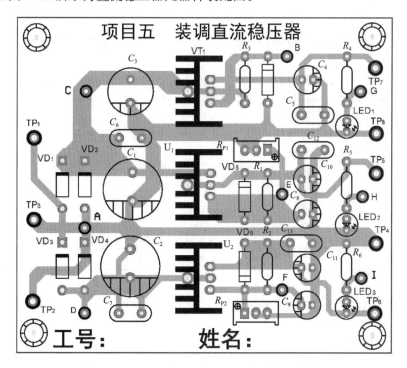

图 5.15　直流稳压器印刷电路板图

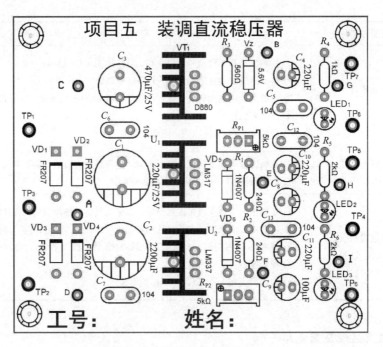

图 5.16　直流稳压器元器件装配图

3. 评价电路安装工艺

根据评价标准，从元器件识别与检测、整形与插装、元器件焊接工艺 3 个方面对电路安装进行评价，将评价结果填入表 5.10 中。

表 5.10　电路安装评价

序号	评价分类	优	良	合格	不合格
1	元器件识别与检测				
2	整形与插装				
3	元器件焊接工艺				
评价标准	优	有 5 处或 5 处以下不符合要求			
	良	有 5 处以上、10 处以下不符合要求			
	合格	有 10 处以上、15 处以下不符合要求			
	不合格	有 15 处以上不符合要求			

动手做 4　测量直流稳压器电路的技术参数

1. 测量参数项目

1）利用万用表测量 $TP_1 \sim TP_8$、$A \sim I$ 参考点的电压数值。

2）利用示波器测量输入电压波形、桥式整流滤波后的电压波形，稳压后的电压波形。

2. 测量操作步骤

步骤1 测量前的检查

1）整体目测电路板上元器件有无全部安装，检查元器件引脚有无漏焊、虚焊、搭锡等情况。

2）检查极性元器件引脚是否装错。

3）检查 D880、LM317、LM337 三只管与散热器接触面是否平整、紧贴。

4）用万用表检查电源输入端的电阻值，判别电源端是否有短路现象。

步骤2 通电观察电路

1）确认无误后，将变压器双路输出端与电路板的输入端相对应连接。

2）接通电源，观察电路板有无冒烟、有无异味、电容器有无炸裂、元器件有无烫手等现象。发现有异常情况立即断电，排除故障。

3）观察 $LED_1 \sim LED_3$ 是否全部发光。

步骤3 通电调试电路

1）测量 C 点与 D 点电压是否正常。

2）测量 Vz 两端电压是否约为 5.6V，TP_7 处电压是否约为 +5V。

3）测量 VD5、VD6 两端电压是否为 1.25V。

4）调节 R_{P1}，观察 TP_5 处正电压是否连续可调。

5）调节 R_{P2}，观察 TP_6 处负电压是否连续可调。

步骤4 测量静态参数

电路完全正常后，调节 R_{P1}，使 TP_5 处电压为 +12V，调节 R_{P2}，使 TP_6 处电压为 -12V。

1）选择合适的万用表挡位，按照表 5.11 中的要求进行测量并记录。

表 5.11 电路静态参数测量记录表

序号	测量项目	测量值	万用表挡位	序号	测量项目	测量值	万用表挡位
1	TP_1 处电压			8	C 点电压		
2	TP_2 处电压			9	D 点电压		
3	TP_5 处电压			10	E 点电压		
4	TP_6 处电压			11	F 点电压		
5	TP_7 处电压			12	G 点电压		
6	A 点电压			13	H 点电压		
7	B 点电压			14	I 点电压		

2）根据表 5.11 电压测量值，按表 5.12 判断下列各元器件的工作状态。

表 5.12 判断各元器件工作状态记录表

序号	元器件标号	工作状态	构成该管的材料（硅或锗）	序号	元器件标号	工作状态	构成该管的材料（硅或锗）
1	VD_5			2	VD_6		

序号	元器件标号	工作状态	构成该管的材料（硅或锗）	序号	元器件标号	工作状态	构成该管的材料（硅或锗）
3	VT$_1$			5	LED$_2$		
4	LED$_1$			6	LED$_3$		

3）按表 5.13 要求测量或计算静态电流与功耗。

表 5.13　静态电流与功耗记录表

序号	测量项目	数值	序号	测量项目	数值
1	流过 LED$_1$ 的电流		5	流过 LED$_3$ 的电流	
2	估算 LED$_1$ 功耗		6	估算 LED$_3$ 功耗	
3	流过 LED$_2$ 的电流		7	VT$_1$ 发射极上的电流	
4	估算 LED$_2$ 功耗		8	估算 VT$_1$ 集电极耗散功率	

步骤 5　测量动态参数

1）测量 TP$_1$、TP$_2$ 处交流电压波形，并将波形记录在表 5.14 中。

表 5.14　TP$_1$ 与 TP$_2$ 处交流电压波形记录表

测量内容	要求		
1. 将示波器耦合方式置于"直流耦合"； 2. 测量输入信号 TP$_1$ 处的波形； 3. 测量输出信号 TP$_2$ 处的波形	1. 标出耦合方式为"接地"时的基准位置		
	2. 画出两个测量点输出端的电压波形		
	3. 标出波形的峰点、谷点的电位值		
	4. 读出波形的周期或频率		
	5. 画出二处波形的时序关系		
TP$_1$ 与 TP$_2$ 处的波形	测量值记录		
	测量项目	TP$_1$ 处	TP$_2$ 处
	u/div		
	t/div		
	周期		
	峰-峰值		
	峰点电压		
	谷点电压		
	两者相位关系		
	两者频率大小关系		

2）测量 C 点与 TP$_7$ 处电压波形，并将结果记录在表 5.15 中。

表 5.15 C 点与 TP$_7$ 处电压波形记录表

测量内容	要求		
1. 将示波器耦合方式置于"直流耦合"; 2. 测量 C 点的波形; 3. 测量 TP$_7$ 处的波形	1. 标出耦合方式为"接地"时的基准位置		
	2. 画出两个测量点输出端的电压波形		
	3. 标出波形的峰点、谷点的电位值		
	4. 读出峰-峰值		
	5. 读出或理论分析波形的周期或频率		
C 点与 TP$_7$ 处波形	测量值记录		
	测量项目	C 点	TP$_7$ 处波形
	u/div		
	t/div		
	周期		
	峰-峰值		
	峰点电压		
	谷点电压		
	两者相位关系		

3）测量输出电压变化范围。分别调节 R_{P1} 与 R_{P2}，用万用表测量 TP$_5$ 与 TP$_6$ 输出电压的变化范围，并将结果记录在表 5.16 中。

表 5.16 测量电压变化范围记录表

序号	测量项目	测量值	理论估算值	两者关系 （>、<或≈）
1	TP$_5$ 处电压变化范围			
2	TP$_6$ 处电压变化范围			

4）测试输出特性曲线。理想稳压电源的负载特性为一条平行于负载电流 I_o 的直线，即负载电流在额定范围内变化时，输出电压保持恒定不变。

将 TP$_5$ 处电压调整到 +15V，如图 5.17 所示接线，首先将负载电阻器 R_L 置于最大处，然后调节 R_L，按表 5.17 输出电流值，读出稳压电源输出电压（须用数字万用表测量），即可绘出稳压电源输出特性曲线。

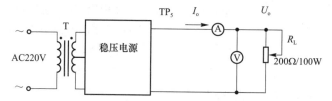

图 5.17 测试稳压电源输出特性曲线电路图

表 5.17　测试负载特性

测试项目	1	2	3	4	5	6	7	8	9
输出电流 I_o/mA	100	200	300	400	500	600	700	800	900
输出电压 U_o/V									

步骤 6　评价参数测量结果

根据仪器仪表使用情况与测量数据记录进行评价，将评价结果记录在表 5.18 中。

表 5.18　评价记录表

序号	评价分类	优 （3 处以下错误）	良 （4～6 处错误）	合格 （7～10 处错误）	不合格 （11 处以上错误）
1	仪表使用规范				
2	测量数值记录				

■ 项目小结 ■

本项目的学习是项目二的延续，学好本项目的关键要明确以下几个问题。

1）由于电网电压的波动及整流滤波存在的内阻，致使当负载发生变化时，输出直流电压发生波动现象，这在许多电子设备中是不允许的，必须在整流滤波后加上稳压这一重要环节。

2）实现稳压的方式如下。

➢ 串联稳压电源的核心控制为比较放大级，能将输出电压与基准电压比较后的"误差值"放大，使调整管得以非常灵敏地捕捉到"误差值"并对输出电压及时做出调整。

➢ 调整管的集电极-发射极可看作是自动可调的可变电阻器，如图 5.18 所示，能根据比较放大级送出的"误差值"自动调节电阻值，达到自动调节输出电压 U_O 的目的，保持其稳定。

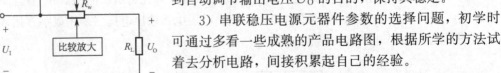

图 5.18　串联稳压电源调压原理

3）串联稳压电源元器件参数的选择问题，初学时可通过多看一些成熟的产品电路图，根据所学的方法试着去分析电路，间接积累起自己的经验。

4）三端集成稳压器因其使用简单和可靠而得到了广泛应用，学习重点是掌握其用法。

实践环节必不可少，顺利完成"动手做"，初步建立起自己的实践经验，有助于消化理论知识，切记"学以致用"是最终目标。

电子负载的概念与应用

在测试稳压电源的负载性能时，常需要用一个大功率电阻器来充当负载，如在本项目"动手做"环节中的大功率电阻器，其作用是让电源模拟实际使用情况输出某一个特定的电流值。但因大功率电阻器阻值调节不易、选取困难、功率有限（数百瓦功率的很少见），使用电阻器作为负载在电源测试、大容量电瓶放电等场合不尽如人意，于是电子负载应运而生。

所谓电子负载，即用有源器件（如晶体管）组成一个恒流或恒压放电电路，对输入的电压呈现模拟的阻性负载特性。由于电子负载具备了控制功能，不仅在电源电路中充当负载时可以保持恒流或恒压状态，还可改变其模拟的"电阻值"，达到大功率电阻可调的效果。如图 5.19 所示为电子负载的原理说明图。

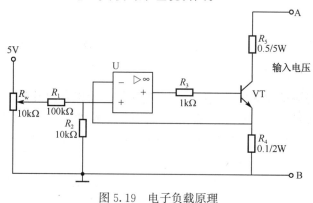

图 5.19　电子负载原理

从图 5.19 可以看出其实质是一个恒流源，可以恒定的电流对输入电源放电，电流可由电位器 R_w 设定，根据选用的大功率晶体管 VT 的不同，电流可达数安至数十安，若电位器控制部分改用单片机程序来设定，可实现数控电子负载。如需更大的功率电子负载，可由多个如图 5.19 所示的功能模块并联。

目前电子负载有两种：热量消耗型和能量循环利用型。如图 5.19 所示的即为第一种，电路比较简单；能量循环利用型电子负载是把进入电子负载的电力传递到特殊的直流/交流转换器，然后再送回主交流电源。负载和转换器的组合能节省 80％ 的电力，主要用于 6～25kW 的大功率电源的老化测试。使用这种电子负载的优点是节省电能，节省空间，不需要冷却设备，可靠性高。

电子负载的应用广泛，开关电源、稳压电源的测试，DC/DC 转换器（电源模块）老化、电池放电、容量测试，充电器试验，各种电源相关产品的设计生产、品质检验等方面，市场上相当多的专业产品为进口，价格昂贵，成熟的方案设计国内正在不断探索、研究之中。如图 5.20 所示为中国台湾 Array 品牌的电子负载器产品实物。

Array 3700 系列产品是由亚锐电子有限公司设计制造的可编程直流电子负载，具有定电流（CC）、定电阻（CR）、定功率（CP）等多种工作模式。仪器带有背光 LCD

显示器；具有快速按键输入、旋钮输入、PC 机编程等多种输入法；带有计算机接口，可由 PC 机进行程控。机器带有非易失性存储器，可记忆多组数据。

图 5.20　Array 直流电子负载器

产品特点如下。

1）带背光的 LCD 显示器。

2）方便快捷的输入方式。

3）功能菜单选项。

4）过电压、过电流、过功率、过热、极性反接保护。

5）电压、电流高解析度。

6）可存储 10 步程序并具有断电保持记忆功能。

7）可由 PC 进行控制。

8）可并联使用。

一、是非题

1. 稳压电源按调整元器件是晶体管还是稳压管分为串联型或并联型。　　　（　　）

2. 硅稳压二极管内部也有一个 PN 结，但其正向特性同普通二极管一样。　（　　）

3. 稳压电源中的稳压电路有并联型和串联型两种，这是按电压调整元器件与负载连接方式之不同来区分的。　　　　　　　　　　　　　　　　　　　　　（　　）

4. 硅稳压二极管并联型稳压电路结构简单，调试方便，但输出电流较小且稳压精度不高。　　　　　　　　　　　　　　　　　　　　　　　　　　　　　　（　　）

5. 直流稳压电源在输入电压变化（如电网电压波动）时，能保持输出电压基本不变。　　　　　　　　　　　　　　　　　　　　　　　　　　　　　　　　（　　）

6. 当输入电压为 12V 时，CW7812 的输出电压为 12V。　　　　　　　　　（　　）

7. 串联稳压电路因为负载电流是通过稳压管的，所以它与并联稳压电路相比只能供给较小的负载电流。　　　　　　　　　　　　　　　　　　　　　　　　（　　）

8. 在串联稳压电路中为了提高稳压效果，在调整管基极与电路输出端之间加上一个比较放大环节，把输出电压的很小变化加以放大，再加到调整管基极，以提高调整管灵敏度。　　　　　　　　　　　　　　　　　　　　　　　　　　　　　（　　）

9. 串联稳压电源的比较放大环节是采用多级阻容耦合放大器与调整管连接实现的。　　　　　　　　　　　　　　　　　　　　　　　　　　　　　　　　　（　　）

10. 串联稳压电源若带有放大环节，可以将输出电压放大。　　　　　　　（　　）

二、选择题

1. 有两个 2CW15 稳压二极管，一个稳压值是 8V，另一个稳压值为 7.5V，若把两管的正极并接，再将负极并接，组合成一个稳压管接入电路，这时组合管的稳压值是＿＿＿＿。

　　A. 8V　　　　　　　　　B. 7.5V　　　　　　　　　C. 15.5V

2. 用一只直流电压表测量一只接在电路中的稳压二极管（2CW13）的电压，读数只有 0.7V，这种情况表明该稳压管_____。

    A. 工作正常   B. 接反   C. 已经击穿

3. 稳压管两端电压变化量与通过电流变化量之比值称为稳压管的动态电阻。稳压性能好的稳压管的动态电阻_____。

    A. 较大   B. 较小   C. 不定

4. 直流稳压电源当额定负载不变时，市电交流电网电压变化 10%，输出电压的相对变化量 $\left(K_U = \dfrac{\Delta U_O}{U_O}\right)$，即为稳压电源的_____。

    A. 电压调整率   B. 电流调整率   C. 稳压系数

5. 硅稳压二极管并联型稳压电路中，硅稳压二极管必须与限流电阻器串接，此限流电阻器的作用是_____。

    A. 提供偏流   B. 仅是限制电流   C. 兼有限制电流和调压两个作用

三、综合题

1. 串联稳压电源由哪几部分组成？各部分的作用是什么？

2. 在串联稳压电路中，为什么有时候需用复合管来作调整管？

3. 如图 5.21 所示电路是某黑白电视机的稳压电源。

1）指出组成稳压电路 4 部分的元器件分别是什么？

2）计算电位器触点在中间时的输出电压 U_O。

3）计算输出电压的可调范围。

4）试分析当负载不变时，由于电压下降时的稳压过程。

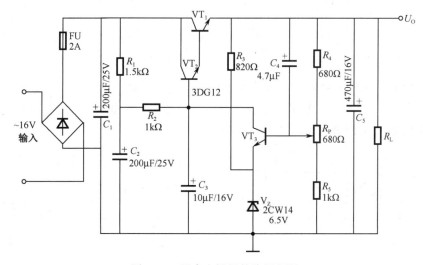

图 5.21 黑白电视机的稳压电源

4. 在如图 5.22 所示电路中，已知 $R_1 = R_3 = 200\Omega$，$R_2 = 600\Omega$，当 $U_I = 18V$，R_2 电位器的触点在中点位置时，$U_O = 12V$，求：①U_Z 的值；②输出电压的可调范围；③当 U_I 变化 $\pm 5\%$，问调整管的最大压降是多少？

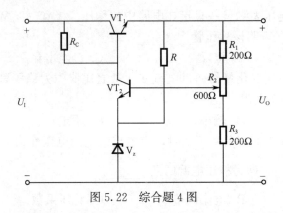

图 5.22　综合题 4 图

5. 请分别说出 CW7800 系列和 CW7900 系列的引脚的对应关系。

6. 请标出如图 5.23 所示集成稳压器的引脚序号及名称。

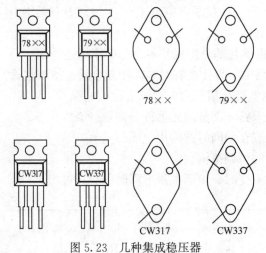

图 5.23　几种集成稳压器

7. 画出 CW7800 系列和 CW7900 系列的典型应用电路。

8. 要获取＋9V 和－12V 的直流稳压电源，应选用什么型号的固定集成稳压器？

9. 指出如图 5.24 所示电路的错误，并改正。

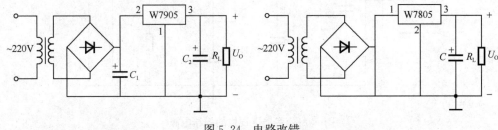

图 5.24　电路改错

10. 某电子设备需要＋12V 的直流电源，请画出用固定三端集成稳压器组成的直流稳压电源的电路图。

11. 画出 W317 输出可调稳压电路典型接线图，并说明各元器件的作用。

項目六

制作模拟报警器

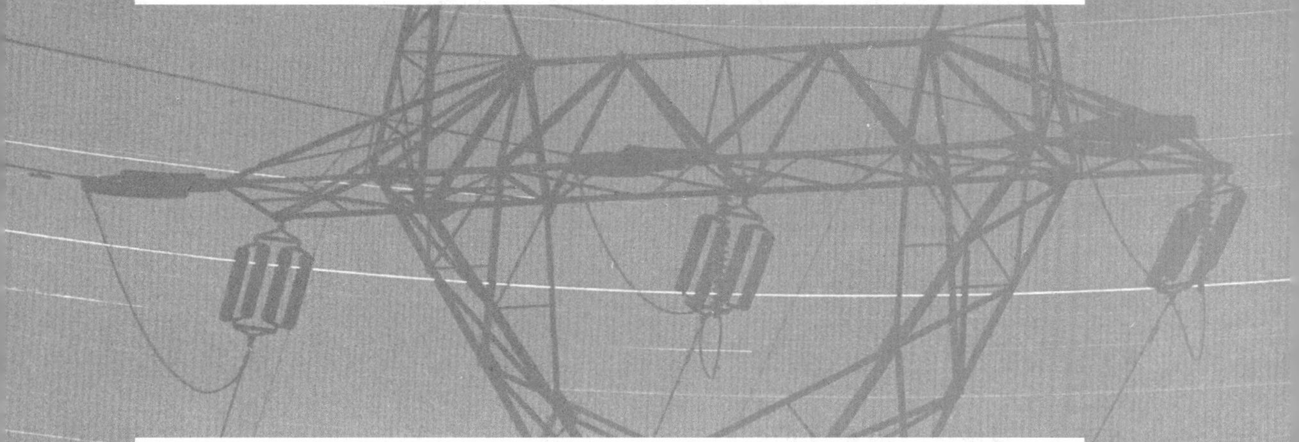

随着人们安保意识的增强，报警器在生活中的应用越来越广泛，家庭、小区、公共区域随处可见。火灾报警、燃气报警、防盗报警等均会发出各种类型的报警声，救护车、消防车的报警声可谓耳熟能详。我们是否思考过：报警声音是怎样发出的？

本项目的学习就以模拟救护车声音发生原理开展，围绕振荡器的工作过程，包括 LC 正弦波振荡器、石英晶体振荡器、555 时基电路应用等，层层深入学习，探究电路工作过程。

知识目标

- 能根据正反馈的两个条件判定电路是否能起振。
- 掌握 3 种典型 LC 正弦波振荡器的电路结构，了解它们在应用中的优缺点。
- 熟悉 555 时基电路的 1 种或 2 种用法。

技能目标

- 感受高频电路的 PCB 制作注意事项。
- 掌握模拟救护车声报警器电路的安装工艺与调试方法，并在实践中体验。
- 能判断振荡电路是否起振。

声音是由物体振动发生的，正在发声的物体叫作声源。物体在一秒之内振动的次数叫作频率，单位是赫兹（Hz）。人耳可以听到 20～20000Hz 的声音，最敏感的区域在 200～800Hz。

不同的声音是由多种不同的频率叠加推动物体的振动（如喇叭）发出，报警声发生器主要由振荡器电路、功率放大器及喇叭组成。以下将逐步讲解模拟救护车声音发生的工作原理。

■ 6.1 正弦波振荡器 ■

☞ **学习目标**

1）学会判别正反馈。
2）明确自激振荡的两个基本条件。
3）会画典型的 LC 正弦波振荡器。
4）认识晶体振荡器。

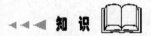

6.1.1 自激振荡与正反馈

如图 6.1 所示，话筒将人的说话声转换成微弱的电信号后，经过扩音器放大后驱动扬声器，还原成较强的声音。如果将话筒靠近扬声器，则扬声器发出的较强声音又传递回话筒，再经扩音器放大，更强的声音传递回话筒，再放大，输出……如此循环，较微弱的声音就变成了刺耳的啸叫，这一过程称为正反馈过程，即放大器反馈的信号使输入信号得到加强。

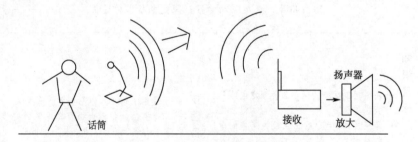

图 6.1 无线发射接收示意图

如图 6.2 所示，接通电源的瞬间，晶体管 VT 开始导通，在电感 L 上感应出电压，经电感 L_1 反馈回晶体管 VT 的基极，使晶体管的基极电压上升，电感 L 上感应出更强的电压，又经电感 L_1 反馈回到晶体管 VT 的基极，电压更高……此时电路进入振荡状态。

这种无须外加信号而靠振荡器内部正反馈作用维持振荡的方式称为自激振荡。

由于变压器等器件会不断消耗能量，自激振荡的幅度会越来越小，直至最后消失。故要维持振荡的持续进行，必须弥补振荡器的能量损耗。

由上述分析可知，自激振荡须满足以下两个条件，才能维持等幅振荡。

（1）相位平衡条件

相位平衡条件指反馈信号与输入信号同相，使输入信号得到加强，即必须是正反馈。用瞬时相位法，不难判断图 6.2 满足正反馈条件。

（2）幅度平衡条件

幅度平衡条件指反馈信号的幅度必须满足一定大小、足够弥补振荡器的能量损耗，用式（6.1）表示幅度平衡条件。

$$A_U \cdot F = 1 \qquad (6.1)$$

其中，A_U 为放大器放大倍数，F 为反馈系数。

图 6.2 中的振荡器在起振初期，$A_U \cdot$

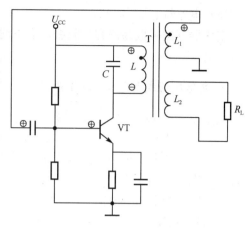

图 6.2 变压器反馈式振荡器

$F > 1$，使振荡越来越强，晶体管集电极电流不断增大，当晶体管进入非线性区时，A_U 减小，最后满足 $A_U \cdot F = 1$，达到振幅平衡而使振荡稳定。

6.1.2 LC 正弦波振荡器

正弦波振荡器的要求是产生单一频率的正弦波，显然前面讨论的自激振荡器包含较多的频率成分，尚需加上选频这一环节。故正弦波振荡器由以下几个部分组成。

1）放大电路。具有信号放大作用，用于维持振荡器的振荡，满足等幅振荡的条件。

2）反馈网络。形成正反馈，满足相位平衡条件。

3）选频网络。具有选择单一频率，形成稳定频率的正弦波振荡器。在实际电路中，选频网络与反馈网络常常是同一网络。

1. 变压器反馈式 LC 正弦波振荡器

变压器反馈式 LC 正弦波振荡器以变压器初、次级绕组耦合作为反馈电路而得名，其电路如图 6.2 所示。

（1）电路组成

1）放大电路。采用分压偏置式的共射极放大器，起到信号放大及稳幅作用。

2）选频网络。由电感 L 及电容器 C 组成 LC 并联选频网络，使电路的振荡频率单一且稳定，振荡频率可由下式计算：

$$f_\circ = \frac{1}{2\pi \sqrt{LC}} \qquad (6.2)$$

3）反馈网络。变压器二次绕组 L_1 为反馈绕组，反馈信号从晶体管 VT 的基极输入，形成正反馈。

（2）振荡条件

相位平衡条件由反馈绕组 L_1 正确的同名端来保证，可用瞬时相位法判别，如图 6.2 所示。

反馈信号的大小可由变压器初、次级绕组 L、L_1 的匝数比进行调整，以满足幅度平衡条件。

（3）电路特点

变压器反馈式振荡器容易起振，输出波形失真较小，但变压器损耗较大，且频率稳定度不高。

2. 电感反馈式 LC 正弦波振荡器

电感反馈式 LC 正弦波振荡器，由电感线圈抽头取出反馈信号而得名。

（1）电路组成

为克服变压器反馈中原副线圈耦合不紧密的缺点，将图 6.2 中 L 与 L_1 合并成一个线圈，如图 6.3 所示。

1）放大电路。由晶体管 VT 组成分压偏置式放大电路，弥补振荡电路能量损失。

2）选频网络。由电感线圈 L_1、L_2 串联与电容器 C 共同构成 LC 并联选频回路，作为晶体管 VT 的集电极负载，振荡频率为

$$f_o = \frac{1}{2\pi\sqrt{(L_1 + L_2 + 2M)C}} \tag{6.3}$$

其中，M 为电感 L_1、L_2 间的互感系数。

3）反馈网络。由电感 L_2 产生反馈信号加到晶体管 VT 的基极。

（2）电路特点

由于图 6.3 中的晶体管 VT 的 3 个电极分别与电感相连，故也称为电感三点式振荡器。选频网络中 L_1 与 L_2 耦合紧密，振幅大，故易起振，振荡频率最高可达几十兆赫兹。但由于反馈信号取自电感，输出电压波形中高次谐波含量较多，故常用于对波形要求不高的场合，如收音机的本振电路。

3. 电容反馈式 LC 正弦波振荡器

电容反馈式 LC 正弦波振荡器的反馈信号因由电容器分压取得而得名。

（1）电路组成

如图 6.4 所示为电容反馈式 LC 正弦波振荡器，晶体管 VT 构成放大电路，与前面讨论的振荡器放大电路相同。

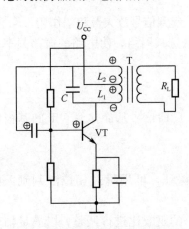

图6.3　电感反馈式 LC 正弦波振荡器

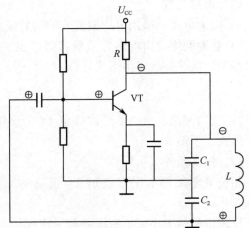

图6.4　电容反馈式 LC 正弦波振荡器

1）选频网络。由电容器 C_1、C_2 串联后与电感 L 组成 LC 并联选频回路。

2）反馈网络。反馈信号由电容器 C_1、C_2 分压，电容器 C_2 两端的电压反馈回晶体管 VT 的基极，由瞬时极性法可判别为正反馈，满足振荡器相位平衡条件。

（2）振荡频率

振荡频率由 LC 回路的谐振频率确定，可由下式计算

$$f_{\circ} = \frac{1}{2\pi \sqrt{LC}} \tag{6.4}$$

其中，

$$C = \frac{c_1 \cdot c_2}{c_1 + c_2}$$

（3）电路特点

电容反馈式 LC 正弦波振荡器中晶体管 VT 的 3 个电极均与选频网络的电容器相连接，故也称为电容三点式振荡器，该电路输出波形好，振荡频率较高，可达数百兆赫兹，但不易调节频率。

6.1.3　晶体振荡器

晶体振荡器是由石英晶体（SiO_2）做成的振荡器，简称晶振。其振荡频率稳定性相当高，在对振荡频率稳定性要求高的场合中应用广泛，如频率计、时钟、电视机、计算机等。如图 6.5 所示为石英晶振的电路符号及常用晶振的实物图。

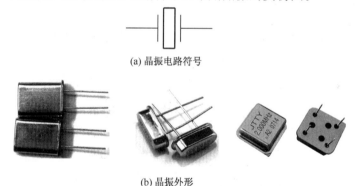

(a) 晶振电路符号

(b) 晶振外形

图 6.5　晶体振荡器

1. 石英晶体的特性

石英晶体最重要的特性是压电效应，即在石英晶体两端加一个交变电压，晶体就会产生与该交变电压频率相同的机械振动，而晶体的机械振动又会在晶体两个电极之间产生一个交变电场。当晶体两端外加的交变电压频率与晶体固有振动频率相同时，其振幅剧增，达到最大，这种现象称压电谐振。石英晶体固有的谐振频率取决于晶片的几何形状、切片方向等。其体积越小，谐振频率越高。

2. 石英晶体振荡器

（1）并联型晶体振荡器

用石英晶振代替图 6.4 中的电感 L，就得到并联型晶体振荡器，如图 6.6（a）所示。此时，晶振作为一个等效电感使用，电路的振荡频率等于晶振的固有频率。

（2）串联型晶体振荡器

如图 6.6（b）所示为串联型晶体振荡器，当振荡频率等于石英晶体的谐振频率时，晶体阻抗最小，此时正反馈最强，振荡频率稳定在晶振固有频率上。

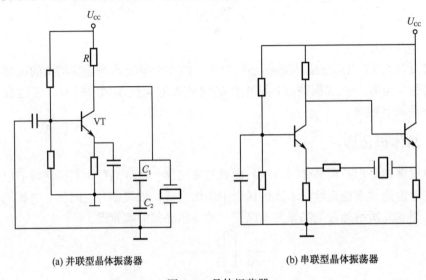

(a) 并联型晶体振荡器　　　　　　　　　(b) 串联型晶体振荡器

图 6.6　晶体振荡器

■ 6.2　555 时基电路 ■

☞ 学习目标

1）了解 555 时基电路的引脚功能。

2）掌握 555 时基电路构成振荡器、单稳态、双稳态电路的接法。

◀◀◀◀ 知　识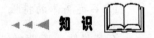

555 时基电路最初设计意图是代替机械延时器，即作为延时电路使用，发展至今其应用范围已经大大扩展，广泛应用于定时、延时、脉冲信号的产生、整形等各个方面。

6.2.1　555 时基电路的基本原理

1. 555 时基电路组成

如图 6.7 所示为 NE555 时基电路的封装引脚图及内部框图。555 时基电路主要由两个运放电路构成的电压比较器、一个 RS 触发器等组成。电压比较器的 3 个分压电阻器都是 5kΩ，故称其为 555 时基电路。

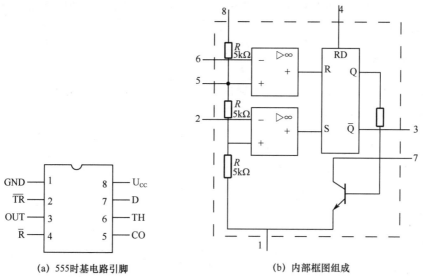

(a) 555 时基电路引脚　　　　　　　　　(b) 内部框图组成

图 6.7　555 时基电路

555 时基电路引脚功能如下。

引脚 8、引脚 1 分别接电源的正负端，电源范围 3~15V。

引脚 3 为电路的输出端，双极型 555 时基电路输出电流可达 300mA。

引脚 7 为放电端，电路内部相当于一个接地的开关。

引脚 4 为复位端。当 4 脚接地时，则 3 脚输出固定为低电平，且保持不变。实际应用时通常将其接在电源正端。

引脚 5 比较电压控制端，使用时常通过一个 0.01μF 电容器接地。

引脚 2、引脚 6 为两个电压比较器的反相、同相输入端，与 7 脚共同决定 555 电路的工作状态。

2. 555 时基电路的功能

555 时基电路根据电压比较器两个输入端电平不同，决定输出不同的状态，如表 6.1所示。

表 6.1　555 时基电路功能表

$\overline{R}$	TH	$\overline{TR}$	OUT	D
0	×	×	0	0(与地通)
1	$>\frac{2}{3}U_{CC}$	$>\frac{1}{3}U_{CC}$	0	0(与地通)
1	$<\frac{2}{3}U_{CC}$	$>\frac{1}{3}U_{CC}$	保持原态	保持原状
1	$<\frac{2}{3}U_{CC}$	$<\frac{1}{3}U_{CC}$	1	与地断开

6.2.2　555 时基电路的典型应用

555 时基电路可组成单稳态、无稳态、双稳态电路，应用在定时、延时、触发、波形变换等场合。

1. 延时电路

如图 6.8 所示，这是 555 时基电路的典型用法，发光二极管 LED 指示工作状态，继电器 J 可驱动负载工作。

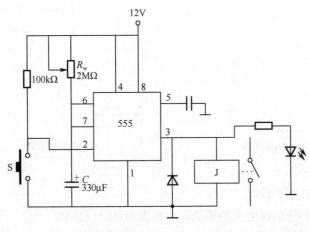

图 6.8　延时电路

1）电路功能。通电以后，发光二极管不亮，继电器 J 不吸合；按下按钮 S，发光二极管亮，继电器 J 吸合，带动负载工作，延时一段时间后，继电器释放，停止负载工作，发光二极管灭。

2）电路原理。电路通电，按下 S 按钮，555 时基电路在 2 脚电压小于 $1/3U_{CC}$，而电容器 C 两端电压小于 $2/3U_{CC}$，此时电路 3 脚输出高电平，继电器 J 吸合带动负载工作，电路进入暂态；由于放电端 7 脚与地断开，此时 U_{CC} 经 R_w 向电容器 C 充电，经过 1 个时间常数（$\tau = R_w \cdot C$）后，电容器 C 两端电压大于 $2/3U_{CC}$ 时（此时按钮已松开，2 脚电压大于 $1/3U_{CC}$），电路翻转，输出低电平，继电器释放，电路回到稳态，同时 7 脚放电端与地通，电容器 C 放电。暂态时间由 $R_w \cdot C$ 决定（即电路延时时间）。

2. 电子百灵鸟电路

本电子百灵鸟电路在不同光源下，尤其在变化的霓虹灯光照下，能发出忽高忽低、音调多变的鸟叫声，其电路如图 6.9 所示。

555 时基电路组成多谐振荡器，在其充放电回路中，串接了一只光敏电阻器 R_G，其阻值随光照强度不等而发生变化，利用这一特性，改变振荡器充、放电时间常数，最终改变振荡频率。

555 时基电路产生的频率信号经晶体管 9013 放大后，驱动小喇叭，发出类似鸟叫的声音，极为有趣。

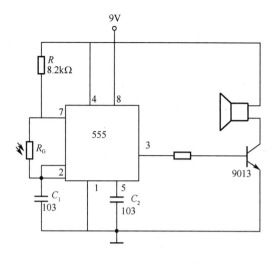

图 6.9　电子百灵鸟电路

微课
555定时器
电路（一）

微课
555定时器
电路（二）

■ 动手做　模拟救护车声报警器 ■

学习目标

1）掌握 555 时基电路的引脚功能。

2）理解 555 时基电路构成的振荡器工作原理。

3）了解模拟救护车声报警器电路的工作原理。

4）掌握模拟救护车声报警器电路的安装工艺与调试方法。

5）能够使用万用表测量并筛选元器件，测量电路关键点的电压或电流。

6）能够使用示波器测量波形。

◀◀◀ 动手做

动手做 1　剖析电路工作原理

1. 电路原理图

如图 6.10 所示为模拟救护车声报警器电路原理图。

2. 工作原理分析

本电路由 5 部分组成，分别是电源稳压电路、低频振荡电路、闪烁灯电路、高频振荡电路及扬声器驱动电路。

1）电源稳压电路由 LM7806 与外围元器件组成，通过 LM7806 将电源电压稳定到 +6V，VD_1 在电源反接时起到保护电路作用。

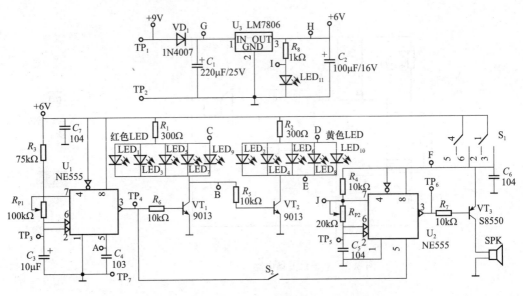

图 6.10 模拟救护车声报警器电路原理图

2）低频振荡电路由 U_1 与外围阻容元件组成，振荡频率由 R_3、R_{P1}、C_3 决定，TP_4 处输出矩形波，周期为 $T_1 = 0.7(R_3 + 2R_{P1})C_3$，调节 R_{P1} 接入电路中的阻值可改变输出频率，C_4 是抗外界干扰电容器。

3）闪烁灯电路由 $LED_1 \sim LED_{10}$、VT_1、VT_2、R_1、R_2、R_5 及 R_6 组成，当 TP_4 处为高电平时，VT_1 饱和，VT_2 截止，红色的 5 只发光二极管发光，黄色的 5 只发光二极管不发光；当 TP_4 处为低电平时，VT_1 截止，VT_2 饱和，红色的 5 只发光二极管不发光，黄色的 5 只发光二极管发光。在 PCB 中将 10 只发光二极管排列成圆形，形成红黄二极管轮流发光，作为救护车灯光报警指示。

4）高频振荡电路由 U_2 与外围阻容元件及组成，当 S_2 断开时，振荡频率由 R_4、R_{P2}、C_5 决定，TP_6 处输出频率较高的矩形波，周期为 $T_2 = 0.7(R_4 + 2R_{P2})C_5$，调节 R_{P2} 接入电路中的阻值可改变输出频率。当 S_2 闭合时，TP_4 处矩形波加载到 U_2 的 5 脚，改变了 U_2 的 5 脚的比较电压大小，当 TP_4 为高电平时，TP_6 输出频率低；当 TP_4 为低电平时，TP_6 输出频率高，因此 TP_6 处会输出两种不同频率的电压波形。

5）扬声器驱动电路由 R_7、VT_3、SPK 组成，TP_6 处输出两种不同频率的电压波形加载到 VT_3，驱动 SPK 发出"嘀嘟嘀嘟"的声音，作为模拟救护车报警器声。当 S_1 断开时，电路中只有灯光闪动，S_1 闭合时，电路中同时有灯光闪动与声音报警。

动手做 2 准备工具及材料

1. 准备制作工具

电烙铁、烙铁架、电子钳、尖嘴钳、镊子、小一字螺钉旋具、万用表、静电手环、直流稳压电源、示波器等。

2. 材料清单

制作模拟救护车声报警器电路的材料清单如表 6.2 所示。

表 6.2　材料清单

序号	标号	参数或型号	数量	序号	标号	参数或型号	数量
1	R_1、R_2	300Ω	2	14	VT_3	S8550	1
2	R_3	75kΩ	1	15	LED_1、LED_3、LED_5、LED_7、LED_9、LED_{11}	φ5 红色	6
3	$R_4 \sim R_7$	10kΩ	4	16	LED_2、LED_4、LED_6、LED_8、LED_{10}	φ5 黄色	5
4	R_8	1kΩ	1	17	S_1	8.5×8.5 自锁按钮	1
5	R_{P1}	100kΩ	1	18	SPK	0.5W/8Ω 扬声器	1
6	R_{P2}	20kΩ	1	19		连接线	2
7	C_1	220μF/25V	1	20	S_2	2 脚排针	1
8	C_2	100μF/16V	1			短接帽	1
9	C_3	10μF/25V	1	21	$TP_1 \sim TP_7$	φ1.3 插针	7
10	C_4	103	1	22	U_1、U_2	NE555	2
11	$C_5 \sim C_7$	104	3	23		DIP8 插座	2
12	VD_1	1N4007	1	24	U_3	LM7806	1
13	VT_1、VT_2	9013	2	25		配套双面 PCB	1

3. 识别与检测元器件

1）识别与测量电阻器。按表 6.3 要求识别与测量电阻器并记录。

表 6.3　识别与测量电阻器记录表

序号	标号	色环	标称值	万用表检测值	万用表挡位
1	R_1、R_2				
2	R_3				
3	$R_4 \sim R_7$				
4	R_8				

2）识别与测量电容器。按表 6.4 要求识别电容器名称、标称容量与检测容量，并记录。

表 6.4　识别与测量电容器记录表

序号	标号	电容器名称	标称容量	万用表检测值	耐压
1	C_1				
2	C_2				

续表

序号	标号	电容器名称	标称容量	万用表检测值	耐压
3	C_3				
4	C_4				
5	$C_5 \sim C_7$				

3）识别与测量自锁按钮。按表 6.5 中的要求识别与测量自锁按钮引脚与性能并记录。

表 6.5 识别与测量自锁按钮

元件标号	电路图符号	根据电路图符号，在实物图的一侧上标出引脚号①②③	万用表挡位	性能判别
S_2				

4）识别与测量二极管。按表 6.6 中的要求识别二极管的名称，判别二极管的性能并记录。

表 6.6 识别与测量二极管记录表

序号	标号	二极管名称	正向测量结果（导通或截止）	反向测量结果（导通或截止）	万用表挡位	性能判别（良好或损坏）
1	VD_1					
2	$LED_1 \sim LED_{11}$					

5）识别与检测晶体管。按表 6.7 中的要求识别晶体管的型号，判别管型、引脚名称，测量直流放大倍数并记录。

表 6.7 识别与检测晶体管记录表

序号	标号	晶体管型号	管型（NPN 或 PNP）	引脚排列（e、b、c）	直流放大倍数
1	VT_1、VT_2			1—（　　） 2—（　　）	
2	VT_3			2—（　　） 3—（　　）	

6）识别与检测电位器。按表6.8中的要求识读电位器的标称阻值，测量阻值可调范围、判定性能，并记录。

表6.8 识别与检测电位器记录表

序号	标号	电位器外形	画出电路图符号并标注引脚号	标称阻值	实测阻值可调范围	性能判定（良好或损坏）
1	R_{P1}					
2	R_{P2}					

动手做3 安装步骤

1. 电路安装顺序与工艺

元器件按照先低后高、先易后难、先轻后重、先一般后特殊的原则进行安装，注意本电路中的发光二极管、自锁按钮、电解电容器、集成芯片等极性元器件的引脚不能装反。元器件安装顺序与工艺要求如表6.9所示。

表6.9 元器件安装顺序及工艺

步骤	元器件名称	安装工艺要求
1	电阻器 $R_1 \sim R_7$	① 水平卧式安装，色环朝向一致； ② 电阻器本体紧贴PCB，两边引脚长度一样； ③ 剪脚留头在1mm以内，不伤到焊盘
2	二极管 VD_1	① 区分二极管的正负极，水平卧式安装； ② 二极管本体紧贴PCB，两边引脚长度一样； ③ 剪脚留头在1mm以内，不伤到焊盘
2	瓷片电容器 $C_4 \sim C_7$	① 看清电容器的标识位置，使在PCB上字标可见度要大； ② 垂直安装，瓷片电容器引脚根基距离PCB 1~2mm； ③ 剪脚留头在1mm以内，不伤到焊盘
3	测试插针、排针 $TP_1 \sim TP_7$、S_2	① 对准PCB孔直插到底，垂直安装，不得倾斜； ② 不剪脚
4	集成芯片插座 $U_1 \sim U_2$	① 注意集成块插座的缺口方向与PCB图标上缺口方向一致； ② 对准PCB焊盘孔直插到底，与PCB的板面完全贴合； ③ 不剪脚

续表

步骤	元器件名称	安装工艺要求
5	电解电容器 $C_1 \sim C_3$	① 正确区分电容器的正负极、电容器的容量，电容器垂直安装，紧贴 PCB； ② 剪脚留头在 1mm 以内，不伤到焊盘
6	发光二极管 $LED_1 \sim LED_{11}$	① 注意区分发光二极管的正负极及红黄两种颜色的 LED 安装位置； ② 垂直安装，紧贴电路板或安装到引脚上的凸出点位置，同一 PCB 规格一致； ③ 剪脚留头在 1mm 以内，不伤到焊盘
7	自锁按钮 S_1	① 对照原理图，查看 PCB 走线，按下 S_1 时，U_3 芯片电源电路才接通； ② 对准 PCB 插孔，直插到底，不能倾斜； ③ 不剪脚
8	晶体管 $VT_1 \sim VT_3$	① 注意区分晶体管型号； ② 将晶体管有 3 只引脚对准 PCB 插孔插装，引脚留长 3～5mm ③ 剪脚留头在 1mm 以内，不伤到焊盘
9	集成芯片 U_1、U_2	① 电路安装完成后，用万用表检测与芯片对应的供电端引脚，电压是否正常； ② 供电端引脚正常后，断开 PCB 总电源； ③ 将芯片放在桌面上整排整形； ④ 使芯片的缺口对准 PCB 图标上缺口，用力将芯片引脚插入芯片插座内

2. 安装模拟救护车声报警器电路

1）如图 6.11 所示为模拟救护车声报警器印刷电路板图。

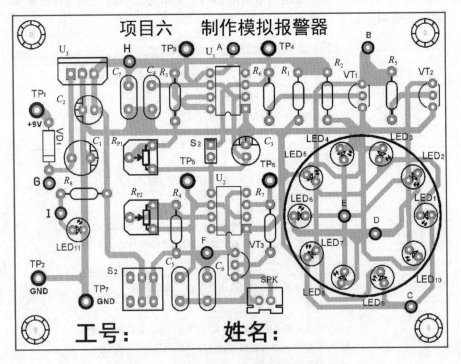

图 6.11　模拟救护车声报警器印刷电路板图

2）如图 6.12 所示为模拟救护车声报警器元器件装配图。

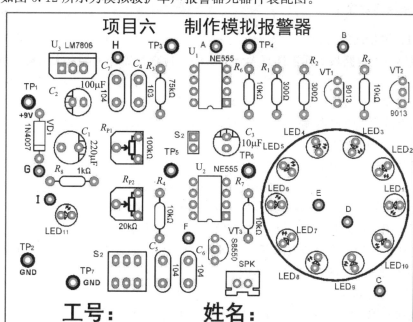

图 6.12　模拟救护车声报警器元器件装配图

3. 评价电路安装工艺

根据评价标准，从元器件识别与检测、整形与插装、元器件焊接工艺三个方面对电路安装进行评价，将评价结果填入表 6.10 中。

表 6.10　电路安装评价

序号	评价分类	优	良	合格	不合格
1	元器件识别与检测				
2	整形与插装				
3	元器件焊接工艺				
评价标准	优	有 5 处或 5 处以下不符合要求			
	良	有 5 处以上、10 处以下不符合要求			
	合格	有 10 处以上、15 处以下不符合要求			
	不合格	有 15 处以上不符合要求			

动手做 4　测量模拟救护车声报警器电路的技术参数

1. 测量参数项目

1）利用万用表测量 A～J 各参考点的电压数值。
2）利用示波器测量 TP_3、TP_4、TP_5、TP_6 的电压波形。

2. 测量操作步骤

步骤 1 测量前的检查

1）整体目测电路板上元器件有无全部安装，检查元器件引脚有无漏焊、虚焊、搭锡等情况。

2）检查发光二极管、1N4007、晶体管等极性元器件引脚是否装错。

3）用万用表检查电源输入端的电阻值，判别电源端是否有短路现象。

步骤 2 通电观察电路

1）确认无误后，将直流电源电压调至直流＋9V 然后断开，将电源输出端与电路板供电端（TP$_1$、TP$_2$）相连，通电观察电路板有无冒烟、有无异味、电容器有无炸裂、元器件有无烫手等现象，发现有异常情况立即断电，排除故障。

2）用万用表检测芯片 U$_1$、U$_2$ 对应的供电端电压是否正常。

3）电压正常后，将直流电源断电，将两片 NE555 芯片的缺口对准 PCB 图标上的缺口，用力将芯片引脚插入芯片插座内。

步骤 3 通电调试电路

1）接通电源，断开 S$_1$、S$_2$，LED$_{11}$ 发光，LED$_1$～LED$_{10}$ 轮流闪光。

2）按下 S$_1$，SPK 发出"嘀嘀嘀……"的报警声，同时 LED$_1$～LED$_{10}$ 轮流闪光。

3）接通 S$_2$，SPK 发出"嘀嘟嘀嘟"的报警声，同时 LED$_1$～LED$_{10}$ 轮流闪光。

步骤 4 测量电路中关键点的电压

1）接通 S$_1$、S$_2$，按表 6.11 要求，测量指定点的工作电压或电压变化范围，并将结果记录在表中。

表 6.11　测量电路静态参数记录表

序号	测量项目	测量值	万用表挡位	序号	测量项目	测量值	万用表挡位
1	A 点电压			6	F 点电压		
2	B 点电压			7	G 点电压		
3	C 点电压			8	H 点电压		
4	D 点电压			9	I 点电压		
5	E 点电压			10	J 点电压		

2）根据表 6.11 测量结果，按表 6.12 要求判断元器件的工作状态。

表 6.12　判断元件工作状态记录表

序号	元器件标号	工作状态	序号	元器件标号	工作状态
1	VD$_1$		3	VT$_1$	
2	LED$_{11}$		4	VT$_2$	

步骤 5 测量动态参数

接通 S$_1$，断开 S$_2$ 时，用示波器测量 TP$_3$、TP$_4$、TP$_5$、TP$_6$ 处电压波形。

1）测量 TP_3、TP_4 电压波形，将波形结果记录在表 6.13 中。

表 6.13　TP_3、TP_4 电压波形记录表

测量内容	要求		
1. 将示波器耦合方式置于"直流耦合"； 2. 测量 TP_3 处的波形； 3. 测量 TP_4 处的波形	1. 标出耦合方式为"接地"时的基准位置		
	2. 画出两个测量点输出端的电压波形		
	3. 标出波形的峰点、谷点的电位值		
	4. 读出波形的周期或频率		
	5. 画出二处波形的时序关系		
TP_3 处与 TP_4 处波形	测量值记录		
	测量项目	TP_3 处	TP_4 处
	u/div		
	t/div		
	周期		
	峰-峰值		
	峰点电压		
	谷点电压		
	两者相位关系		
	两者频率大小关系		

2）测量 TP_5、TP_6 电压波形，将波形记录在表 6.14 中。

表 6.14　TP_5、TP_6 电压波形记录表

测量内容	要求		
1. 将示波器耦合方式置于"直流耦合"； 2. 测量 TP_5 处的波形； 3. 测量 TP_6 处的波形	1. 标出耦合方式为"接地"时的基准位置		
	2. 画出两个测量点输出端的电压波形		
	3. 标出波形的峰点、谷点的电位值		
	4. 读出波形的周期或频率		
	5. 画出二处波形的时序关系		
TP_5 处与 TP_6 处波形	测量值记录		
	测量项目	TP_5 处	TP_6 处
	u/div		
	t/div		
	周期		
	峰-峰值		
	峰点电压		
	谷点电压		
	两者相位关系		
	两者频率大小关系		

3）接通 S_1、S_2 时，用示波器测量 TP_6 处电压波形，将波形记录在表 6.15 中。

表 6.15 TP_6 处电压波形记录表

测量内容	要求
1. 将示波器耦合方式置于"直流耦合"； 2. 测量输入信号 TP6 处的波形	1. 标出耦合方式为"接地"时的基准位置
	2. 画出 TP_6 处电压波形
	3. 标出波形的峰点、谷点的电位值
	4. 读出波形的频率
	5. 比较 S_2 接通前后，两者频率大小变化

TP_6 处波形	测量值记录	
	u/div	
	t/div	
	周期	
	峰-峰值	
	峰点电压	
	谷点电压	
	说明 S_2 接通前后，TP_6 处频率大小变化情况	

步骤 6　评价参数测量结果

根据仪器仪表使用情况与测量数据记录进行评价，将评价结果记录在表 6.16 中。

表 6.16　评价记录表

序号	评价分类	优 （3 处以下错误）	良 （4～6 处错误）	合格 （7～10 处错误）	不合格 （11 处以上错误）
1	仪表使用规范				
2	测量数值记录				

■ 项 目 小 结 ■

1）振荡器与基本放大器本质的不同在于：基本放大器需要输入信号，放大后才有信号输出；振荡器是一种无须输入信号就能自动地把直流电源转换成具有一定频率、一定波形和一定幅度的交流信号，常用于信号发生器等。

2）振荡器起振的两个条件：振幅平衡条件与相位平衡条件是判断振荡器能否正常工作的必要条件。除此之外，放大器电路是否能正常工作也是必要条件之一，否则，振荡器将不能持续工作。

3）555 时基电路是广泛应用的集成电路，价廉而功能灵活。掌握其用法的关键在于其两个状态翻转的条件，即表 6.1 所示的功能。同时应学会查阅资料。555 电路应用方案已非常成熟，完全可以借鉴别人的经验和设计方法等。

4）实践环节不可缺少，无线话筒属制作难度较高的电路之一，难就难在判断振荡电路能否起振、振荡频率是否稳定；通过实践，对本项目的知识会有一个质的认识。

知识链接

蓝 牙 技 术

1. 什么是蓝牙技术

所谓蓝牙（bluetooth）技术，实际上是一种短距离无线通信技术，利用"蓝牙"技术能够有效地简化掌上电脑、笔记本电脑和手机等移动通信终端设备之间的通信，也能够成功地简化以上这些设备与因特网之间的通信，从而使这些现代通信设备与因特网之间的数据传输变得更加迅速高效，为无线通信拓宽道路。说得通俗一点，就是蓝牙技术使得现代一些便携的移动通信设备和电脑设备，不必借助电缆就能联网，并且能够实现无线上网。

蓝牙设备使用全球通行的、无须申请许可的 2.45GHz 频段，可实时进行数据和语音传输，其传输速率可达到 10Mb/s，在支持 3 个话音频道的同时，还支持高达 723.2kb/s 的数据传输速率。

1998 年 5 月，爱立信、诺基亚、东芝、IBM 和 Intel 公司等五家厂商，在联合开展短程无线通信技术的标准化活动中提出了蓝牙技术，其宗旨是提供一种短距离、低成本的无线传输应用技术。这五家厂商还成立了蓝牙特别兴趣组，以使蓝牙技术能够成为未来的无线通信标准。Intel 公司负责半导体芯片和传输软件的开发，爱立信负责无线射频和移动电话软件的开发，IBM 和东芝负责笔记本电脑接口规格的开发。

2. 蓝牙技术的应用

（1）在手机上的应用

嵌入蓝牙技术的数字移动电话可实现一机三用，真正实现个人通信的功能。在办公室可作为内部的无线集团电话，回家后可当作无绳电话来使用，不必支付昂贵的移动电话话费。到室外或乘车的路上，仍作为移动电话与掌上电脑或个人数字助理 PDA 结合起来，并通过嵌入蓝牙技术的局域网接入点，随时随地都可以到因特网上冲浪浏览，使人们的数字化生活变得更加方便和快捷。同时，借助嵌入蓝牙的头戴式话筒和耳机及话音拨号技术，不用动手就可以接听或拨打移动电话。

（2）在掌上电脑上的应用

掌上 PC 越来越普及，嵌入蓝牙芯片的掌上 PC 将提供令人想象不到的便利，通过掌上 PC，不仅可以编写 E-mail，而且可以立即将其发送出去，没有外线与 PC 连接，一切都由蓝牙设备来传送。这样，在飞机上用掌上 PC 写 E-mail，当飞机着陆后，只需打开手机，所有信息可通过机场的蓝牙设备自动发送。

回到家中，随身携带的 PDA 通过蓝牙芯片与家庭设备自动通信，可以自动打开门锁、开灯，并将室内的空调或暖气调到预定的温度等；旅馆可以实现自动登记，并将你房间的电子钥匙自动传送到你的 PDA 中，只轻轻一按，就可打开所订的房间。

3. 蓝牙技术在传统家电中的应用

蓝牙系统嵌入微波炉、洗衣机、电冰箱、空调机等传统家用电器，使之智能化并具有网络信息终端的功能，能够主动地发布、获取和处理信息，赋予传统电器以新的内涵。

网络微波炉能够存储许多微波炉菜谱，同时还能够提高通过生产厂家的网络或烹调服务中心自动下载新菜谱；网络冰箱能够知道自己存储的食品种类、数量和存储日期，可以提醒食物存储到期和发出存量不足的警告，甚至自动从网络订购；网络洗衣机可以从网络上获得新的洗衣程序。带蓝牙的信息家电还能主动向网络提供本身的一些有用信息，如向生产厂家提供有关故障并要求维修的反馈信息等。蓝牙信息家电是网络上的家电，不再仅是电脑的外设，它也可以各自为战，提示主人如何运作。我们可以设想把所有的蓝牙信息家电通过一个遥控器来进行控制。这样一个遥控器不但可以控制电视、计算机、空调器，同时还可以用作无绳电话或者移动电话，甚至还可以在这些蓝牙信息家电之间共享有用的信息，比如把电视节目或者电话语音录制下来存储到电脑中。

未来不久，全球业界必将涌现一大批蓝牙技术的应用产品，蓝牙技术必定会呈现出极其广阔的市场前景，并预示着即将迎来波澜壮阔的全球无线通信浪潮。

知 识 巩 固

一、是非题

1. 正弦波振荡器中如没有选频网络，就不能引起自激振荡。　　　　　　（　　）

2. 在多级放大器中，级间常常接有去耦滤波电路，用以防止因电源内阻的耦合作用引起的自激振荡。　　　　　　（　　）

3. 放大器具有正反馈特性时，电路必然产生自激振荡。　　　　　　（　　）

4. 任何"电扰动"，如接通直流电源、电源电压波动、电路参数变化等，都能供给振荡器作为自激振荡的初始信号。　　　　　　（　　）

5. 在具有选频回路的正弦波振荡器中，即使正反馈极强，也能产生单一频率的振荡。　　　　　　（　　）

6. 稳定振荡器中的晶体管静态工作点，有利于提高频率稳定度。　　　　　　（　　）

7. 振荡器的负载变动将影响振荡频率的稳定性。　　　　　　（　　）

二、选择题

1. 要使电路产生自激振荡，必须具有的反馈形式为＿＿＿＿＿＿＿。

A. 负反馈　　　　　　B. 正反馈　　　　　　C. A 或 B 均可以

2. 如果依靠振荡器本身来稳幅，则从起振到输出幅度稳定，晶体管的工作状态为_____。

A. 一直处于线性区　　　　　　　　B. 从线性区过渡到非线性区

C. 一直处于非线性区　　　　　　　D. 从非线性区过渡到线性区

3. 在正弦波振荡器中，放大器的主要作用是_____。

A. 保证振荡器满足振幅平衡条件能持续输出振荡信号

B. 保证电路满足相位平衡条件

C. 把外界的影响减弱

4. 正弦波振荡器中正反馈网络的作用是_____。

A. 保证电路满足振幅平衡条件

B. 提高放大器的放大倍数，使输出信号足够大

C. 使某一频率的信号在放大器工作时满足相位平衡条件而产生自激振荡

5. 正弦波振荡器中，选频网络的主要作用是_____。

A. 使振荡器产生单一频率的正弦波　　　　B. 使振荡器输出较大的信号

C. 使振荡器有丰富的频率成分

6. 电容反馈式 LC 正弦波振荡器与电感反馈式 LC 正弦波振荡器比较，其优点是_____。

A. 电路组成简单　　　B. 输出波形较好　　　C. 容易调节振荡频率

7. 电感反馈式 LC 正弦波振荡器与电容反馈式 LC 正弦波振荡器比较，其优点是_____。

A. 输出幅度较大　　　B. 输出波形较好　　　C. 易于起振，频率调节方便

8. 在电子设备的电路中，常把弱信号放大部分屏蔽起来，其目的是_____。

A. 使放大倍数不受外界影响　　　　　　B. 防止能量过多损耗

C. 防止外来干扰引起自激现象

三、综合题

1. 如图 6.4 所示的电容反馈式 LC 正弦波振荡器中，当 $C_1 = C_2 = 500\text{pF}$，$L = 2\text{mH}$ 时，求电路的振荡频率。

2. 用瞬时极性法判断如图 6.13 所示各小图是否满足相位平衡条件？

3. 有一频率调节范围为 $10 \sim 100\text{kHz}$ 的 LC 振荡器，振荡回路的电感 $L = 250\mu\text{H}$，试求电容器 C 的变化范围。

4. 正弦波振荡器由哪几个部分组成？为什么一定要有选频网络？

5. 影响 LC 正弦波振荡器频率稳定的主要因素是什么？稳定频率的主要措施有哪些？

6. 试叙述振荡器起振到稳幅的过程。

7. 双极型时基电路与 CMOS 时基电路在性能上有何异同？

8. 查阅课外参考书，画出 555 时基电路的一种应用电路图。

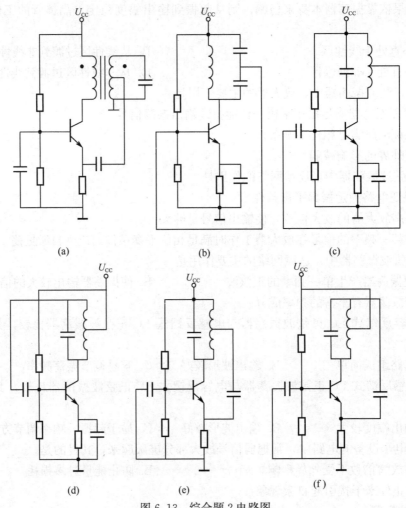

(a)　　　　　　　　(b)　　　　　　　　(c)

(d)　　　　　　　　(e)　　　　　　　　(f)

图 6.13　综合题 2 电路图

项目七

制作红外线遥控接收器

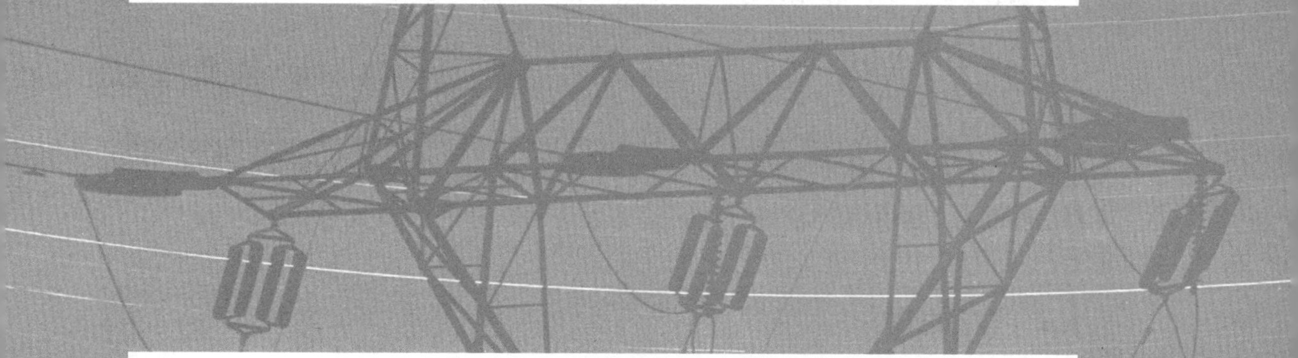

红外线遥控器可谓家喻户晓、人人皆知，"看不见"的红外线是如何产生和被接收到的呢？我们通过深入学习后即会发现，红外线收发涉及低频振荡器、载波振荡器、红外线发射驱动电路、红外线接收/解码及双稳态电路等，小小的红外线遥控接收器可不是那么简单。

本项目主要学习逻辑门电路、数制和编码、逻辑代数/函数的化简、组合逻辑电路的分析、组合逻辑电路的设计和组合逻辑集成电路，加上前面所学的模拟电路知识部分，动手做出红外线遥控接收器，亲身经历"创新、科技"。

知识目标	技能目标
• 掌握组合逻辑电路的读图、设计方法，建立逻辑电平的概念，区别数字电路与模拟电路分析方法的异同。 • 了解编码和解码的概念及编码器和解码器的工作原理。 • 学会红外线遥控接收器电路的工作原理。	• 掌握检测数字电路（逻辑电平）功能的方法（电平高低、波形分析）。 • 能运用组合逻辑电路进行功能设计。 • 掌握红外线遥控接收器电路的安装工艺与调试方法。 • 能够通过查阅手册学习、了解数字门电路的参数与应用方法。

■ 7.1 逻辑门电路 ■

☞学习目标

1）能熟练说出门电路的逻辑功能。
2）熟记门电路的图形符号。
3）能列出门电路的真值表，并根据真值表分析简单的功能。

◀◀◀ 知 识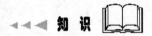

在电子技术中，被处理的信号可分为两大类：一类是模拟信号，它在时间上和数值上都是连续的；另一类是数字信号，它在时间上和数值上都是离散的。本项目学习的门电路等被处理的信号绝大多数为数字信号。

7.1.1 与门电路

1. 与逻辑关系

如图 7.1 所示，开关 A 和 B 串联与灯泡 Y 和电源组成回路，使灯泡 Y 亮的条件是开关 A 和 B 同时闭合。只要有其中一个开关断开，灯泡 Y 都不会亮。这里，开关 A、B 的闭合与灯泡 Y 亮的关系可描述为条件 A 和 B 同时满足时，事件才会发生，这种关系称为与逻辑关系，也称为逻辑乘，其逻辑代数表达式为

$$Y = A \cdot B \tag{7.1}$$

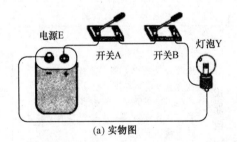
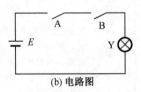

图 7.1　与逻辑关系图

2. 与逻辑真值表

若将开关的闭合规定为 1，开关的断开规定为 0；灯泡的亮规定为 1，灯泡的灭规定为 0，可将逻辑变量 A、B 和函数 Y 的各种取值的可能性用表 7.1 表示，这样的表称为真值表。

表 7.1 与逻辑真值表

输入		输出
A	B	Y
0(断开)	0(断开)	0(灭)
0(断开)	1(闭合)	0(灭)
1(闭合)	0(断开)	0(灭)
1(闭合)	1(闭合)	1(亮)

从表 7.1 可得出结论：有 0 出 0，全 1 出 1。

3. 与运算

由上面真值表的分析可得：A、B 两个输入变量有 00、01、10、11 四种可能的取值情况，同时满足以下运算规则：

$$0 \cdot 0 = 0$$
$$0 \cdot 1 = 0$$
$$1 \cdot 0 = 0$$
$$1 \cdot 1 = 1$$

4. 二极管与门电路及其符号

如图 7.2 所示，图中 A、B 为输入端，Y 为输出端，R_1 远小于 R_2。根据二极管的导通和截止条件，当输入端都为 1（高电平）时，二极管 VD_1 和 VD_2 都截止，输出 Y 为 1（高电平）；当输入端中的一个或一个以上为 0（低电平）时，二极管因为正偏而导通，输出端被拉低为低电平（0）。图 7.2（b）为与门电路符号。

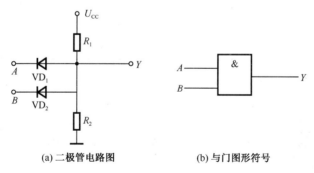

(a) 二极管电路图   (b) 与门图形符号

图 7.2 与门电路及其符号

在数字电路中，高电平规定为接近电源 U_{CC} 的高电平，低电平规定为接近于零伏的低电平。常采用正逻辑关系，即用 1 表示高电平，用 0 表示低电平。与门的逻辑关系"有 0 出 0，全 1 出 1"表明的是输入端只要有一个是低电平，则输出为低电平（0），只有当输入端全部为高电平时，与门才输出高电平（1）。

7.1.2 或门电路

1. 或逻辑关系

如图 7.3 所示，开关 A 和 B 并联与灯泡 Y 和电源组成回路，使灯泡 Y 亮的条件是开关 A 和 B 至少有一个闭合。只有开关 A 和 B 都断开时，灯泡 Y 才不会亮。这里开关 A 或 B 的闭合与灯泡 Y 亮的关系为只要有一个条件满足事件就会发生，这种关系称为或逻辑关系，也称为逻辑加，其逻辑代数表达式为

$$Y = A + B \tag{7.2}$$

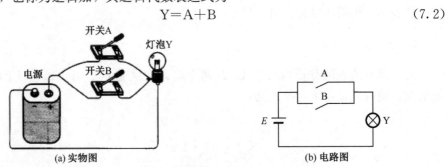

(a) 实物图　　　　　　　　　　(b) 电路图

图 7.3　或逻辑关系图

2. 或逻辑真值表

若将开关的闭合规定为 1，开关的断开规定为 0；灯泡亮规定为 1，灯泡灭规定为 0，可将逻辑变量 A、B 和函数 Y 的各种取值的可能性用真值表 7.2 表示。

表 7.2　或逻辑真值表

输入		输出
A	B	Y
0(断开)	0(断开)	0(灭)
0(断开)	1(闭合)	1(亮)
1(闭合)	0(断开)	1(亮)
1(闭合)	1(闭合)	1(亮)

由表 7.2 可得结论：有 1 出 1，全 0 出 0。

3. 或运算

由上面真值表的分析可得：A、B 两个输入变量有 00、01、10、11 四种可能的取值情况，同时满足以下运算规则：

$$0 + 0 = 0$$
$$0 + 1 = 1$$
$$1 + 0 = 1$$
$$1 + 1 = 1$$

4. 二极管或门电路及其符号

如图 7.4 所示，图中 A、B 为输入端，Y 为输出端。根据二极管的导通和截止条

件，当输入端都为 0（低电平）时，二极管 VD_1 和 VD_2 都截止，输出 Y 为 0（低电平）；当输入端中的一个或一个以上为 1（高电平）时，二极管因为正偏而导通，输出为 1（高电平）。图 7.4（b）为或门电路符号。

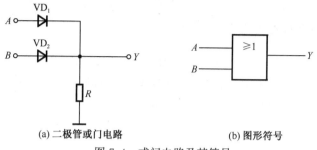

(a) 二极管或门电路　　　　　(b) 图形符号

图 7.4　或门电路及其符号

7.1.3　非门电路

1. 非逻辑关系

如图 7.5 所示，开关 A 与灯泡 Y 并联和电源组成回路，使灯泡 Y 亮的条件是开关 A 断开。如果开关 A 闭合，灯泡 Y 就不会亮。这里开关 A 的断开与灯泡 Y 亮的关系称为非逻辑关系，即"事件的结果和条件总是相反状态"，其逻辑代数表达式为

$$Y = \overline{A} \tag{7.3}$$

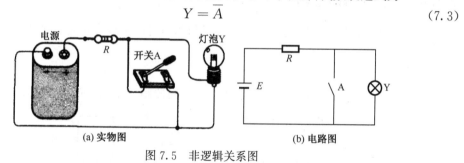

(a) 实物图　　　　　　　　　(b) 电路图

图 7.5　非逻辑关系图

2. 非逻辑真值表

若将开关 A 的闭合规定为 1，断开规定为 0；将灯泡 Y 亮规定为 1，灭规定为 0，可将逻辑变量 A 和函数 Y 的各种取值的可能性用真值表 7.3 表示。

表 7.3　非逻辑真值表

输入	输出
A	Y
0(断开)	1(亮)
1(闭合)	0(灭)

由表 7.3 可得出结论：有 0 出 1，有 1 出 0。

3. 非运算

由上面真值表的分析可得：一个输入变量 A 有 0、1 两种可能的取值情况，同时满

足以下运算规则：

$$\bar{0} = 1$$

$$\bar{1} = 0$$

4. 晶体管非门电路及其符号

如图 7.6 所示，图中 A 为输入端，Y 为输出端。根据晶体管的工作原理，当输入端为 0（低电平）时，晶体管工作于截止状态，输出 Y 为 1（高电平）；当输入端 A 为 1（高电平）时，晶体管工作于饱和状态，输出为 0（低电平）。图 7.6（b）为非电路符号。

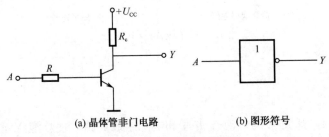

(a) 晶体管非门电路　　　　　(b) 图形符号

图 7.6　非门电路及其符号

7.1.4　复合逻辑门电路

由前面所学的基本逻辑门：与门、或门和非门可以组成多种复合逻辑门。

1. 与非门

1）与非门的符号。在与门后面串接一个非门便组成了与非门，如图 7.7 所示。

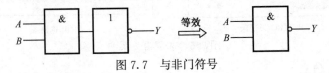

图 7.7　与非门符号

2）与非门的逻辑函数表达式：

$$Y = \overline{AB} \tag{7.4}$$

3）与非门的真值表见表 7.4。

表 7.4　与非门的真值表

输入		输出
A	B	Y
0	0	1
0	1	1
1	0	1
1	1	0

由表 7.4 可得出结论：有 0 出 1，全 1 出 0。

2. 或非门

1）或非门的符号。在或门后面串接一个非门便组成了或非门，如图7.8所示。

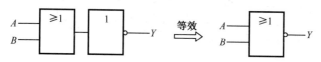

图7.8　或非门符号

2）或非门的逻辑函数表达式：

$$Y = \overline{A + B}$$

(7.5)

3）或非门的真值表见表7.5。

表7.5　或非门的真值表

输入		输出
A	B	Y
0	0	1
0	1	0
1	0	0
1	1	0

由表7.5可得出结论：有1出0，全0出1。

3. 与或非门

1）与或非门的符号。与或非门一般由多个与门和一个或门，再和一个非门串联组成，如图7.9所示。

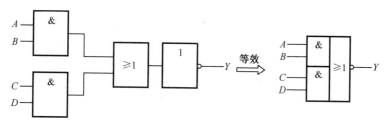

图7.9　与或非门符号

2）与或非门的逻辑函数表达式：

$$Y = \overline{AB + CD}$$

(7.6)

3）与或非门的真值表见表7.6。

由表7.6可得出结论：当输入端的任何一组（如图7.9输入端A、B与C、D各组成一组）全为1时，输出为0；只有任何一组输入都至少有一个为0时，输出端才能为1。

表 7.6 与或非门的真值表

输入				输出
A	B	C	D	Y
0	0	0	0	1
0	0	0	1	1
0	0	1	0	1
0	0	1	1	0
0	1	0	0	1
0	1	0	1	1
0	1	1	0	1
0	1	1	1	0
1	0	0	0	1
1	0	0	1	1
1	0	1	0	1
1	0	1	1	0
1	1	0	0	0
1	1	0	1	0
1	1	1	0	0
1	1	1	1	0

4. 异或门

1）异或门的符号。异或门的逻辑符号如图 7.10 所示。

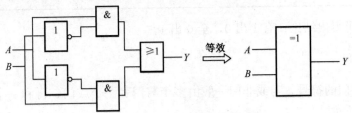

图 7.10 异或门的逻辑符号图

2）异或门的逻辑函数表达式：

$$Y = \overline{A}B + A\overline{B} \tag{7.7}$$

通常将式（7.7）化简为

$$Y = A \oplus B \tag{7.8}$$

3）异或门的真值表见表 7.7。

表 7.7 异或门的真值表

输入		输出
A	B	Y
0	0	0
0	1	1
1	0	1
1	1	0

由表 7.7 可得出结论：相同出 0，不同出 1。

7.2 数制与编码

☞ **学习目标**

1）掌握二进制数和十进制数的表示方法。

2）掌握二进制数和十进制数之间的转换。

3）了解 8421 码、5421 码、2421 码和余 3 码的表示形式。

7.2.1 二进制数及四则运算

1. 数制

选取一定的进位规则，用多位数码来表示某个数的值，称为数制。"逢十进一"的十进制是人们在日常生活中常用的一种计数体制，而数字电路中常采用二进制、八进制、十六进制。

2. 二进制

在二进制中只有 0 和 1 两个数码，相邻位数之间采用"逢二进一"的计数规则。二进制是数字电路中应用最广泛的一种数制，这是因为电路元器件的截止与导通、输出电平的高与低这两种状态均可以用 0 和 1 两个数码来表示，且二进制的运算规则简单，可方便地通过电路来实现。二进制数按权展开，可以写成

$$(N)_2 = (k_{n-1} \times 2^{n-1} + k_{n-2} \times 2^{n-2} + \cdots + k_1 \times 2^1 + \cdots)_{10}$$

例如二进制数 $(10101.01)_2$ 可展开为

$$(10101.01)_2 = (1 \times 2^4 + 0 \times 2^3 + 1 \times 2^2 + 0 \times 2^1 + 1 \times 2^0 + 0 \times 2^{-1} + 1 \times 2^{-2})_{10}$$
$$= (21.25)_{10}$$

3. 二进制数的四则运算

$$0+0=0$$
$$0+1=1$$
$$1+0=1$$
$$1+1=10$$

【例 7.1】 计算 0010 1100 与 1011 0010 的和。

解
$$\begin{array}{r} 0010\ 1100 \\ +\ 1011\ 0010 \\ \hline 1101\ 1110 \end{array}$$

7.2.2 二进制数与十进制数的转换

1. 二进制数转成十进制数

方法：把二进制数按权展开，再把每一位的位值相加，便可得到相应的十进制数。

【例 7.2】 将二进制数 $(1010)_2$ 转化为十进制数。

解
$$(1010)_2 = (1 \times 2^3 + 0 \times 2^2 + 1 \times 2^1 + 0 \times 2^0)_{10}$$
$$= (8 + 0 + 2 + 0)_{10} = (10)_{10}$$

【例 7.3】 将二进制数 $(1010.01)_2$ 转化为十进制数。

解
$$(10101.01)_2 = (1 \times 2^3 + 0 \times 2^2 + 1 \times 2^1 + 0 \times 2^0 + 0 \times 2^{-1} + 1 \times 2^{-2})_{10}$$
$$= (8 + 0 + 2 + 0 + 0.0 + 0.25)_{10} = (10.25)_{10}$$

2. 十进制数转成二进制数

方法：把十进制数逐次地用 2 除取余数，一直除到商数为零，然后将先取出的余数作为二进制数的最低位数码。

【例 7.4】 将十进制数 15 转化为二进制数。

解

$$
\begin{array}{ll}
2\ \underline{|\ 15\ } & \\
2\ \underline{|\ 7\ } & 余\ 1 \cdots k_0 \\
2\ \underline{|\ 3\ } & 余\ 1 \cdots k_1 \\
2\ \underline{|\ 1\ } & 余\ 1 \cdots k_2 \\
2\ \ \ 0 & 余\ 1 \cdots k_3
\end{array}
$$

故 $(15)_{10} = (k_3 k_2 k_1 k_0)_2 = (1111)_2$

3. 编码

数字电路处理的是二进制数据，可用多位二进制数码来表示数量的大小，也可表示各种文字、符号等，而人们习惯使用十进制，于是就产生了用 4 位二进制数表示 1 位十进制数的计数方法，这种用于表示十进制数的二进制代码称为二-十进制代码（binary coded decimal），简称为 BCD 码。常见的 BCD 码有 8421 码、5421 码、2421 码、余 3 码等，它们和十进制数之间的对应关系见表 7.8。

表 7.8 几种常用的 BCD 码

十进制数	8421 码	5421 码	2421 码	余 3 码
0	0000	0000	0000	0011
1	0001	0001	0001	0100
2	0010	0010	0010	0101
3	0011	0011	0011	0110
4	0100	0100	0100	0111

十进制数	8421 码	5421 码	2421 码	余 3 码
5	0101	1000	1011	1000
6	0110	1001	1100	1001
7	0111	1010	1101	1010
8	1000	1011	1110	1011
9	1001	1100	1111	1100

■ 7.3 逻辑代数与逻辑函数的化简 ■

☞ **学 习 目 标**

1）掌握逻辑函数的基本公式。

2）会用公式法进行逻辑函数的化简。

3）掌握用卡诺图进行逻辑函数化简的方法。

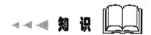

7.3.1 逻辑代数基本公式

数字电路是由逻辑门电路来实现逻辑功能的，用逻辑代数表示逻辑函数是一种常用方式，而化简逻辑函数则是必要的一个步骤。前面介绍了与、或、非三种基本运算及其规则，它们是数字逻辑的基础。逻辑代数还有一些基本的运算定律，应用这些定律可以把一些复杂的逻辑函数式化简。

逻辑代数的基本运算定律如下。

0-1 律 $A \cdot 0 = 0$ $A + 1 = 1$

自等律 $A \cdot 1 = A$ $A + 0 = A$

重叠律 $A \cdot A = A$ $A + A = A$

互补律 $A \cdot \overline{A} = 0$ $A + \overline{A} = 1$

交换律 $A \cdot B = B \cdot A$ $A + B = B + A$

结合律 $A \cdot (B \cdot C) = (A \cdot B) \cdot C$ $A + (B + C) = (A + B) + C$

分配律 $A \cdot (B + C) = A \cdot B + A \cdot C$ $A + B \cdot C = (A + B) \cdot (A + C)$

吸收律 $A \cdot (A + B) = A$ $A + A \cdot B = A$

反演律 $\overline{A \cdot B} = \overline{A} + \overline{B}$ $\overline{A + B} = \overline{A} \cdot \overline{B}$

非非律 $\overline{\overline{A}} = A$

反演律可用真值表 7.9 证明。

表 7.9　反演律真值表

输入		输出			
A	B	$\overline{A+B}$	$\overline{A}\,\overline{B}$	$\overline{AB}$	$\overline{A}+\overline{B}$
0	0	1	1	1	1
0	1	0	0	1	1
1	0	0	0	1	1
1	1	0	0	0	0

【例 7.5】　证明分配律 $A+BC=(A+B)(A+C)$

证明　右边 $=(A+B)(A+C)=AA+AC+AB+BC=A+AC+AB+BC$
$$=A(1+C+B)+BC=A+BC=左边$$

【例 7.6】　证明 $AB+A\overline{B}=A$。

证明
$$AB+A\overline{B}=A(B+\overline{B})=A(1)=A$$

【例 7.7】　证明 $A+AB=A$。

证明
$$A+AB=A(1+B)=A(1)=A$$

【例 7.8】　证明 $A+\overline{A}B=A+B$。

证明　$A+\overline{A}B=A+\overline{A}B+AB=A+B(\overline{A}+A)=A+B(1)=A+B$

【例 7.9】　证明 $AB+\overline{A}C+BC=AB+\overline{A}C$。

证明　$AB+\overline{A}C+BC=AB+\overline{A}C+(A+\overline{A})BC=AB+\overline{A}C+ABC+\overline{A}BC$
$$=AB(1+C)+\overline{A}C(1+B)=AB+\overline{A}C$$

7.3.2　逻辑函数的化简

如果逻辑函数表达式是最简表达式，实现这个逻辑表达式的逻辑电路图也会最简，所用的元器件也少，这样既节省了元器件，又提高了电路的效率和可靠性。同一个逻辑函数的表达式可以有多种形式，有繁有简，一般从逻辑问题概括出来的逻辑函数不一定就是最简的表达式形式，所以就要求对逻辑函数进行化简，找出其最简的表达式形式，即表达式中所含的项数最少和每项中所含的变量数最少的与或非表达式。

1. 逻辑函数的公式化简法

公式化简法就是利用逻辑函数的基本公式、定律将逻辑函数化简成最简的与或表达式。

（1）合并项法

利用 $A+\overline{A}=1$，将两项并成一项，同时消去一个变量。

【例 7.10】　化简函数 $Y=ABC+AB\overline{C}$。

解
$$Y=ABC+AB\overline{C}=AB(C+\overline{C})=AB$$

（2）吸收法

利用 $A+AB=A$，吸收掉 AB 项。

【例 7.11】 化简函数 $Y = A\bar{B} + A\bar{B}C(D+E)$

解 $Y = A\bar{B} + A\bar{B}C(D+E) = A\bar{B} \cdot [1 + C(D+E)] = A\bar{B}$

（3）消去法

利用 $A + \bar{A}B = A + B$，消去 $\bar{A}B$ 项中的多余因子 $\bar{A}$。

【例 7.12】 化简函数 $Y = \bar{A}B + A\bar{C} + \bar{B}C$。

解 $Y = \bar{A}B + A\bar{C} + \bar{B}C = A\bar{B} + (A+\bar{B})\bar{C} = A\bar{B} + \overline{\bar{A}B}\bar{C} = \bar{A}B + \bar{C}$

（4）配项法

利用公式 $A + \bar{A} = 1$，给某个与项配上 $A + \bar{A}$，试探进一步化简。

【例 7.13】 化简函数 $Y = ABC + \bar{A}\bar{C} + BCD$。

解 $Y = ABC + \bar{A}\bar{C} + BCD = ABC + \bar{A}\bar{C} + (A+\bar{A})BCD$

$= ABC + \bar{A}\bar{C} + ABCD + \bar{A}BCD = ABC(1+D) + \bar{A}\bar{C}(1+BD)$

$= ABC + \bar{A}\bar{C}$

2. 逻辑函数的卡诺图化简法

前面所介绍的公式化简法，在化简逻辑函数时需要灵活地应用公式，而且必须具备一定的技巧，这种方法的直观性差，化简起来比较困难。下面介绍一种非常直观、有一定规律可循的化简方法——卡诺图化简法。

所谓的卡诺图是由许多小方格组成的阵列图，每个小方格对应于一个最小项。在 A、B 两个变量的逻辑函数中，相应的乘积项有 4 个，$\bar{A}\bar{B}$、$\bar{A}B$、$A\bar{B}$、AB，这 4 个乘积项称为变量的最小项。所谓的最小项就是这一项中要包含逻辑函数的所有变量，不论这些变量是以原变量的形式出现还是以反变量的形式出现。对于 n 个变量来说，就有 2^n 个最小项。

用卡诺图表示逻辑函数的具体方法如下。

1）将逻辑函数化成最小项和的形式。

2）根据变量的个数画出空白的卡诺图。

3）将逻辑函数最小项在空白卡诺图对应的方格内填 1，其余的方格填入 0。

卡诺图的基本特点是：任何两个几何上相邻的小方格所表示的最小项只有一个变量不同，其余变量均相同。因此根据公式 $AB + A\bar{B} = A$，可以将相邻的两个最小项并为一项，消去一个互反的变量。

1）2 个相邻的小方格可以合并成一项，同时消去一个互反的变量。

2）4 个相邻的小方格构成正方形，或长方形，或位于四角都可以合并成一项，同时消去两个互反变量。

3）8 个相邻的小方格组成长方形可以合并成一项，同时消去 3 个互反变量。

用卡诺图化简逻辑函数的步骤如下。

1）用卡诺图表示逻辑函数。

2）按化简方法，将相邻的填 1 方格圈起来，直到所有填 1 方格被圈完为止。

3）将每个圈所表示的最小项写出并相加，得到逻辑函数的最简与或表达式。

【例 7.14】 用卡诺图法化简逻辑函数 $Y = ABD + A\overline{B}D + \overline{A}BCD + \overline{A}BC\overline{D} + \overline{A}\overline{B}CD$。

解 根据卡诺图化简逻辑函数的步骤进行。

1）用卡诺图表示逻辑函数。将逻辑函数化成最小项和的形式：

$$Y = ABD + A\overline{B}D + \overline{A}BCD + \overline{A}BC\overline{D} + \overline{A}\overline{B}CD$$
$$= ABD(C+\overline{C}) + A\overline{B}D(C+\overline{C}) + \overline{A}BCD + \overline{A}BC\overline{D} + \overline{A}\overline{B}CD$$
$$= ABCD + AB\overline{C}D + A\overline{B}CD + A\overline{B}\overline{C}D + \overline{A}BCD + \overline{A}BC\overline{D} + \overline{A}\overline{B}CD$$

根据变量的个数画空白的卡诺图如下。

AB\CD	00	01	11	10
00				
01				
11				
10				

变量的个数有 4 个，分别是 A、B、C、D，故空白卡诺图的方格数为 2^4 个，即 16 个。

将逻辑函数最小项在空白卡诺图所对应的方格内填 1，其余的方格填入 0。

AB\CD	00	01	11	10
00	0	0	1	0
01	0	0	1	1
11	0	1	1	0
10	0	1	1	0

2）按化简方法，将相邻的 1 方格圈起来，直到所有的 1 方格被圈完为止。

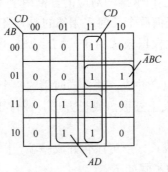

3）将每个圈所表示的最小项写出并相加，得到逻辑函数的最简与或表达式：

$$Y = AD + CD + \overline{A}BC$$

■ 7.4　组合逻辑电路的分析 ■

☞**学习目标**
1）了解组合逻辑电路的读图方法、步骤。
2）能根据逻辑电路写出函数表达式。

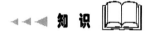

7.4.1　分析步骤

组合逻辑电路是由基本逻辑门和复合逻辑门电路组合而成的，组合逻辑电路的特点是不具有记忆功能，电路某一时刻的输出直接由该时刻电路的输入状态所决定，与输入信号作用前的电路状态无关。

组合逻辑电路的分析，就是要看懂和理解逻辑电路图，只有这样才能明确电路的基本功能，进而对电路进行应用、测试、维修、验证和说明。组合逻辑电路的分析一般按照下面的步骤进行，如图 7.11 所示。

图 7.11　组合逻辑电路的分析步骤

1）根据给定的逻辑原理电路图，由输入到输出逐级推导出逻辑函数表达式。
2）对所得到的表达式进行化简和变换，得到最简式。
3）由简化的逻辑函数表达式列出真值表。
4）根据真值表分析、确定电路所完成的逻辑功能。

7.4.2　运用举例

【**例 7.15**】　分析如图 7.12 所示电路的逻辑功能。

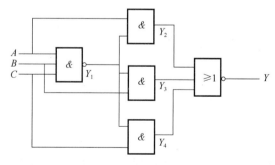

图 7.12　逻辑功能分析图

解 第一步，根据逻辑电路逐级写出逻辑表达式。

$$Y_1 = \overline{ABC}$$

$$Y_2 = AY_1 = A\overline{ABC}$$

$$Y_3 = BY_1 = B\overline{ABC}$$

$$Y_4 = CY_1 = C\overline{ABC}$$

$$Y = \overline{Y_2 + Y_3 + Y_4} = \overline{A\overline{ABC} + B\overline{ABC} + C\overline{ABC}} = \overline{(A + B + C)\overline{ABC}}$$

$$= \overline{(A + B + C)} + ABC = \overline{A}\,\overline{B}\,\overline{C} + ABC$$

第二步，由化简后的逻辑函数列出其真值表，见表 7.10。

表 7.10　函数 $Y = \overline{A}\,\overline{B}\,\overline{C} + ABC$ 的真值表

输入			输出 $Y = \overline{A}\,\overline{B}\,\overline{C} + ABC$
A	B	C	Y
0	0	0	1
0	0	1	0
0	1	1	0
0	1	0	0
1	0	0	0
1	0	0	0
1	1	0	0
1	1	1	1

第三步，分析确定电路逻辑功能。

从上面的真值表可以看出，只有 $ABC = 000$ 和 111 时 $Y = 1$，否则 $Y = 0$，从而可以看出该电路的功能是用来判断输入信号是否相同，相同时输出为 1，不同时输出为 0，即为"一致判别电路"。

■ 7.5　组合逻辑电路的设计 ■

☞**学习目标**

1）了解组合逻辑电路的设计方法。

2）熟记组合逻辑电路的设计步骤。

◀◀◀ **知识**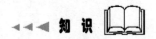

7.5.1　设计步骤

组合逻辑电路的设计就是根据给定的功能要求，画出实现该功能最简单的组合逻辑电路。组合逻辑电路的设计一般按照下面的步骤进行，如图 7.13 所示。

图 7.13 组合逻辑电路的设计步骤

1）根据实际问题的逻辑关系建立真值表。

2）由真值表写出逻辑函数表达式。

3）化简逻辑函数式。

4）根据逻辑函数式画出由门电路组成的逻辑电路图。

7.5.2 实用设计举例

【例 7.16】 试设计一个投票表决器，三个人分别用 A、B、C 表示，用 1 表示同意票，用 0 表示反对票，但必须有两个或两个以上人同意时才能算通过。投票通过时输出 $Y=1$，不通过时输出 $Y=0$。

解 第一步，根据实际问题的逻辑关系建立真值表，见表 7.11。

表 7.11 三人表决器真值表

输入			输出	有效项
A	B	C	Y	
0	0	0	0	
0	0	1	0	
0	1	0	0	
0	1	1	1	√
1	0	0	0	
1	0	1	1	√
1	1	0	1	√
1	1	1	1	√

第二步，由真值表写出逻辑函数表达式（将真值表中有效项相加）。

$$Y=\overline{A}BC+A\overline{B}C+AB\overline{C}+ABC$$

第三步，用公式对上面的逻辑函数进行化简。

$$
\begin{aligned}
Y &= \overline{A}BC+A\overline{B}C+AB\overline{C}+ABC \\
&= BC(A+\overline{A})+A\overline{B}C+AB\overline{C} \\
&= BC+A\overline{B}C+AB\overline{C}=C(B+A\overline{B})+AB\overline{C} \\
&= C(B+A)+AB\overline{C}=BC+AC+AB\overline{C} \\
&= BC+A(C+B\overline{C})=BC+A(C+B) \\
&= BC+AC+AB=\overline{\overline{BC}\ \overline{AC}\ \overline{AB}}
\end{aligned}
$$

第四步，根据上面的逻辑表达式画出相应的逻辑电路图，如图 7.14 所示。

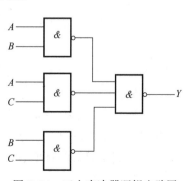

图 7.14 三人表决器逻辑电路图

在数字电路系统中组合逻辑电路应用很广泛。为了方便工程应用，常把某些具有特定逻辑功能的组合电路设计成标准化电路，并制造成中小规模集成电路产品，常见的有编码器、译码器、加法器、数值比较器、数据选择器、数据分配器和运算器等。

■ 7.6 常用组合逻辑集成电路 ■

☞学习目标
1）理解编码和解码的基本概念。
2）了解编码器和解码器集成电路的基本功能及应用。
3）掌握半导体数码管的内部结构和应用方法。

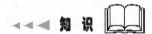

知 识

7.6.1 编码器

在数字系统中，通常要把输入的各种信息（如文字、符号、十进制数等）转换成二进制代码，而称这种转换的过程为编码。能够实现编码的组合逻辑电路称为编码器。常见的编码器有二进制编码器、二-十进制编码器（BCD 编码器）和优先编码器等。

1. 二进制编码器

能够将各种输入信息编成二进制代码的电路称为二进制编码器。由于 1 位二进制代码可以表示 0、1 两种不同的输入信号，2 位二进制代码可以表示 00、01、10、11 四种不同的输入信号，3 位二进制代码可以表示 000、001、010、011、100、101、110、111 八种不同的输入信号，4 位二进制代码可以表示 0000、0001、0010、0011、0100、0101、0110、0111、1000、1001、1010、1011、1100、1101、1110、1111 十六种不同的输入信号，由此可知，2^n 个输入信号只需 n 位二进制代码就可以完成编码，即需要 n 个输出端口。图 7.15 是 3 位二进制编码器的示意图。

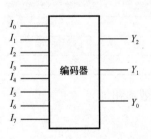

图 7.15　3 位二进制编码器

由图 7.15 可知，3 位二进制编码器的 $\overline{I_0}$，$\overline{I_1}$，$\overline{I_2}$，$\overline{I_3}$，…，$\overline{I_7}$ 为 8 路输入端，分别代表十进制数的 0，1，2，…，7 八个数字。编码器的输出是 3 位二进制代码，分别用 $\overline{Y_2}$，$\overline{Y_1}$，$\overline{Y_0}$ 表示。在任意时刻编码器只能对 $\overline{I_0}$，$\overline{I_1}$，$\overline{I_2}$，$\overline{I_3}$，…，$\overline{I_7}$ 中的一个输入信号进行编码，而不能同时对多路输入进行编码，即不能同时输入多个有效信号，从而可列出 3 位二进制编码器的真值表，见表 7.12。

表 7.12　3 位二进制编码器的真值表

十进制数	编码输入								输出		
	$\overline{I_7}$	$\overline{I_6}$	$\overline{I_5}$	$\overline{I_4}$	$\overline{I_3}$	$\overline{I_2}$	$\overline{I_1}$	$\overline{I_0}$	$\overline{Y_2}$	$\overline{Y_1}$	$\overline{Y_0}$
0	0	0	0	0	0	0	0	1	0	0	0
1	0	0	0	0	0	0	1	0	0	0	1
2	0	0	0	0	0	1	0	0	0	1	0
3	0	0	0	0	1	0	0	0	0	1	1
4	0	0	0	1	0	0	0	0	1	0	0
5	0	0	1	0	0	0	0	0	1	0	1
6	0	1	0	0	0	0	0	0	1	1	0
7	1	0	0	0	0	0	0	0	1	1	1

从真值表可以得出逻辑函数表达式为

$$Y_2 = I_4 + I_5 + I_6 + I_7$$
$$Y_1 = I_2 + I_3 + I_6 + I_7 \qquad (7.9)$$
$$Y_0 = I_1 + I_3 + I_5 + I_7$$

由逻辑表达式可以画出 3 位二进制编码器的逻辑图，如图 7.16 所示。$\overline{I_0}$ 的编码是隐含的，即当 $\overline{I_1} \sim \overline{I_7}$ 都为 0 时，电路的输出就是 $\overline{I_0}$ 的编码。

2. 优先编码器

图 7.16　3 位二进制编码器逻辑图

上面介绍的编码器在工作时仅允许有一个输入信号有效，如有两个或两个以上有效信号同时输入，则编码器输出就会出错。为了避免出现这种错误应选用优先编码器。优先编码器在同时输入两个或两个以上有效输入信号时，只将优先级别高的输入信号进行编码，优先级别低的输入信号则不起作用。

74LS147 是常用的 8421BCD 码集成优先编码器，其内部逻辑电路图和集成芯片引脚图如图 7.17 所示。74LSL47 有 $\overline{I_0} \sim \overline{I_9}$ 10 个输入端和 $\overline{Y_0} \sim \overline{Y_3}$ 4 个输出端，输入和输出都是低电平有效。

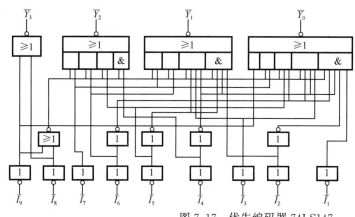
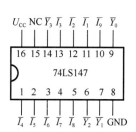

图 7.17　优先编码器 74LS147

优先编码器 74LS147 的真值表如表 7.13 所示。

表 7.13　优先编码器 74LS147 的真值表

输入									输出			
$\overline{I_1}$	$\overline{I_2}$	$\overline{I_3}$	$\overline{I_4}$	$\overline{I_5}$	$\overline{I_6}$	$\overline{I_7}$	$\overline{I_8}$	$\overline{I_9}$	$\overline{Y_3}$	$\overline{Y_2}$	$\overline{Y_1}$	$\overline{Y_0}$
1	1	1	1	1	1	1	1	1	1	1	1	1
×	×	×	×	×	×	×	×	0	0	1	1	0
×	×	×	×	×	×	×	0	1	0	1	1	1
×	×	×	×	×	×	0	1	1	1	0	0	0
×	×	×	×	×	0	1	1	1	1	0	0	1
×	×	×	×	0	1	1	1	1	1	0	1	0
×	×	×	0	1	1	1	1	1	1	0	1	1
×	×	0	1	1	1	1	1	1	1	1	0	0
×	0	1	1	1	1	1	1	1	1	1	0	1
0	1	1	1	1	1	1	1	1	1	1	1	0

由表 7.13 可知，当 $\overline{I_9}$ 为 0（低电平有效）时，不论 $\overline{I_0} \sim \overline{I_8}$ 是 0 还是 1，均只按 $\overline{I_9}$ 有效进行编码，编码器输出为 9 的 8421BCD 码的反码 0110。表中"×"表示不论是 0 还是 1。从表中可得优先编码器 74LS147 的优先级别由高到低依次为 $\overline{I_9}$，$\overline{I_8}$，$\overline{I_7}$，$\overline{I_6}$，$\overline{I_5}$，$\overline{I_4}$，$\overline{I_3}$，$\overline{I_2}$，$\overline{I_1}$，$\overline{I_0}$。$\overline{I_0}$ 的编码是隐藏的，当 $\overline{I_1} \sim \overline{I_9}$ 都没有有效信号输入时编码器的输出为 $\overline{I_0}$ 的编码。

7.6.2　译码器

译码是编码的逆过程，其功能是把某种输入代码翻译成一个相应的输出信号，例如把编码器产生的二进制代码还原为原来的十进制数就是一个典型的应用。能完成译码过程的电路称为译码器，译码器也是多端输入和多端输出的逻辑电路，按照不同的功能，译码器可分为通用译码器和显示译码器。

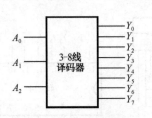

图 7.18　3-8 线译码器的方框图

将二进制代码按其原意翻译成相应输出信号的电路，称为二进制译码器。二进制译码器有 n 个输入端和 2^n 个输出端，可分为 2-4 线译码器、3-8 线译码器和 4-16 线译码器等。图 7.18 为 3-8 线译码器的方框图，集成电路 74LS138 即为常用的 3-8 线译码器，其内部逻辑图和引脚图如图 7.19 所示。

74LS138 具有使能控制功能，由图 7.19 可知，EN＝0 时，封锁了译码器的输出，译码器处于不工作状态，只有满足 EN＝1 时，译码器才会处于译码状态，即 $S_A \cdot \overline{S_B} \cdot \overline{S_C}=1$。

74LS138 的真值表如表 7.14 所示。

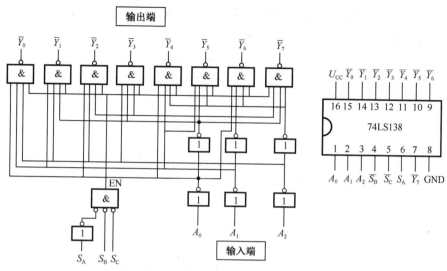

图 7.19　74LS138 的内部逻辑图和引脚图

表 7.14　74LS138 的真值表

输入					输出							
S_A	$\overline{S_B}+\overline{S_C}$	A_2	A_1	A_0	Y_0	Y_1	Y_2	Y_3	Y_4	Y_5	Y_6	Y_7
$\times$	1	$\times$	$\times$	$\times$	1	1	1	1	1	1	1	1
0	$\times$	$\times$	$\times$	$\times$	1	1	1	1	1	1	1	1
1	0	0	0	0	0	1	1	1	1	1	1	1
1	0	0	0	1	1	0	1	1	1	1	1	1
1	0	0	1	0	1	1	0	1	1	1	1	1
1	0	0	1	1	1	1	1	0	1	1	1	1
1	0	1	0	0	1	1	1	1	0	1	1	1
1	0	1	0	1	1	1	1	1	1	0	1	1
1	0	1	1	0	1	1	1	1	1	1	0	1
1	0	1	1	1	1	1	1	1	1	1	1	0

由表 7.14 的真值表可知，当 74LS138 处于译码状态时，其各输出端的逻辑表达式为

$$\overline{Y_0} = \overline{\overline{A_2}\,\overline{A_1}\,\overline{A_0}} \qquad \overline{Y_1} = \overline{\overline{A_2}\,\overline{A_1}A_0}$$

$$\overline{Y_2} = \overline{\overline{A_2}A_1\,\overline{A_0}} \qquad \overline{Y_3} = \overline{\overline{A_2}A_1A_0}$$

$$\overline{Y_4} = \overline{A_2\,\overline{A_1}\,\overline{A_0}} \qquad \overline{Y_5} = \overline{A_2\,\overline{A_1}A_0} \tag{7.10}$$

$$\overline{Y_6} = \overline{A_2A_1\,\overline{A_0}} \qquad \overline{Y_7} = \overline{A_2A_1A_0}$$

7.6.3　显示器

在数字系统中，如数字仪器仪表、数字钟等常常需要将测量数据和运算结果用十进制数字的形式显示出来，译码显示电路的功能是将输入的 BCD 码译成能用于显示器的

十进制数信号，并驱动显示器显示数字。译码显示电路通常由译码电路、驱动电路和显示器 3 部分组成，逻辑框图如图 7.20 所示。

图 7.20 译码显示电路逻辑框图

常用的数码显示器有半导体数码管、液晶数码管和荧光数码管等。半导体数码管是将 7 个或 8 个发光二极管排列成"日"字或"日."的形状制成的，发光二极管分别用 a、b、c、d、e、f、g 七个或 a、b、c、d、e、f、g、h 八个小写字母代表，不同的发光线段组合就能显示不同的十进制数字，如图 7.21 所示。

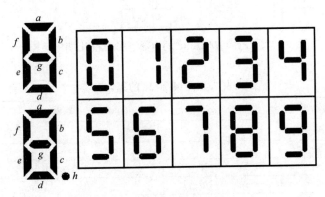

图 7.21 七段或八段数码管的字形

半导体七段或八段数码管显示 0~9 十个数字所对应的 a~g 七个发光二极管的发光组合如表 7.15 所示，表中 1 表示发光，0 表示不发光。

表 7.15 七段或八段显示组合与数字对照表

数字	对应组合						
	a	b	c	d	e	f	g
0	1	1	1	1	1	1	0
1	0	1	1	0	0	0	0
2	1	1	0	1	1	0	1
3	1	1	1	1	0	0	1
4	0	1	1	0	0	1	1
5	1	0	1	1	0	1	1
6	1	0	1	1	1	1	1
7	1	1	1	0	0	0	0
8	1	1	1	1	1	1	1
9	1	1	1	1	0	1	1

半导体数码管按照其内部二极管的接法可分为共阴极和共阳极两种，共阴极数码管

内部的发光二极管负极连接在一起接低电平，$a \sim g$ 各引脚接上高电平时发光。共阳极数码管内部的发光二极管正极连接在一起接高电平，$a \sim g$ 各引脚接上低电平时发光。共阴极和共阳极数码管的内部结构如图 7.22 所示。

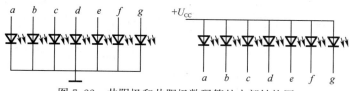

图 7.22　共阴极和共阳极数码管的内部结构图

有些译码器将输入端的 4 个 BCD 码直接译成驱动数码管的信号，输出和数码管的 $a \sim g$ 段相对应，可以显示出相应的十进制数码 $0 \sim 9$，这样的译码器称之为显示译码器。

■ 动手做　红外线遥控接收器 ■

☞**学 习 目 标**

1）掌握非门振荡的工作原理。

2）掌握继电器的工作原理。

3）了解红外线遥控接收器电路的工作原理。

4）掌握红外线遥控接收器电路的安装工艺与调试方法。

5）能够使用万用表测量电路关键点的电压或电流。

6）能够使用示波器测量波形。

◄◄◄ **动手做**

动手做 1　剖析电路工作原理

1．电路原理图

如图 7.23 所示为红外线遥控接收器电路原理图。

微课
红外线遥控接收器电路分析

2．工作原理分析

本电路由 6 个部分组成，分别是低频振荡器、载波振荡器、红外线发射驱动电路、红外线接收电路、双稳态电路、继电器开关电路。

1）低频振荡器由 U_{1A}、U_{1B} 及外围阻容元件组成，当 S_1 闭合时，TP_5 处输出方波，其振荡频率 f_1 由 C_1 与 R_2 的大小决定，计算公式为 $f = 1/(2.2R_2C_1)$。

2）载波振荡器由 VD_4、U_{1D}、U_{1E}、U_{1F} 及外围的阻容元件组成，当 S_1 闭合、S_2 断开时，TP_6 输出方波，其振荡频率 f_0 由 C_2、R_4 与 R_{P1} 的大小决定，调节 R_{P1} 可改变输出频率的大小，R_{P1} 越小，TP_6 处输出频率越大，反之同理。在本电路中需要调节 R_{P1}，

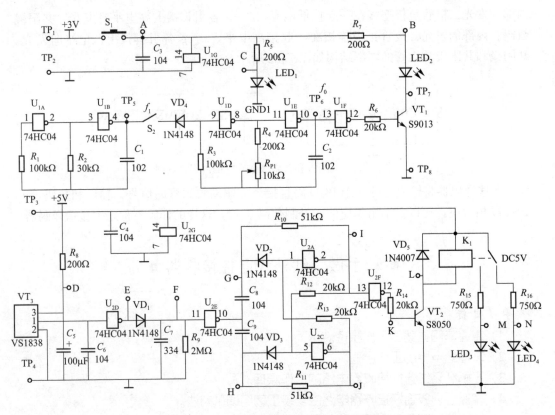

图 7.23　红外线遥控接收器电路原理图

使 TP_6 处频率为 38kHz 左右，通过 U_{1F} 将 TP_6 处波形反相整形。当 S_2 闭合时，f_1 对 f_0 进行调制，只有 TP_5 为高电平时，载波振荡器才能起振。因此，TP_6 输出的波形是断续的载波，这也是经红外线发射二极管传送的波形。

3）红外线发射驱动电路由 S_1、VT_1、LED_2（红外线发射管）及外围阻容元件组成，当按下 S_1 时，U_1 电源接通，U_{1F} 输出 38kHz 的方波通过 VT_1 放大驱动 LED_2 向外发射红外线，同时指示灯 LED_1 发光。

4）红外线接收电路由 VS1838 红外线遥控接收管 VT_3、R_8、U_{2D}、VD_1、R_9、C_7、U_{2E} 组成，其中 C_7、R_9 组成延时电路。在平常状态，VT_3 的 1 脚保持高电平。当 VT_3 接收到 LED_2 的 38kHz 红外线信号时，1 脚会产生一个低电平脉冲，经 U_{2D} 反相输出高电平，VD_1 导通，对 C_7 充电，U_{2E} 反相产生一个低电平脉冲加载到后级双稳态电路。

5）双稳态电路由 U_{2A}、U_{2C}、VD_2、VD_3 及外围阻容元件组成。U_{2A} 与 U_{2C} 通过 R_{12}、R_{13} 首尾相连，I 点与 J 点输出状态相反，当 J 点为高电平，I 点为低电平时，VD_2 处于微导通状态，VD_3 处于截止状态，若 U_{2E} 输出一个低电平脉冲，VD_2 先导通，U_{2A} 的 1 为低电平，经 U_{2A} 反相，I 点为高电平，J 点为低电平。由此可见，每当 U_{2E} 输出一个低电平脉冲，双稳态电路输出状态就可改变一次。

6）继电器开关电路由 U_{2F}、继电器 K_1、VD_5 等组成。当 K 点为低电平时，LED_4 发光；

当 K 点为高电平时，继电器开关吸合，LED$_3$ 发光。VD$_5$ 为续流二极管，当 VT$_2$ 截止时，继电器中线圈的电流突然中断，线圈中会产生反向电动势，这个反向电动势与电源电压叠加在 VT$_2$ 的两端，容易使 VT$_2$ 击穿，加上 VD$_5$ 将反向电动势短路，从而保护 VT$_2$。

动手做 2　准备工具及材料

1. 准备制作工具

电烙铁、烙铁架、电子钳、小的一字螺钉旋具、尖嘴钳、镊子、万用表、静电手环、直流稳压电源、示波器等。

2. 材料清单

制作红外线遥控接收器电路的材料清单如表 7.16 所示。

表 7.16　材料清单

序号	标号	参数或型号	数量	序号	标号	参数或型号	数量
1	R_1、R_3	100kΩ	2	16	LED$_2$	φ5 红外线发射管（透明）	1
2	R_2	30kΩ	1	17	LED$_3$	φ5 绿色 LED	1
3	R_4、R_5、R_7、R_8	200Ω	4	18	VT$_1$	S9013	1
4	R_6、R_{12}、R_{13}、R_{14}	20kΩ	4	19	VT$_2$	S8050	1
5	R_9	2MΩ	1	20	VT$_3$	VS1838	1
6	R_{10}、R_{11}	51kΩ	2	21	S$_1$	轻触按钮	1
7	R_{15}、R_{16}	750Ω	2	22	S$_2$	2 脚排针	1
8	R_{P1}（3296 型）	10kΩ	1	23		短接帽	1
9	C_1、C_2	102	2	24	TP$_1$～TP$_7$	φ1.3 插针	7
10	C_3、C_4、C_6、C_8、C_9	104	5	25	U$_1$、U$_2$	74HC04	2
11	C_5	100μF/25V	1	26		DIP14 插座	2
12	C_7	334	1	27	K$_1$	4100 型 DC5V 继电器	1
13	VD$_1$～VD$_4$	1N4148	4	28		3V 电池盒	1
14	VD$_5$	1N4007	1	29		5 号 1.5V 干电池	2
15	LED$_1$、LED$_4$	φ5 红色 LED	2	30		配套双面 PCB	1

3. 识别与检测元器件

1) 识别与测量电阻器。按表 7.17 所示要求识读与测量电阻器并记录。

表 7.17　识读与测量电阻器记录表

序号	标号	色环	标称值	万用表检测值	万用表挡位
1	R_1、R_3				
2	R_2				

续表

序号	标号	色环	标称值	万用表检测值	万用表挡位
3	R_4、R_5、R_7、R_8				
4	R_6、R_{12}、R_{13}、R_{14}				
5	R_9				
6	R_{10}、R_{11}				
7	R_{15}、R_{16}				

2）识别与测量电容器。按表 7.18 所示的要求识别电容器名称，标称容量与检测容量，并记录。

表 7.18　识别与测量电容器记录表

序号	标号	电容器名称	标称容量	万用表检测值	耐压	性能判别（良好或损坏）
1	C_1、C_2					
2	C_3、C_4、C_6、C_8、C_9					
3	C_5					
4	C_7					

3）识别与测量二极管。按表 7.19 所示的要求识别二极管的名称，判别二极管的性能并记录。

表 7.19　识别与测量二极管记录表

序号	标号	二极管名称	正向测量结果（导通或截止）	反向测量结果（导通或截止）	万用表挡位	性能判别（良好或损坏）
1	$VD_1 \sim VD_4$					
2	VD_5					
3	LED_1、LED_4					
4	LED_2					
5	LED_3					

4）识别与检测晶体管。按表 7.20 所示的要求识别晶体管的型号，判别管型、引脚名称，测量直流放大倍数，并记录。

表 7.20　识别与检测晶体管记录表

序号	标号	晶体管型号	管型（NPN 或 PNP）	引脚排列（e、b、c）	直流放大倍数
1	VT_1			2—（　　） 3—（　　）	

序号	标号	晶体管型号	管型 (NPN 或 PNP)	引脚排列 (e、b、c)		直流放大倍数
2	VT$_2$				1—（　　） 3—（　　）	

5）识别与测量轻触开关。按表 7.21 中的要求识别与测量轻触开关引脚与性能并记录。

表 7.21　识别与测量轻触开关记录表

标号	电路图符号	根据电路图符号标出引脚号	万用表 挡位	性能判别 （良好或损坏）
S$_1$				

6）识别与检测电位器。按表 7.22 所示的要求识读电位器的标称阻值，测量阻值可调范围、判定性能并记录。

表 7.22　识别与检测电位器记录表

标号	电位器外形	元器件名称	标称阻值	实测阻值可调范围	性能判定
R$_{P1}$					

7）识别与测量继电器。按表 7.23 的要求测量继电器线圈的阻值，判断继电器引脚与性能并记录。

表 7.23　识别与检测电位器记录表

标号	元器件 名称	电路图符号	根据电路图标出继电器引脚位号	线圈阻值	性能判定 （良好或损坏）
K$_1$					

动手做 3　安装步骤

1. 红外线遥控接收器电路安装顺序与工艺

元器件按照先低后高、先易后难、先轻后重、先一般后特殊的原则进行安装，注意本电路中的 1N4007、发光二极管、红外线发射管与接收管、电解电容器、集成芯片等极性元器件的引脚不能装反。元器件安装顺序与工艺要求如表 7.24 所示。

表 7.24　元器件安装顺序及工艺

步骤	元器件名称	安装工艺要求
1	电阻器 $R_1 \sim R_{16}$	① 水平卧式安装，色环朝向一致； ② 电阻器本体紧贴 PCB，两边引脚长度一样； ③ 剪脚留头在 1mm 以内，不伤到焊盘
2	普通二极管 $VD_1 \sim VD_5$	① 区分二极管的正负极，水平卧式安装； ② 二极管本体紧贴 PCB，两边引脚长度一样； ③ 剪脚留头在 1mm 以内，不伤到焊盘
3	瓷片电容器 $C_1 \sim C_4$、$C_6 \sim C_9$	① 看清电容的标识位置，使在 PCB 上字标可见度尽可能要大； ② 垂直安装，瓷片电容器引脚根基距离 PCB 1～2mm； ③ 剪脚留头在 1mm 以内，不伤到焊盘
4	测试插针 $TP_1 \sim TP_7$	① 对准 PCB 孔直插到底，垂直安装，不得倾斜； ② 不剪脚
5	集成芯片插座 U_1、U_2	① 注意集成块插座的缺口方向与 PCB 图标上缺口方向一致； ② 对准 PCB 焊盘孔直插到底，与 PCB 面完全贴合； ③ 不剪脚
6	轻触开关 S_1	① 对准 PCB 孔直插到底，垂直安装，不得倾斜； ② 不剪脚
7	电解电容器 C_5	① 正确区分电容器的正负极、电容器的容量，电容器垂直安装，紧贴 PCB； ② 剪脚留头在 1mm 以内，不伤到焊盘
8	电位器 R_{P1}	① 注意区分电位器的型号； ② 将晶体管有 3 只引脚对准 PCB 插孔插装，直插到底； ③ 剪脚留头在 1mm 以内，不伤到焊盘
9	晶体管 $VT_1 \sim VT_4$	① 注意区分晶体管型号； ② 将晶体管有 3 只引脚对准 PCB 插孔插装，引脚留长 3～5mm； ③ 剪脚留头在 1mm 以内，不伤到焊盘
10	发光二极管 LED_1、LED_3、LED_4	① 注意区分发光二极管的正负极； ② 垂直安装，紧贴电路板或安装到引脚上的凸出点位置； ③ 剪脚留头在 1mm 以内，不伤到焊盘
11	红外线发射管 LED_2	① 注意区分红外线发射管的正负极； ② 对准 PCB 上的图标，折弯引脚，元器件本体距离 PCB 3mm； ③ 剪脚留头在 1mm 以内，不伤到焊盘
12	继电器 K_1	① 将继电器的 6 只引脚对准 PCB 焊盘孔，直插到底，与 PCB 的板面完全贴合； ② 不剪脚

续表

步骤	元器件名称	安装工艺要求
13	红外线接收管 VT$_3$	① 注意红外线接收管的引脚顺序; ② 将红外线接收面朝向红外线发射管,引脚留长 1~3mm; ③ 剪脚留头在 1mm 以内,不伤到焊盘
14	集成芯片 U$_1$、U$_2$	① 电路安装完成后,用万用表检测与芯片对应的供电端引脚,电压是否正常; ② 供电端引脚正常后,断开 PCB 总电源; ③ 将芯片放在桌面上整排整形; ④ 使芯片的缺口对准 PCB 图标上缺口,用力将芯片引脚插入芯片插座内

2. 安装红外线遥控接收器电路

1)如图 7.24 所示为红外线遥控接收器印刷电路板图。

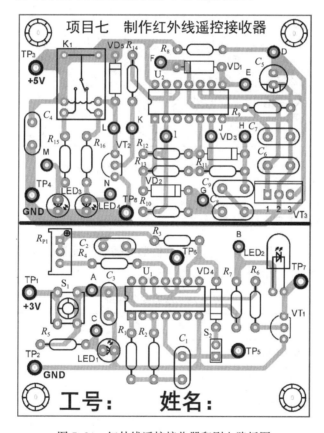

图 7.24　红外线遥控接收器印刷电路板图

2)如图 7.25 所示为红外线遥控接收器元器件装配图。

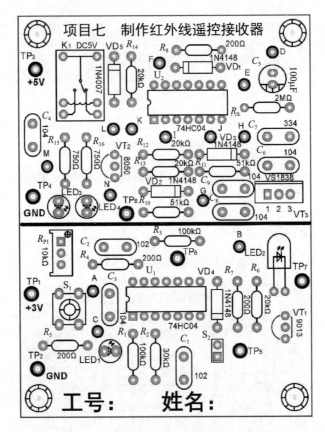

图 7.25　红外线遥控接收器元器件装配图

3. 评价电路安装工艺

根据评价标准，从元器件识别与检测、整形与插装、元器件焊接工艺三个方面对电路安装进行评价，将评价结果填入表 7.25 中。

表 7.25　电路安装评价

序号	评价分类	优	良	合格	不合格
1	元器件识别与检测				
2	整形与插装				
3	元器件焊接工艺				
评价标准	优	有 5 处或 5 处以下不符合要求			
	良	有 5 处以上、10 处以下不符合要求			
	合格	有 10 处以上、15 处以下不符合要求			
	不合格	有 15 处以上不符合要求			

动手做4　测量红外线遥控接收器电路的技术参数

1. 测量参数项目

1）利用万用表测量 A～I 各参考点的电压数值。

2）利用示波器测量 TP_5～TP_7 的电压波形。

2. 测量操作步骤

步骤1　测量前的检查

1）整体目测电路板上元器件有无全部安装，检查元器件引脚有无漏焊、虚焊、搭锡等情况。

2）检查红、绿发光二极管、红外线发射管、电解电容器等极性元器件引脚是否装错。

3）使用万用表检查电源输入端的电阻值，判别电源端是否有短路现象。

步骤2　通电观察电路

1）确认无误后，将直流电源电压调至直流＋5V，然后断开，将电源输出端与电路板供电端（TP_3、TP_4）相连，将电池盒的＋3V电压加到 TP_1、TP_2 处，观察电路板有无冒烟、有无异味、电容器有无炸裂、元器件有无烫手等现象，发现有异常情况立即断电，排除故障。

2）用万用表检测芯片对应的供电端引脚电压是否正常。

3）电压正常后，将直流电源断电，将芯片的缺口对准 PCB 图标上缺口，用力将芯片引脚插入芯片插座内。

步骤3　通电调试电路

1）接通电源与 S_2，LED_4 发光，LED_1、LED_3 不发光。

2）按下轻触开关 S_1，LED_1、LED_3 发光，LED_4 熄灭。

3）松开轻触开关 S_1，LED_1 熄灭、LED_3 仍发光，LED_4 不亮。

4）再次按下轻触开关 S_1，LED_1 发光、LED_3 熄灭，LED_4 发光。

5）再次松开轻触开关 S_1，LED_1 熄灭、LED_3 不发光，LED_4 仍发光。

步骤4　待电路完全正常后，测量电路中关键点的电压

1）按表7.26所示要求，按下 S_1，闭合 S_2 时，LED_3 发光时，测量指定点的工作电压或电流，并将结果记录在表7.26所示中。

表 7.26　电路静态参数测量记录表

序号	测量项目	测量值	万用表挡位	序号	测量项目	测量值	万用表挡位
1	A 点电压			5	E 点电压		
2	B 点电压			6	F 点电压		
3	C 点电压			7	G 点电压		
4	D 点电压			8	H 点电压		

续表

序号	测量项目	测量值	万用表挡位	序号	测量项目	测量值	万用表挡位
9	I 点电压			14	VD_1 两端电压		
10	J 点电压			15	VD_2 两端电压		
11	K 点电压			16	VD_3 两端电压		
12	M 点电压			17	VD_5 两端电压		
13	N 点电压			18	K_1 线圈两端电压		

2）根据表 7.26 电压测量值，按表 7.27 判断下列各元器件的工作状态。

表 7.27　判断各元器件工作状态记录表

序号	标号	工作状态	序号	标号	工作状态
1	VD_1		4	VD_5	
2	VD_2		5	VT_2	
3	VD_3				

步骤 5　测量动态参数

接通 S_1，断开 S_2 时，用示波器测量 TP_5、TP_6、TP_7 处电压波形。

1）测量 TP_5 处电压波形，将波形记录在表 7.28 中。

表 7.28　TP_5 处电压波形记录表

测量内容	要求	
1. 将示波器耦合方式置于"直流耦合"； 2. 测量 TP_5 处的波形	1. 标出耦合方式为"接地"时的基准位置	
	2. 画出 TP_5 处的电压波形	
	3. 标出波形的峰点、谷点的电位值	
	4. 读出波形的周期或频率	
	5. 读出占空比	
TP5 处的波形	测量值记录	
	u/div	
	t/div	
	周期	
	峰-峰值	
	峰点电压	
	谷点电压	
	正占空比	

2）测量 TP_6、TP_7 电压波形，将波形记录在表 7.29 中。

表 7.29 TP₆、TP₇ 电压波形记录表

测量内容	要求		
1. 将示波器耦合方式置于"直流耦合"; 2. 测量 TP₆ 处的波形; 3. 测量 TP₇ 处的波形	1. 标出耦合方式为"接地"时的基准位置		
	2. 画出两个测量点输出端的电压波形		
	3. 标出波形的峰点、谷点的电位值		
	4. 读出波形的周期或频率		
	5. 画出二处波形的时序关系		
TP₆ 处与 TP₇ 处波形	测量值记录		
	测量项目	TP₆ 处	TP₇ 处
	u/div		
	t/div		
	周期		
	峰-峰值		
	峰点电压		
	谷点电压		
	两者相位关系		
	两者频率大小关系		

步骤6 评价参数测量结果

根据仪器仪表使用情况与测量数据记录进行评价,将评价结果记录在表 7.30 中。

表 7.30 评价记录表

序号	评价分类	优 (3 处以下错误)	良 (4~6 处错误)	合格 (7~10 处错误)	不合格 (11 处以上错误)
1	仪表使用规范				
2	测量数值记录				

■ 项目小结 ■

1) 基本门电路有与门、或门和非门三种,由基本门电路组成的复合门电路有与非门、或非门、与或非门和异或门等,它们是构成各种数字电路的基本单元。对其真值表功能、逻辑代数表达式应熟练掌握。

2) 数制有二进制、十进制和十六进制等,它们之间可以相互转换。

3) BCD 码有 8421 码、5421 码、2421 码和余 3 码等,它们都可以对十进制数进行编码。

4）逻辑函数的化简有利于电路的简化，可减少器件和提高电路工作的效率和可靠性。化简逻辑函数的方法有很多，主要的两种是公式化简法和卡诺图化简法。

5）组合逻辑电路由门电路组成，它的特点是没有记忆功能，输出仅仅取决于当前的输入状态，而与电路之前的状态无关。

6）组合逻辑电路的读图是根据已知的逻辑电路图，逐级推断找出输出和输入之间的逻辑关系，确定电路的逻辑功能。

7）组合逻辑电路的设计是其电路分析的逆过程，其任务是根据需要设计一个满足要求的最佳逻辑电路。

8）组合逻辑电路多采用集成电路来实现，其种类很多，应用很广泛，常见的有编码器、译码器等等。

9）本书中所列仅为部分集成电路型号，更多元器件可通过查阅数字集成电路手册，应学会使用元器件手册或其他途径，如因特网等获取元器件信息的方法，这是学习电子技术的必要手段。

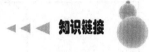

◀ ◀ ◀ 知识链接

集成电路的工艺与发展

一、集成电路的工艺

把电路所需要的晶体管、二极管、电阻器和电容器等元器件用一定工艺方式制作在一小块硅片、玻璃或陶瓷衬底上，再用适当的工艺进行互连，然后封装在一个管壳内即为集成电路，它使整个电路的体积大大缩小，引出线和焊接点的数目也大为减少。集成的设想出现在 50 年代末和 60 年代初，是采用硅平面技术和薄膜与厚膜技术来实现的。

电子集成技术按工艺方法分为以硅平面工艺为基础的单片集成电路、以薄膜技术为基础的薄膜集成电路和以丝网印刷技术为基础的厚膜集成电路。

1. 单片集成电路工艺

利用研磨、抛光、氧化、扩散、光刻、外延生长、蒸发等一整套平面工艺技术，在一小块硅单晶片上同时制造晶体管、二极管、电阻器和电容器等元器件，并且采用一定的隔离技术使各元器件在电性能上互相隔离。然后在硅片表面蒸发铝层并用光刻技术刻蚀成互连图形，使元器件按需要互连成完整电路，制成半导体单片集成电路。随着单片集成电路从小、中规模发展到大规模、超大规模集成电路，平面工艺技术也随之得到发展。例如，扩散掺杂改用离子注入掺杂工艺；紫外光常规光刻发展到一整套微细加工技术，如采用电子束曝光制版、等离子刻蚀、反应离子铣等；外延生长又采用超高真空分子束外延技术；采用化学汽相淀积工艺制造多晶硅、二氧化硅和表面钝化薄膜；互连细线除采用铝或金以外，还采用了化学汽相淀积重掺杂多晶硅薄膜和贵金属硅化物薄膜，以及多层互连结构等工艺。

2. 薄膜集成电路工艺

整个电路的晶体管、二极管、电阻器、电容器和电感器等元器件及其间的互连线，全部用厚度在 1μm 以下的金属、半导体、金属氧化物、多种金属混合相、合金或绝缘介质薄膜，并通过真空蒸发工艺、溅射工艺和电镀等工艺重叠构成。用这种工艺制成的集成电路称薄膜集成电路。

薄膜集成电路中的晶体管采用薄膜工艺制作，它的材料结构有两种形式：①薄膜场效应硫化镉和硒化镉晶体管，还可采用碲、铟、砷、氧化镍等材料制作晶体管；②薄膜热电子放大器。薄膜晶体管的可靠性差，无法与硅平面工艺制作的晶体管相比，因而完全由薄膜构成的电路尚无普遍的实用价值。

实际应用的薄膜集成电路均采用混合工艺，也就是用薄膜技术在玻璃、微晶玻璃、镀釉或抛光氧化铝陶瓷基片上制备无源元件和电路元件间的互连线，再将集成电路、晶体管、二极管等有源器件的芯片和不便用薄膜工艺制作的功率电阻器、大电容值的电容器、电感器等元件用热压焊接、超声焊接、梁式引线或凸点倒装焊接等方式组装成一块完整电路。

3. 厚膜集成电路工艺

用丝网印刷工艺将电阻器、介质和导体涂料淀积在氧化铝、氧化铍陶瓷或碳化硅衬底上。淀积过程是使用一细目丝网制作各种膜的图案。这种图案用照相方法制成，凡是不淀积涂料的地方，均用乳胶阻住网孔。氧化铝基片经过清洗后印刷导电涂料，制成内连接线、电阻器终端焊接区、芯片粘附区、电容器的底电极和导体膜。制件经干燥后，在 750～950℃间的温度焙烧成形，挥发掉胶合剂及烧结导体材料，随后用印刷和烧制工艺制出电阻器、电容器、跨接、绝缘体和色封层。有源器件用低共熔焊、再流焊、低熔点凸点倒装焊或梁式引线等工艺制作，然后装在烧好的基片上，焊上引线便制成厚膜电路。厚膜电路的膜层厚度一般为 7～40μm。用厚膜工艺制备多层布线的工艺比较方便，多层工艺相容性好，可以大大提高二次集成的组装密度。

二、集成电路的发展

1947 年在美国贝尔实验室，肖克利、巴丁、布莱坦三位科学家因为发明了新的器件——晶体管，在 1956 年获得了诺贝尔物理学奖。

晶体管工作可靠性非常高，运行速度很快。1954 年，美国贝尔实验室用 800 支晶体管组建了世界上第一台晶体管的计算机，这台计算机是给 B-52 重型轰炸机用的，其耗电量只有 100W，最重要的是运算速度达到每秒钟 100 万次。

晶体管比电子管小很多，但是科学家们还是在不断追问是不是能把晶体管做得更小，是不是可以找到可靠性更好的元器件，于是就出现了集成电路，也就是今天人们所熟知的芯片。

1958 年 9 月 12 日，美国德州仪器公司的青年工程师杰克·基尔比，发明了集成电路的理论模型。1959 年，仙童公司的鲍勃·诺伊斯，后来的英特尔公司创始人，发明了集成电路制造方法——掩膜版曝光刻蚀技术。该技术一直沿用到今天，只不过在规模、精度上不断地发展，这两位科学家发明的集成电路对人类影响是非常巨大的。

在集成电路发明了 42 年以后，杰克·基尔比获得了 2000 年的诺贝尔物理学奖（鲍勃·诺伊斯当时已经去世）。

1962 年，IBM 公司开始运用集成电路制造计算机，1964 年在全球发布了一个系列 6 台计算机，起名叫 IBM360，功能极其强大，完成科学计算、事务处理等各种各样的内容。

几年以后，英特尔公司有一位年轻的科学家泰德·霍夫，设计了世界上第一款微处理器英特尔 4004。这个微处理器性能尚没有非常突出，是制造计算器用的。1981 年，IBM 组织了一个团队，在佛罗里达开发了影响全世界、全人类的重大产品——个人计算机，后来被称为 PC 机。应用了英特尔 8088 微处理器，其实它的速度很慢，但是在当时是非常了不起的。

芯片领域有一个著名的摩尔定律。其大致内容为：当价格不变时，集成电路上可容纳的元器件的数目，约每隔 18～24 个月便会增加一倍，性能也将提升 40%。半个多世纪以来，芯片制造工艺水平的演进不断验证着这一定律，持续推进的速度不断带动信息技术的飞速发展。

今天的芯片技术发展可用"神奇"来形容，制造工艺先进，体积不断地微缩，已经做到了 7nm，目前正加紧开发 3nm 和 2nm 技术，当然任何技术都有它的极限。

一是物理尺寸和功耗的极限。一般的芯片每平方厘米有几十瓦功耗，芯片应用时需要加散热器及风扇（风冷）。当功率密度达到每平方厘米 100 瓦以上时，风冷要换成水冷。超级计算机中需要通水管道，冷水进去温水出来达到散热效果。

为了降低功耗，把单核芯片设计成双核以及多核。延伸到手机，就出现了一个有趣的现象：买手机的时候售货员说，这个手机是 4 核的，4 核的功能强大。另外有人说，别买 4 核的，8 核的比 4 核好。实际上他们是片面理解，原因就是因为芯片做不成单核，才把它做成双核、4 核、8 核。从可编程性来说，单核是最好的，但是要达到 4 核的功率，单核的功耗会非常高，发热量太大。从技术上分析，是以系统的复杂性为代价解决功耗的问题。

二是工艺难度非常大。集成电路制造过程当中，掩膜的层数是在不断地变化，从 65nm 的 40 层，到 7nm 的 85 层。这么多层导致芯片的制造要花费更长的时间，中间环节一旦出错，芯片可能就报废了，也就是说工艺复杂度、风险度都成倍增加。

三是设计复杂度很高。因为有如此多的晶体管放在一颗芯片上，其通用性变得越来越差，于是出现了所谓的"高端通用芯片"，要去寻找更通用的解决方案，就得引入软件。软、硬件的协调运行增加了设计的复杂程度，有人感慨"芯片、软件两者密不可分，芯片是软件的驱体，软件是芯片的灵魂"。

当然，所有的工艺问题不仅是技术范畴，更重要的还有经济问题。摩尔定律 50 多年的发展过程，是芯片降价的过程，降价带来了最直接的效益。如今，芯片发展由于投入的增加、复杂度的增加，其成本在缓慢地增加的，28nm 之前的芯片成本是不断在下降，28nm 之后的成本却在逐渐地上升。可以预测，未来电子产品不再会像前几年那样不断地降价。

芯片技术的发展过程到今天为止，仍然没有看到它的终点。芯片技术的不断突破带动芯片产业持续发展。2019 年，全球集成电路芯片市场的产值已高达四千多亿美元，我国不仅是芯片最重要的消费市场之一，同时也正在竭尽全力，向全球芯片产业的第一梯队进发。

知 识 巩 固

一、是非题

1. 在非门电路中，输入高电平时，其输出为低电平。　　　　　　　（　　）

2. 与运算中，输入信号与输出信号的关系是"有 1 出 1，全 0 出 0"。　（　　）

3. 或运算中，输入信号与输出信号的关系是"有 1 出 0，全 0 出 1"。　（　　）

4. n 个变量的卡诺图共有 $2n$ 个小方格。　　　　　　　　　　　（　　）

5. 组合逻辑电路的特点是没有记忆功能。　　　　　　　　　　　　（　　）

6. 译码器的功能是将二进制数码还原成给定的信息。　　　　　　　（　　）

7. 编码器的功能是将二进制数码还原成给定的信息。　　　　　　　（　　）

二、选择题

1. "有 0 出 1，全 1 出 0"属于_____。

A. 与逻辑　　　　　B. 或逻辑　　　　　C. 非逻辑　　　　　D. 与非逻辑

2. "来 0 出 1，来 1 出 0"属于_____。

A. 与逻辑　　　　　B. 或逻辑　　　　　C. 非逻辑　　　　　D. 或非逻辑

3. 与非门的逻辑函数为_____。

A. $Y=\overline{AB+CD}$　　B. $Y=\overline{A+B}$　　C. $Y=\overline{AB}$　　D. $Y=\overline{A}B+A\overline{B}$

4. 或非门的逻辑函数为_____。

A. $Y=\overline{AB+CD}$　　B. $Y=\overline{A+B}$　　C. $Y=\overline{AB}$　　D. $Y=\overline{A}B+A\overline{B}$

5. 与或非门的逻辑函数为_____。

A. $Y=\overline{AB+CD}$　　B. $Y=\overline{A+B}$　　C. $Y=\overline{AB}$　　D. $Y=\overline{A}B+A\overline{B}$

6. 异或门的逻辑函数为_____。

A. $Y=\overline{AB+CD}$　　B. $Y=\overline{A+B}$　　C. $Y=\overline{AB}$　　D. $Y=\overline{A}B+A\overline{B}$

7. 二进制数 $(11101)_2$ 转为十进制数为_____。

A. 29　　　　　　　B. 57　　　　　　　C. 4　　　　　　　D. 15

8. 2、十进制数 366 转为二进制数为_____。

A. 101101111　　　B. 10111001　　　C. 101101110　　　D. 111101110

9. 与 $(19)_{10}$ 相对应的余 3BCD 码是_____。

A. 00101100　　　B. 01001100　　　C. 00110101　　　D. 01011010

10. 与 $(66)_{10}$ 相对应的二进制数为_____。

A. 1101011　　　　B. 01101010　　　　C. 1000010　　　　D. 01100111

11. $(01101000)_{8421}$ 码对应的十进制数是_____。

A. 24　　　　B. 38　　　　C. 105　　　　D. 68

12. 对逻辑函数的化简，通常是指将逻辑函数式简化成最简_____。

A. 或与式　　　B. 与非式　　　C. 与或式　　　D. 与或非式

13. n 个变量的卡诺图共有_____个小方格。

A. n　　　　B. $2n$　　　　C. n^2　　　　D. 2^n

14. 卡诺图的每个小方格对应逻辑函数的_____。

A. 最大项　　　B. 最小项　　　C. 最简项　　　D. 输入项

15. 逻辑函数 $B+\bar{A}B=$_____。

A. $A+B$　　　B. A　　　　C. $\bar{A}$　　　　D. B

16. 逻辑函数 $\overline{AB}=$_____。

A. $A+B$　　　B. $\bar{A}+B$　　　C. $\bar{A}+\bar{B}$　　　D. $\overline{\bar{A}\bar{B}}$

17. 逻辑函数 $ABC+C+1=$_____。

A. 1　　　　B. C　　　　C. ABC　　　　D. $C+1$

18. 组合逻辑电路的特点是_____。

A. 有记忆功能　　　　　　　　B. 输出/输入间有反馈

C. 输出与以前状态有关　　　　D. 全部由门电路组成

19. 真值表 7.31 所对应的逻辑表达式是_____。

A. $Y=\bar{A}B+A\bar{B}$　　B. $Y=AB+\overline{AB}$　　C. $Y=AB+\bar{A}B$　　D. $Y=\bar{A}+\bar{B}$

表 7.31　真值表

A	B	Y
0	0	0
0	1	1
1	0	1
1	1	0

20. 组合逻辑电路的分析就是_____。

A. 根据实际问题的逻辑关系画逻辑电路图

B. 根据逻辑电路图确定其完成的逻辑功能

C. 根据真值表写出逻辑函数式

D. 根据逻辑函数式画逻辑电路图

21. 组合逻辑电路的设计步骤中第一步应该是_____。

A. 由真值表写出逻辑函数表达式

B. 根据实际问题的逻辑关系建立真值表

C. 根据逻辑函数式画出由门电路组成的逻辑电路图

D. 化简逻辑函数表达式

22. 将十进制数的 10 个数字 0～9 编成二进制代码的电路称为_____。

A. 8421BCD 编码器   B. 二进制编码器

C. 十进制编码器   D. 优先编码器

23. 3 位二进制编码器输入信号位 I_3 时，输出 $Y_2Y_1Y_0=$_____。

A. 100   B. 110   C. 011   D. 101

24. 当 8421BCD 码优先编码器 74LS147 的输入信号 $\overline{I_1}$、$\overline{I_2}$、$\overline{I_8}$、$\overline{I_9}$ 同时输入时，输出 $\overline{Y_3}\,\overline{Y_2}\,\overline{Y_1}\,\overline{Y_0}=$_____。

A. 1110   B. 1101   C. 0111   D. 0110

25. 8421BCD 编码器的输入变量为_____个，输出变量为_____个。

A. 8   B. 4   C. 10   D. 7

26. 74LS138 集成电路是_____线译码器。

A. 8-3   B. 2-4   C. 3-8   D. 2-10

27. 半导体数码管通常是由_____个发光二极管排列而成。

A. 5   B. 6   C. 7 或 8   D. 9

28. 七段显示译码器要显示数码 2，则共阴极数码显示器的 $a \sim g$ 引脚的电平应为_____。

A. 1101101   B. 1011011   C. 1111011   D. 1110000

29. 图 7.26 所示的电路是_____门电路。

A. 与   B. 或   C. 非   D. 异或

30. 图 7.27 所示的逻辑符号是_____门。

A. 与   B. 或   C. 或非   D. 与非

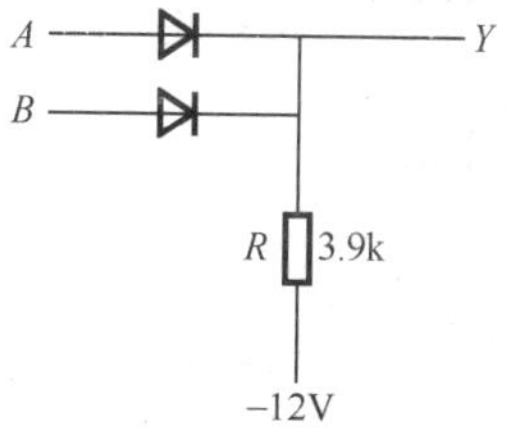

图 7.26 门电路

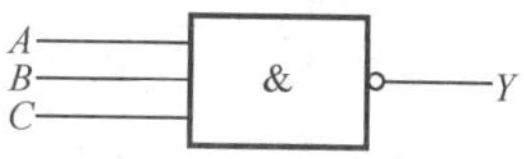

图 7.27 门电路逻辑符号

三、综合题

1. 用公式法将下列函数化简为最简与或式

1) $Y=A(\overline{A}+B)+B(B+C)+B$。

2) $Y=AC+B\overline{C}+\overline{A}B$。

3) $Y=\overline{A}+\overline{B}+ABC$。

4) $Y=AB+\overline{A}C+\overline{B}C$。

5) $Y=AC+\overline{B}C+A\overline{B}(C+\overline{C})$。

6) $Y=\overline{\overline{ABC}+\overline{A}\,\overline{B}}$。

7) $Y=\overline{AB+\overline{A}\,\overline{B}}$。

2. 用卡诺图化简下列函数。

1) $Y=\overline{A}\,\overline{B}\,\overline{C}+A\overline{B}CD+A\overline{B}+A\overline{D}+A\overline{B}C+B\overline{C}$。

2) $Y=A\overline{B}+B\overline{C}+\overline{A}C+\overline{A}B+\overline{B}C+A\overline{C}$。

3) $Y=AC+BC+\overline{B}D+\overline{C}D+AB$。

4) $Y=\overline{A}C+\overline{B}C+\overline{B}D+\overline{C}D+A\overline{B}$。

3. 分析题

1) 如图 7.28 所示，求当 $A=1$、$B=1$、$C=0$ 时，Y 的值。

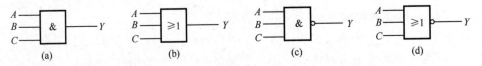

图 7.28 几个门电路

2) 当输入波形如图 7.29 所示时，试画出与非门和或非门的输出波形。

3) 列出逻辑函数 $Y=\overline{AB}$ 的真值表。

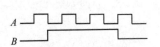

图 7.29 输入波形

4. 根据如图 7.30 所示各电路，分别写出相应的逻辑函数表达式并化简。

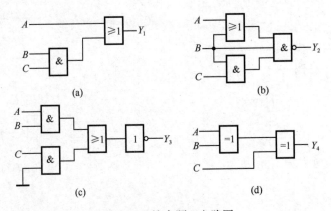

图 7.30 综合题 4 电路图

5. 画出体现下列函数表达式的逻辑电路图。

1) $Y=(A+B)\cdot\overline{AB}$。

2) $Y=AB+AC$。

3) $Y=(A+B)\cdot(C+D)$。

4）$Y=\overline{AB}\cdot\overline{CD}$。

5）$Y=\overline{\overline{AB}\cdot\overline{CD}}$。

6. 写出如图 7.31 所示电路的输出量逻辑函数表达式，列出真值表，并分析电路的功能。

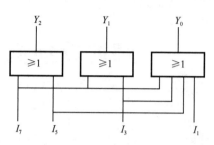

图 7.31　综合题 6 电路

7. 试画出由两片 3-8 线译码器构成的4-16线译码器的电路图。

项目八

制作物体流量计数器

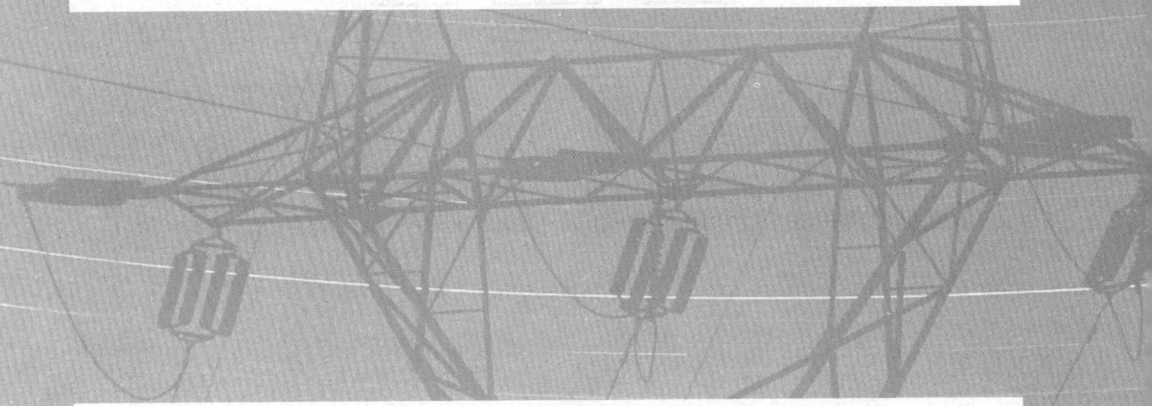

　　景区入园、车站进口随时能显示客流人数，工厂生产线能自动记录产品数量，自来水表会实时记录用水量……探究发现，原来是有个称为物体流量计数器的装置在起作用。物体流量计数器究竟怎样工作，其电路原理又是什么呢？

　　本项目的学习围绕校验信号电路、物体流动检测电路、十进制计数器电路、译码显示电路展开，学习运用二进制计数器构成时钟分频器、计数器等。学习重点是将已有的各种二/十进制集成计数器改为任意进制分频器、计数器。

<table>
<tr><td>知
识
目
标</td><td>
• 了解触发器的工作原理。
• 了解集成寄存器、计数器、分频器的工作过程。
• 能应用触发器和集成计数器、分频器设计简单数字电路。
• 了解物体流量计数器电路的工作原理。
</td><td>技
能
目
标</td><td>
• 能根据数字集成电路手册识别集成电路引脚功能。
• 掌握物体流量计数器电路的安装工艺与调试方法。
• 学会数字电路的制作、检测、调试基本方法。
</td></tr>
</table>

■ 8.1 触发器的基本电路 ■

☞ **学习目标**
1）知道触发器具有记忆功能。
2）知道 RS、JK、D、T 触发器的符号和功能。
3）能分析 RS、JK、D、T 触发器的工作波形。

触发器是数字逻辑电路中的另一类基本单元电路。从本质上看，触发器也是由各种逻辑门电路组成的，但因其中引入了"正反馈"，使得触发器具有了与普通的逻辑门完全不同的性质——具有了记忆功能。它能存储一位二进制数字信号。

触发器有两个稳定状态：称为 0 态和 1 态（代表电路的低电平和高电平），在没有外来信号作用时，将一直保持某一种稳定状态；只有在一定的输入信号控制下，才有可能从一种稳定状态转换到另一种稳定状态（这一过程称为翻转），并保持到下一个输入信号使它翻转为止。

触发器按逻辑功能分类，可分为 RS 触发器、JK 触发器、D 触发器、T 触发器等，本项目着重介绍这些触发器的组成和逻辑功能，并学习由此构成的寄存器、计数器、分频器等的结构、逻辑功能及相关应用。

8.1.1 基本 RS 触发器

1. 电路结构

RS［RS 是指复位（reset）和置位（set）之意］触发器是触发器中最基本的组成单元。如图 8.1（a）所示，它是由两个与非门 G_1 和 G_2 的输入端和输出端相互交叉连接构成的。

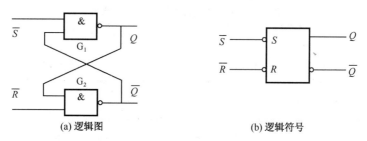

(a) 逻辑图　　　　　　　　　　(b) 逻辑符号

图 8.1　基本 RS 触发器

RS 触发器有两个信号输入端 $\overline{R}$ 和 $\overline{S}$，$\overline{S}$ 叫置 1 输入端或置位端，$\overline{R}$ 叫置 0 输入端或复位端，$\overline{R}$ 和 $\overline{S}$ 上面加 "—" 表示输入 "低电平有效"。在其逻辑符号的边框外加小圆圈表示低电平有效，如图 8.1（b）所示。RS 触发器有两个以互补形式为输出的 Q 和 $\overline{Q}$

端，一般规定，当 $Q=1$，$\overline{Q}=0$ 时称触发器处于 1 态，当 $Q=0$，$\overline{Q}=1$ 时称触发器处于 0 态。通常把触发器输入信号作用前所处的状态称为原态，用 Q_n 表示；把触发器在输入信号作用后所处的状态称为现态，用 Q_{n+1} 表示（在以后的有关讨论中符号约定同此，不再说明）。

2. 逻辑功能分析

(1) $\overline{S}=1$，$\overline{R}=1$，触发器保持原态

当 $\overline{S}=1$，$\overline{R}=1$ 时，根据与非门的逻辑功能可知：门 G_1 和 G_2 的输出状态由反送到它们输入端的 Q 和 $\overline{Q}$ 的状态决定。设原态为 $Q_n=1$，$\overline{Q}_n=0$，即触发器为 1 态，因 G_1 的一个输入端 $\overline{Q}_n=0$，它的输出 $Q_{n+1}=1$；而 G_2 的两个输入端 $\overline{R}$ 及 Q_n 均为 1，则 G_2 输出 $\overline{Q}_{n+1}=0$，触发器的现态与原态相同，保持不变。若原态是 $Q_n=0$，$\overline{Q}_n=1$，即触发器为 0 态。读者可自行分析，触发器保持 0 态不变。所以当 $\overline{S}=1$，$\overline{R}=1$，触发器保持原态。

(2) $\overline{S}=0$，$\overline{R}=1$，触发器置 1 态

当 $\overline{S}=0$，G_1 的输出 $Q_{n+1}=1$，这时 G_2 的两个输入端均为 1，故 $\overline{Q}_{n+1}=0$，触发器为 1 态。

(3) $\overline{S}=1$，$\overline{R}=0$，触发器置 0 态

当 $\overline{R}=0$，G_2 的输出 $\overline{Q}_{n+1}=1$，这时 G_1 的两个输入端均为 1，故 $Q_{n+1}=0$，触发器为 0 态。

(4) $\overline{S}=0$，$\overline{R}=0$，触发器状态不确定

当 $\overline{S}=0$，$\overline{R}=0$ 时，由电路得知 $Q=1$，$\overline{Q}=1$，破坏了触发器的逻辑关系（输出为互补信号）；且当 $\overline{R}$、$\overline{S}$ 的低电平消失后，触发器的状态是随机的。因为 $\overline{R}$、$\overline{S}$ 低电平撤销时间和 G_1、G_2 门传输延迟时间不可能绝对相等，所以触发器的输出状态不能确定，故称为不定态。因此，触发器正常工作时不允许出现 $\overline{S}=0$、$\overline{R}=0$ 的这种输入状态。对基本 RS 触发器的输入信号来说，应遵守 $\overline{R}+\overline{S}=1$ 的约束。

根据以上分析，基本 RS 触发器的逻辑功能如表 8.1 所示。

表 8.1　基本 RS 触发器的逻辑功能表

$\overline{S}$	$\overline{R}$	Q_{n+1}	功能
1	1	Q_n	保持
1	0	0	置 0
0	1	1	置 1
0	0	不定	不定

基本 RS 触发器的输入信号是以电平信号直接控制触发器的翻转的，在实际应用中，当采用多个触发器工作时，往往要求各触发器在同一时刻翻转，这就需要引入一个时钟控制信号，简称为时钟脉冲，用 CP 表示。这种触发器只有当时钟脉冲信号到达时，才能根据输入信号的条件在同一时刻发生翻转。这种具有时钟脉冲控制的触发器称为同步 RS 触发器。

8.1.2　同步 RS 触发器

1. 电路结构

同步 RS 触发器逻辑电路如图 8.2（a）所示，（b）是其逻辑符号。同步 RS 触发器是在基本 RS 触发器的基础上增加了时钟（CP）控制电路构成的，与非门 G_3 和 G_4 组成时钟控制门。CP 为时钟脉冲引入端，$\overline{R}_D$ 和 $\overline{S}_D$ 分别为异步置 0 端、置 1 端，它不受时钟脉冲 CP 控制，平时应接高电平或悬空。

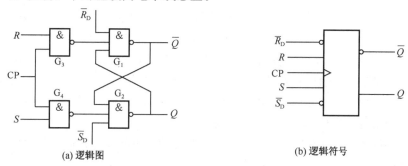

(a) 逻辑图　　　　　　　　　　　　　　(b) 逻辑符号

图 8.2　同步 RS 触发器

2. 逻辑功能分析

（1）CP＝0

门 G_3、G_4 输出高电平，输入信号 R、S 不起作用，即门 G_3、G_4 被封锁。此时相当于基本 RS 触发器的输入为 1，所以触发器的状态保持不变，输出 $Q_{n+1}＝Q_n$。

（2）CP＝1

1）当 $S＝0$，$R＝0$ 时，与非门 G_3、G_4 输出高电平，此时相当于基本 RS 触发器的输入为 1，输出 $Q_{n+1}＝Q_n$，即触发器保持原态。

2）当 $S＝0$，$R＝1$ 时，与非门 G_3 输出高电平、G_4 输出低电平，根据基本 RS 触发器功能可知 $Q_{n+1}＝0$，即触发器置 0 态。

3）当 $S＝1$，$R＝0$ 时，与非门 G_3 输出低电平、G_4 输出高电平，根据基本 RS 触发器功能可知 $Q_{n+1}＝1$，即触发器置 1 态。

4）当 $S＝1$，$R＝1$ 时，与非门 G_3、G_4 输出低电平，根据基本 RS 触发器功能可知：触发器处于不定状态。所以同步 RS 触发器应该遵守 $R \cdot S＝0$（R、S 不能同时为 1）。

根据上述分析，同步 RS 触发器的逻辑功能归纳为表 8.2。

表 8.2　同步 RS 触发器的逻辑功能

CP	S	R	Q_{n+1}	说明
0	×	×	Q_n	保持
1	0	0	Q_n	保持
1	0	1	0	置 0
1	1	0	1	置 1
1	1	1	不定	不定

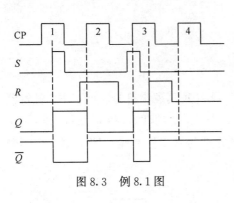

图 8.3 例 8.1 图

【**例 8.1**】 同步 RS 触发器如图 8.2（a）所示，若 S、R、CP 脉冲如图 8.3 所示，试在它们的下方画出 Q 的波形。

分析 设触发器初态 $Q=0$，在第 1 个 CP 脉冲高电平期间 S 跳变为 1，Q 被置 1。在第 2 个 CP 高电平到来时，因 $R=1$，故 Q 被置 0。在第 3 个 CP 高电平到来时，因 $S=1$，Q 被置成 1，但在第 3 个 CP 的后半程，S 先跳变为 0，R 后跳变为 1，Q 又被置为 0。在第 4 个 CP 高电平到来时，S、R 均为 0，Q 保持原态不变。

从 CP=1 的分析过程可以看出：在此期间，因门 G_3、G_4 未被封锁，输入信号 R、S 的改变会引起触发器输出状态的改变（如例 8.1 中的第 3 个 CP 期间的变化情况）。所以正常情况下，触发器在 CP=1 的时间内，R、S 的输入状态不能改变。同步 RS 触发器是属于脉冲触发，在应用时容易受到限制。

为了解决同步 RS 触发器在 $S=1$、$R=1$ 期间的约束问题，人们开发出 JK 触发器。

8.1.3 JK 触发器

1. 电路结构

JK 触发器是在同步 RS 触发器组成的基础上，再加上两条反馈线构成的，为了区别于 RS 触发器，把两个信号输入端称为 J 和 K。如图 8.4（a）所示，（b）是它的逻辑符号。$G_1 \sim G_4$ 的 4 个与非门组成 JK 触发器，它们在时钟脉冲 CP 控制下翻转。逻辑符号中的 ">" 表示 CP 高电平有效，带小圆圈的表示低电平有效。

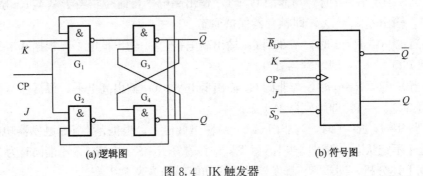

(a) 逻辑图　　　　　　　　　　　(b) 符号图

图 8.4 JK 触发器

2. 电路逻辑功能分析

在 CP=0 期间，门 G_1、G_2 被封锁，J、K 不起作用，但原来存在 G_3、G_4 门输出状态不变。

在 CP=1 期间，门 G_1、G_2 随即被打开，输入 J、K 有效。

（1）$J=0$，$K=0$，$Q_{n+1}=Q_n$，触发器保持原态

在 CP=1 期间，门 G_1、G_2 输出均为高电平，触发器的状态不变。

（2）$J=0$，$K=1$，$Q_{n+1}=0$，触发器置 0 态

在 CP=1 期间，$J=0$，$K=1$，根据同步 RS 触发器功能，触发器置 0。

（3）$J=1$，$K=0$，$Q_{n+1}=1$，触发器置 1 态

在 CP=1 期间，$J=1$、$K=0$，根据同步 RS 触发器功能，触发器置 1。

（4）$J=1$，$K=1$，$Q_{n+1}=\overline{Q_n}$，触发器计数态

在 CP=1 期间，$J=1$，$K=1$，若 $Q_n=0$，$\overline{Q_n}=1$，则触发器各门状态为 G_1、G_4 输出高电平，G_2、G_3 输出低电平，即触发器翻转为 1 态；若 $Q_n=1$，$\overline{Q_n}=0$，则主触发器各门状态为 G_1、G_4 输出低电平，G_2、G_3 输出高电平，即触发器翻转为 0 态。

当 $J=K=1$ 时，触发器在 CP 作用下，输出状态总是与原来状态相反即 $Q_{n+1}=\overline{Q_n}$，这种情况称为计数。

综上所述，JK 触发器的逻辑功能如表 8.3 所示。在此须强调的是：当 $J=K=1$，CP 高电平期间，$Q_{n+1}=\overline{Q_n}$，说明 JK 触发器具有计数功能（1→0 或 0→1）。一个 JK 触发器能计一位二进制数，所以 JK 触发器不仅有保持记忆、置 1、置 0 功能，且有计数功能。JK 触发器的性能比 RS 触发器更完善，解决了 RS 触发器存在的状态不定问题，故它的应用更为广泛。

表 8.3　JK 触发器的功能表

CP	J	K	Q_{n+1}	说明
⌐⌐	0	0	Q_n	保持
⌐⌐	0	1	0	置 0
⌐⌐	1	0	1	置 1
⌐⌐	1	1	$\overline{Q}$	计数

【例 8.2】　设如图 8.5 所示 JK 触发器的初始状态为 0，试根据图 8.5 给出的 CP、J、K 的波形，画出 Q 的波形。

分析　JK 触发器的工作过程：在 CP=1 期间，触发器接收输入信号，触发器根据 J、K 状态决定下一个状态 Q_{n+1}，如图 8.5 所示，在第 1 个 CP=1 期间，$J=1$，$K=0$，触发器将被置 1，在第 2 个 CP=1 期间，$J=0$，$K=1$，触发器被置 0。以此类推，可画出 Q 的波形，如图 8.5 所示。

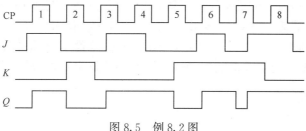

图 8.5　例 8.2 图

以上介绍的是 JK 触发器，其使用过程存在抗干扰能力弱的缺点，在实际应用中更

多的是使用抗干扰能力优良的边沿 JK 触发器。边沿 JK 触发器功能与上述 JK 触发器的功能完全相同，边沿 JK 触发器和输出状态翻转是在 CP 脉冲的上升沿或下降沿触发有效，避免了空翻现象，在这里不多介绍。

8.1.4　D 触发器

1. 定义

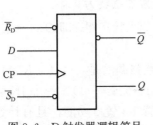

图 8.6　D 触发器逻辑符号

在 CP 脉冲的作用下，根据输入信号 D 的不同状态，凡是具有置 0、置 1 功能的电路，称为 D 触发器，电路符号如图 8.6 所示。D 为触发器输入端，CP 为时钟脉冲控制端；$\overline{R_D}$ 和 $\overline{S_D}$ 为异步置位端，平时接高电平。

值得一提的是：常用触发器大多为集成电路，使用触发器时也无须过多了解其内部的结构，只需明确其功能和触发条件，故在此对 D 触发器及下面要讨论的 T 触发器的电路构成和具体工作原理不予分析，只对其逻辑功能及工作波形进行说明。

2. 逻辑功能和工作波形

D 触发器的功能可以表述为 $Q_{n+1}=D$，即 D 触发器的输出状态由输入信号 D 决定。
1）$D=0$，CP 上升沿到来后 $Q_{n+1}=0$，触发器置 0。
2）$D=1$，CP 上升沿到来后 $Q_{n+1}=1$，触发器置 1。
D 触发器的逻辑功能如表 8.4 所示。

表 8.4　D 触发器的功能表

CP	D	Q_n+1	说明
⌐	0	0	置 0
⌐	1	1	置 1

【例 8.3】　已知 D 触发器的初态为 0，CP、D 的波形如图 8.7 所示，试分析 Q 的波形。

分析　根据 D 触发器的逻辑功能可知，在 CP 跳变为高电平前一瞬间 D 的状态决定触发器输出 Q 的状态，在 CP 上升沿到来后 Q 翻转为相应的状态。如图 8.7 所示，在第 1 个 CP 高电平到来前 D 为 0，在 CP 上升沿到来后 Q 置 0，在第 2 个 CP 上升沿到来前 D 为 1，在 CP 上升沿到来后 Q 置 1，其他以此类推。画出 Q 的波形如图 8.7 所示。

8.1.5　T 触发器

1. 定义

在 CP 脉冲的作用下，根据输入信号 T 的不同状态，凡是具有保持和翻转功能的电路，称为 T 触发器，电路符号如图 8.8 所示。T 为触发器输入端，CP 为时钟脉冲控制端；$\overline{R}_\mathrm{D}$ 和 $\overline{S}_\mathrm{D}$ 为异步置位端，平时接高电平。

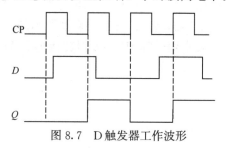

图 8.7 D 触发器工作波形

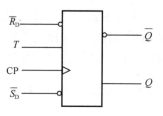

图 8.8 T 触发器逻辑符号

2. 逻辑功能和工作波形

T 触发器的功能可以表述如下。

1）$T=0$，C 上升沿到来后 $Q_{n+1}=Q_n$，触发器保持原态不变。

2）$T=1$，C 上升沿到来后 $Q_{n+1}=\overline{Q}_n$，触发器状态计数翻转。

T 触发器的逻辑功能如表 8.5 所示。

表 8.5 T 触发器的功能表

CP	Q_n	T	Q_{n+1}	说明
⌐	0	0	0	保持 0
⌐	0	1	1	翻转为 1
⌐	1	0	1	保持 1
⌐	1	1	0	翻转为 0

【例 8.4】 已知 T 触发器的初态为 0，CP、T 的波形如图 8.9 所示，试分析 Q 的波形。

分析 根据触发器的逻辑功能可知，在 CP 跳变为高电平前一瞬间，T 的状态决定触发器输出，Q 的状态是保持或翻转；在 CP 上升沿到来后 Q 发生相应的状态变化。在第 1 个 CP 高电平到来前 T 为 1，在 CP 上升沿到来后 Q 从 0 态翻转为 1 态；在第 2 个 CP 上升沿到来前 T 也为 1，在 CP 上升沿到来后 Q 又从 1 计数翻转为 0，其他以此类推。分析结果如图 8.9 所示。

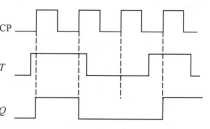

图 8.9 T 触发器工作波形

■ 8.2 触发器的功能转换 ■

☞**学习目标**

1）知道不同类型触发器的相互转换方法。

2）能把 JK 触发器转换为 D 触发器或 T 触发器。

◀◀◀ **知 识** 📖

不同类型的触发器之间可以根据需要进行适当的转换。一般的转换原则是：功能复杂的触发器可以转换为功能简单的触发器。比较常用的如 JK 触发器转换为 D 触发器或 T 触发器。下面就介绍这两种转换。

8.2.1 JK 触发器转换成 D 触发器

JK 触发器具有保持、置 0、置 1、计数 4 个功能，而 D 触发器只有置 0 和置 1 两种功能。对 JK 触发器来说，当 $J=0$、$K=1$ 时，触发器置 0 态，当 $J=1$、$K=0$ 时，触发器置 1 态；也即在此两种情况下，JK 触发器功能与 D 触发器功能相同。如图 8.10 所示，D 直接连接 J 端，D 再通过非门接 K 端，就把 JK 触发器转换为 D 触发器。即当 $D=0$ 时，$J=0$，$K=1$，在 CP 下降沿作用下，触发器置 0；当 $D=1$ 时，$J= \quad K=0$，在 CP 下降沿作用下，触发器置 1，如此实现了 JK 触发器转换为 D 触发器。若要在 CP 的上升沿触发，只需在 CP 输入线上加一非门即可。

8.2.2 JK 触发器转换成 T 触发器

对 JK 触发器来说，当 $J=0$、$K=0$ 时，触发器保持原态，当 $J=1$、$K=1$ 时，触发器计数翻转；也即在此两种情况下，是 JK 触发器的功能与 T 触发器的功能相同。如图 8.11 所示，把 JK 触发器的两输入端 J、K 连在一起接到 T 端，就把 JK 触发器转换为 T 触发器。即当 $T=0$ 时，$J=0$，$K=0$，在 CP 下降沿作用下，触发器保持原态；当 $T=1$ 时，$J=1$，$K=1$，在 CP 下降沿作用下，触发器计数翻转，如此实现了 JK 触发器转换为 T 触发器。若要在 CP 的上升沿触发，只需在 CP 输入线上加一非门即可。

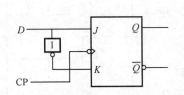

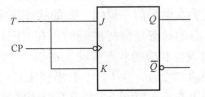

图 8.10 JK 触发器转换为 D 触发器　　　　图 8.11 JK 触发器转换为 T 触发器

■ 8.3 常用集成触发器及应用 ■

☞**学习目标**

1）了解常用集成触发器型号。

2）能识别常用集成触发器引脚上符号的含义。

3）掌握触发器的基本应用电路。

1. 常用集成触发器

集成触发器与其他数字集成电路情况类似，可分为 TTL 电路和 CMOS 电路两大类。通过查阅数字集成电路手册，可以获得各种类型集成触发器的相关资料。对于一般使用者来说，只需知道集成触发器的外围引脚排列及相应的功能，而无须了解集成电路内部结构。图 8.12 给出了几种常用的 JK 触发器和 D 触发器的引脚排列图。下面就对相关引脚的功能与符号加以说明。

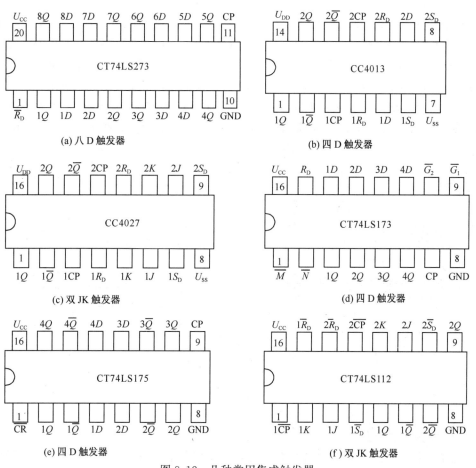

图 8.12　几种常用集成触发器

1）集成电路型号前字母是 CT，则表示这个集成电路为 TTL 电路，CC 或 CD 表示这个集成电路为 CMOS 电路。

2）符号上加横线的表示低电平或下降沿有效，如 $\overline{R}_D=0$ 触发器被置 0、$\overline{S}_D=0$ 触发器被置 1，$\overline{CP}$ 表示该时钟脉冲为下降触发。不加横线表示高电平有效。

3）双触发器及多触发器的器件的输入、输出符号前加同一数字，则说明这些引脚为同一触发器所有。

4）部分触发器存在使能端，如 LS173 的 G_1、G_2 为数据选通端，M、N 为三态控制端（均为低电平有效）。

5）GND 为 TTL 类电路的接地引脚，U_{CC} 为 TTL 类电路的电源引脚；U_{SS} 为 CMOS 类电路的接地引脚，U_{DD} 为 CMOS 类电路的电源引脚。

6）TTL 电路的电源 U_{CC} 电压一般为＋5V；CMOS 电路的电源 U_{DD} 电压为＋3～＋18V，在许多情况下可以选＋5V，以便于与 TTL 类电路电源共用。

2. 触发器应用举例

（1）分频器

应用一片 CC4027 双 JK 触发器，可以组成二分频器和四分频器。电路如图 8.13（a）所示，图中把引脚 5、6、10、11 接高电平 U_{DD}，即 $1J=1K=1$、$2J=2K=1$，两个 JK 触发器都处于计数状态，而引脚 4、7、9、12 等四脚接地，异步置位端无效。输入脉冲从 3 脚 1CP 端输入，每输入一个脉冲，触发器输出状态 1Q 1 脚变化一次，所以输入两个脉冲，输出才变化一个周期；1 脚又接到 13 脚 2CP，第 2 个 JK 触发器的输出 Q_2 周期只有 Q_1 的一半，从而实现对输入频率的四分频。工作波形如图 8.13（b）所示。

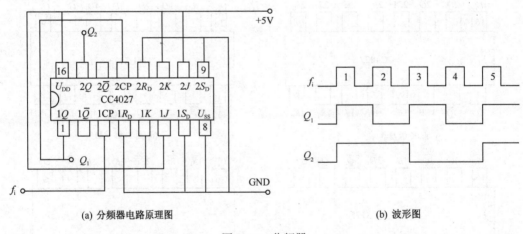

(a) 分频器电路原理图　　　　　　　　　　　(b) 波形图

图 8.13　分频器

（2）触摸开关电路

触摸开关电路由一片 CC4013 双 D 触发器组成，电路如图 8.14 所示。B 为触摸电极，其中第 2 个 D 触发器连成计数状态：$Q_{n+1}=D=\overline{Q_n}$。

工作原理分析如下：当手指触摸电极 B 时，由于人体感应作用，在 3 脚 1CP 端产生一个正跳变脉冲，因为 5 脚 1D 接电源为高电平，此时 1 脚 1Q 输出高电平；此时相当于在 11 脚 2CP 上获得了一个正跳变脉冲，13 脚 2Q 输出一个高电平通过 R_4 加在单向可控硅 SCR 的触发极，SCR 导通，灯亮。在此同时，1 脚通过 R_3 给 C_1 充电，4 脚 1R_D 电平升高使 1 脚复位。再摸一次电极 B，灯灭。这个工作过程可由读者自行分析。

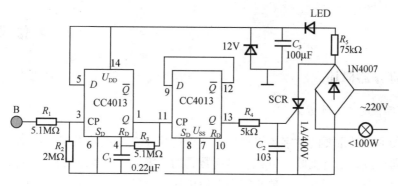

图 8.14 触摸开关电路原理图

（3）定时器

定时器电路的核心是一个 D 触发器，如图 8.15 所示，因 D 端接地，$D=0$，接通电源，电源 U_{DD} 经 R_4 给 C_2 充电（C_2 很小，充电时间很短），相当于在 CP 端产生了一个正跳变脉冲，使 $Q=0$，$\overline{Q}=1$，$\overline{Q}$ 的高电平经 R_2 加在晶体管 VT 的基极，VT 饱和，指示灯 LED 不亮。同时，Q 的低电平通过二极管 VD 使 R_D 端钳位在低电平无效。当按下按钮 N 时，S_D 端为高电平，触发器被异步置 1，$Q=1$，$\overline{Q}=0$，$\overline{Q}$ 的低电平通过 R_2 使 VT 截止，VT 的集电极高电平使 LED 亮。此时，电源 U_{DD} 经 R_P、R_1 给 C_1 充电，使 R_D 端电平逐渐上升，当 R_D 端电平上升到高电平时，使触发器异步置 0，$Q=0$，$\overline{Q}=1$，LED 灭。调节 R_P 可以改变充电快慢，从而改变定时时间。

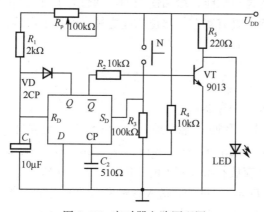

图 8.15 定时器电路原理图

■ 8.4 寄 存 器 ■

☞ **学习目标**

1）知道寄存器的作用、组成和分类。

2）了解移位寄存器的工作过程。

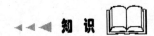

8.4.1 寄存器概述

1. 寄存器及其工作方式

寄存器是一种重要的数字逻辑部件，广泛应用于数字电路系统，特别是计算机中。它由触发器组成，具有接收、暂存、传递数码的功能。一个触发器有两种稳态，可以存储一位二进制数码，因此 n 位数码寄存器应由 n 个触发器组成。凡具有置 0 和置 1 两种功能的触发器都可作为寄存器使用。本书主要介绍由 JK 触发器、D 触发器组成的寄存器，当然，许多寄存器还需加上由门电路构成的控制电路，以保证信号的接收和清除。

寄存器接收数码的方式有两种：一种是单拍接收方式，另一种是双拍接收方式。所谓双拍接收方式，是指第一拍清零，第二拍接收存放数码；而单拍接收方式是只用一拍即可完成寄存数码的过程，无须在接收数码前给寄存器清零。

寄存器有数码寄存器和移位寄存器。移位寄存器除了具有接收、暂存数码之外，还具有对所存储的数码进行有规则移动的功能。按照数码移动方向的不同，移位寄存器分左移寄存器、右移寄存器、双向移位寄存器。

按数码输入与输出方式的不同，移位寄存器有 4 种工作方式：串行输入-串行输出、串行输入-并行输出、并行输入-串行输出、并行输入-并行输出。

为了扩展寄存器的逻辑功能，增加使用的灵活性，TTL 型和 CMOS 型中规模集成电路产品种类很多，除了具有寄存、移位功能之外，附加了保持、同步清零、异步清零等功能。

2. 数码寄存器

（1）单拍接收方式的寄存器

如图 8.16 所示是由一片四 D 触发器（如 74LS175）组成的 4 位数码寄存器。它无须先清零（异步置 0 端接高电平一直无效）。D_4、D_3、D_2、D_1 端为数码寄存器的输入端，寄存的一组数码被存放在寄存器 FF_4、FF_3、FF_2、FF_1 中。例如要存放数码 1010，则将 $D_4=1$、$D_3=0$、$D_2=1$、$D_1=0$ 送入各触发器的输入端，当 CP 脉冲的有效边沿到来时，直接将数码存放在寄存器中，即 $Q_4Q_3Q_2Q_1 = D_4D_3D_2D_1 = 1010$，完成了数码寄存工作。

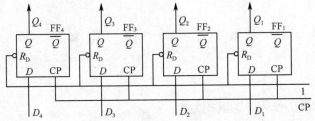

图 8.16　4 位单拍数码寄存器

（2）双拍接收方式的寄存器

如图 8.17 所示是由一片四 D 触发器（如 74LS175）组成的 4 位数码寄存器，其工作过程如下。

1）异步清零。使 $R_D=0$，则寄存器被强制清零，使 $Q_4Q_3Q_2Q_1=0000$。

2）接收数码。当 $R_D=1$ 时，异步清零端无效，把数码送入寄存器的 D_4、D_3、D_2、D_1 端，当 CP 脉冲上升沿到来时，完成了数码寄存工作，使 $Q_4Q_3Q_2Q_1=D_4D_3D_2D_1$。

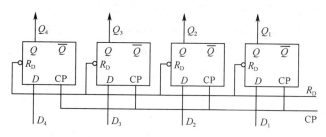

图 8.17　4 位双拍数码寄存器

当然，寄存器也可以由 JK 触发器组成，用 JK 触发器组成寄存器的方法由读者自己考虑。

8.4.2　移位寄存器

在现代数字电子技术中，信息在线路上远距离传送通常采取串行方式，而在计算机中处理和加工信息时又往往是并行的。移位寄存器正可以满足这一需求，它可用于数码寄存、传递、脉冲的分配，实现数据的串行-并行或并行-串行转换等。

1. 右移寄存器

（1）电路组成

如图 8.18 所示是用 4 个 D 触发器组成的 4 位右移寄存器。其中 FF_4 为最高位触发器，FF_1 为最低位触发器，依次排列。每个高位触发器的输出端 Q 与低位触发器的输入端 D 相连，只有最高位触发器的输入端 D 接收数码。

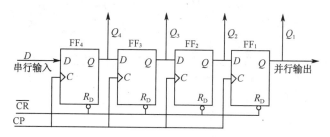

图 8.18　4 位移位寄存器

（2）工作过程

首先，异步清除。接收数码前，寄存器应清零，令 $\overline{CR}=0$，则 $Q_4Q_3Q_2Q_1=0000$。工作时应使 $\overline{CR}=1$。

其次，移位寄存。若要存放数据 $D_4D_3D_2D_1=1011$，其做法是：第 1 步，送最低位数据 $D_1=1$ 到 D，在第 1 个 CP 脉冲作用下，使输入信号向右移动一位，$Q_4Q_3Q_2Q_1=1000$；第 2 步，送第 2 个数据 $D_2=1$ 到 D，在第 2 个 CP 脉冲作用下，使输入信号又向右移动一位，即 Q_4 移到下一位 FF_3，D 移入 FF_4，使 $Q_4Q_3Q_2Q_1=1100$；第 3 步，在 $D_3=0$ 送入到 D，在第 3 个 CP 脉冲作用下，使输入信号又向右移动一位，即 Q_3 移到下一位 FF_2，Q_4 移到下一位 FF_3，D 移入 FF_4，使 $Q_4Q_3Q_2Q_1=0110$；第 4 步，在 $D_4=1$ 送入到 D，在第 4 个 CP 脉冲作用下，使输入信号又向右移动一位，即 Q_2 移到下一位 FF_1，Q_3 移到下一位 FF_2，Q_4 移到下一位 FF_3，D 移入 FF_4，使 $Q_4Q_3Q_2Q_1=1011$。这样在 4 个 CP 脉冲作用后，数码 1011 恰好全部右移位进入寄存器，从 4 个触发器的输出端并行读出，完成串行输入-并行输出的数码寄存。它的时序如图 8.19 所示。

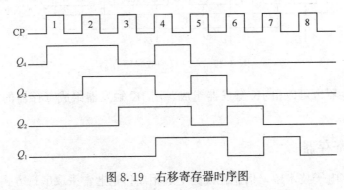

图 8.19 右移寄存器时序图

如果要完成向右移位的串行输入-串行输出的功能，还需继续加入 4 个时钟脉冲，才能使寄存器中的 1011 状态依次移出。

2. 左移寄存器

同理，也可组成左移寄存器，如图 8.20 所示，其与右移寄存器的区别在于输入数据时先送高位后送低位，其他操作方式与右移寄存器相同。读者可试着分析它的工作过程。

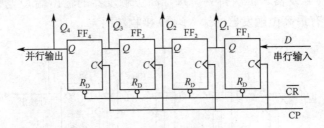

图 8.20 4 位左移寄存器

3. 双向移位和多功能移位寄存器

在数字电路中，常需要寄存器按不同的控制信号，能够向左或向右移位。具有这种既能左移又能右移两种工作方式的寄存器称为双向移位寄存器。双向移位寄存器除了具有双向移位功能外，常常还有置数、保持、清除等功能。

在现代数字电路技术中，中规模集成寄存器价格低廉、类型多、规格全、应用广泛，不同规格产品功能、工作特点也不尽相同。这里，对双向移位寄存器的工作原理不做介绍，只着重讨论集成移位寄存器的有关问题。表 8.6 列出了几种 TTL 型和 CMOS 型中等规模移位寄存器。

表 8.6　几种 TTL 型和 CMOS 型移位寄存器

型号	输入/输出方式	位数	触发器输入方式	方式和功能				清除	置数方式
				右移	左移	置数	保持		
74LS164	串入-并出	8	门控 D	有				异步、低	
74LS165	串/并入-串出	8	D	有		有	有	无	异步、低
74LS166	串/并入-串出	8	D	有		有		异步、低	同步、低
74LS194	串/并入-串/并出	4	D	有	有	有		异步、低	同步
74LS195	串/并入-串出	4	JK	有		有		异步、低	同步、低
74LS323	并入-串出	8	D	有	有	有		异步、低	同步、低
CD40194	串/并入-串/并出	4	D	有	有	有		异步、低	同步、低
CD4014	位串入/并入-串出	8	D	有		有	有	异步、高	同步、高

表 8.6 说明：输入/输出方式中的串入是指串行输入、并出是指并行输出；触发器输入方式中的 D 是单端输入，门控 D 是指具有"与"关系的两个输入端，JK 触发器是有两个输入端；清除、置数方式中的异步是指在有效清除脉冲、置数脉冲作用下直接进行清除或置数，同步是指在清除脉冲、置数脉冲有效的情况下，还要等有效的时钟脉冲到达时才进行清除或置数。

图 8.21 是 CD40194 双向移位寄存器实物图，它的引脚排列、功能与 74LS194 完全相同，区别在于一个是 CMOS 型、一个是 TTL 型。它们具有左移、右移、并行置数、保持、清除等多种功能。各引脚功能如下。

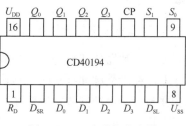

图 8.21　双向移位寄存器

引脚 1 （R_D）：异步清除端，低电平有效。

引脚 2 （D_{SR}）：右移串行数码输入端。

引脚 3~6 （$D_0 \sim D_3$）：并行数码输入端。

引脚 7 （D_{SL}）：左移串行数码输入端。

引脚 8 （U_{SS}）：电源负极，接地。

引脚 9、10 （S_0、S_1）：工作方式控制端。

$S_1 S_0 = 00$——四位寄存器保持原态。

$S_1 S_0 = 01$——同步右移。

$S_1 S_0 = 10$——同步左移。

$S_1 S_0 = 11$——并行置数。

引脚 11 （CP）：移位时钟脉冲输入，上升沿触发。

引脚 12～15（Q_3～Q_0）：并行数码输出端。

引脚 16（U_{DD}）：电源正极，＋3～＋18V。

■ 8.5 计 数 器 ■

☞学习目标

1）知道计数器的分类。

2）熟悉二进制、十进制计数器的工作过程。

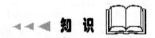 ◀◀◀ 知 识

8.5.1 二进制计数器

统计输入脉冲的个数叫计数，能实现计数操作的电路称为计数器。计数器不仅用于计数，也用于分频、定时、测量和数字运算。

计数器种类很多：按计数进制不同分为二进制、十进制、N 进制计数器；按计数过程中计数器的数值增减可分加法计数器、减法计数器、可逆计数器；按计数时各触发器的状态转换与计数脉冲是否同步分为异步计数器、同步计数器。二进制计数器是各种计数器的基础。

1. 二进制同步加法计数器

该种计数器的特点是，组成同步计数器的各触发器，其时钟脉冲输入端都连到计数脉冲上，在计数脉冲到来时，所有需要翻转的触发器能在同一时间翻转，即触发器的状态变化与计数脉冲同步，缩短了总的传输延迟时间，提高了计数器的工作频率。

（1）电路组成

用 JK 触发器和 T 触发器都可组成计数器。如图 8.22 所示是由 3 个 T 触发器组成的 3 位同步二进制加法计数器。从电路图中可以看出，各触发器的时钟脉冲输入端连在一起接到计数脉冲 CP 上，组成了同步计数器，各个触发器的 T 端分别为：因 T_1 悬空，故有 $T_1=1$，$T_2=Q_1$、$T_3=Q_2Q_1$。

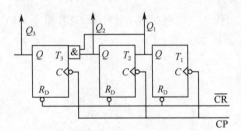

图 8.22 三位同步二进制加法计数器

（2）工作原理

计数器工作前应先清零。令 $\overline{CR}=0$，$Q_3Q_2Q_1=000$，然后使 $\overline{CR}=1$，开始计数工作。

对于 T_1 触发器，因 $T_1=1$，触发器处于计数态，在每个 CP 计数脉冲下降沿，T_1 触发器均翻转一次。

$T_2=Q_1$，当 $Q_1=1$ 时，在 CP 计数脉冲下降沿到来时，Q_2 触发器计数翻转；当 $Q_1=0$ 时，Q_2 触发器保持原态不变。

$T_3 = Q_2 Q_1$，只有当 $Q_1 = Q_2 = 1$ 且 CP 计数脉冲下降沿到来时，Q_3 触发器才计数翻转，否则 Q_3 就保持原态不变。计数器的工作时序图如图 8.23 所示。

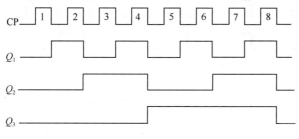

图 8.23　二进制同步加法计数器时序图

从时序图中可以看出：计数器从 $Q_3 Q_2 Q_1 = 000$ 开始计数，当第 1 个 CP 下降沿到来时，计数输出 $Q_3 Q_2 Q_1 = 000$，第 2 个 CP 下降沿到来时，计数输出 $Q_3 Q_2 Q_1 = 010$，以此类推，当第 7 个 CP 下降沿到来时，计数输出 $Q_3 Q_2 Q_1 = 111$，当第 8 个 CP 下降沿到来时，计数输出以回到 $Q_3 Q_2 Q_1 = 000$。至此，完成了 0～7 的二进制加法计数过程。

适当改变一下如图 8.24 所示线路连接（把接 Q_2、Q_1 改接到 $\overline{Q_2}$、$\overline{Q_1}$），就可以变成减法计数器，它又如何工作的呢？读者可自行分析。

2. 二进制异步减法计数器

（1）电路组成

如图 8.24 所示，电路由 3 个 JK 触发器组成，低位的 $\overline{Q}$ 与高一位的 CP 端相连；J、K 端悬空，相当于高电平，即 $J = K = 1$，每个触发器都处于计数状态；只要控制端 CP 信号由 1 变 0，触发器的状态就翻转。

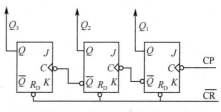

图 8.24　二进制异步减法计数器

（2）工作原理

计数器工作前应先清零。令 $\overline{CR} = 0$，$Q_3 Q_2 Q_1 = 000$，然后使 $\overline{CR} = 1$，开始计数工作。

当低位触发器的状态 Q 由 0 变 1，其 $\overline{Q}$ 由 1 变 0，高一位触发器的 C 端将收到负跳变脉冲，这一位触发器的状态就翻转。而低位触发器的状态由 1 变 0 时，高一位触发器收到正跳变脉冲而不翻转。

当第 1 个 CP 下降沿到来时，Q_1 从 0 翻转为 1，Q_2 在 $\overline{Q_1}$ 的下降沿作用下也从 0 翻转为 1，Q_3 在 $\overline{Q_2}$ 的下降沿作用下也从 0 翻转 1，即计数输出 $Q_3 Q_2 Q_1 = 111$。第 2 个 CP 下降沿到来时，Q_1 从 1 翻转 0 下，$Q_3 Q_2$ 保持不变，计数输出 $Q_3 Q_2 Q_1 = 110$，以此类推，当第 8 个 CP 下降沿到来时，计数输出 $Q_3 Q_2 Q_1 = 000$，计数器完成 7～0 的减法计数。计数器的工作时序图如图 8.25 所示。

异步计数器与同步计数器相比，异步计数器电路结构较为简单，在纯计数场合应用较多；同步计数器具有传输延迟时间短、工作频率高的特点，在计数且需控制的场合应用更为广泛。

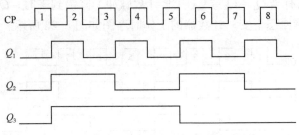

图 8.25　二进制异步减法计数器时序图

8.5.2　十进制计数器

二进制计数器结构简单，运算方便，但人们更习惯于使用十进制。在日常生活中，用十进制计数器显得更为方便。

1. 8421BCD 码

用二进制数码表示十进制数的方法，称为二-十进制编码，即 BCD 码。十进制数有 0，1，2，…，9 共十个数码。四位二进制计数器有十六个状态，要去掉 6 个状态，才能用四位二进制来表示一位十进制数。

二-十进制编码方式很多，最常用的是 8421BCD 码，去掉 1010～1111 这 6 个状态，如表 8.7 所示。

表 8.7　8421BCD 码

CP 脉冲序号	二进制数码				对应的十进制数
	Q_3	Q_2	Q_1	Q_0	
0	0	0	0	0	0
1	0	0	0	1	1
2	0	0	1	0	2
3	0	0	1	1	3
4	0	1	0	0	4
5	0	1	0	1	5
6	0	1	1	0	6
7	0	1	1	1	7
8	1	0	0	0	8
9	1	0	0	1	9
	1	0	1	0	
	1	0	1	1	
	1	1	0	0	不用
	1	1	0	1	
	1	1	1	0	
	1	1	1	1	
16	0	0	0	0	0

2. 十进制异步计数器

（1）电路组成

电路如图 8.26 所示。它由 4 个 JK 触发器组成，其中 FF_3 输出端 Q_3 与 FF_1 的输出端 Q_1 连接到与非门上，与非门的输出与 4 个触发器异步置 0 端相连。触发器低位输出接高位的时钟脉冲输入端，所以电路为异步工作方式。

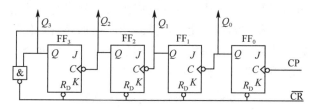

图 8.26　十进制异步加法计数器

（2）工作原理

计数器工作前应先清零，使 $Q_3Q_2Q_1Q_0 = 0000$。

开始计数工作时，所有触发器处于计数状态，第 1 个 CP 下降沿到来时，计数输出 $Q_3Q_2Q_1Q_0 = 0001$……第 9 个 CP 下降沿到来时，计数输出 $Q_3Q_2Q_1Q_0 = 1001$，第 10 个 CP 下降沿到来时，计数输出 $Q_3Q_2Q_1Q_0 = 1010$，利用其自身状态 1010 中 $Q_3 = 1$、$Q_1 = 1$，通过与非门反馈送到 R_D 端清零，使计数器状态由 1010 变为 0000，计数器输出 $Q_3Q_2Q_1Q_0 = 0000$。至此，计数器完成一位十进制的计数。时序图如图 8.27 所示。根据此方法对电路稍加改进，可以连接成任意进制计数器。

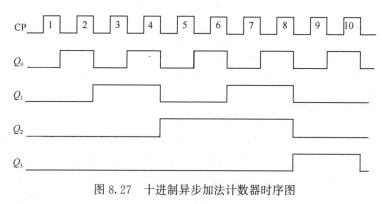

图 8.27　十进制异步加法计数器时序图

■ 8.6　集成计数器与分频器的应用 ■

☞学习目标

1）学会识别集成计数器、分频器各引脚上标识的含义。

2）会用集成电路设计任意进制的计数器、分频器。

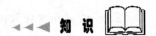

8.6.1 集成计数器

1. 集成计数器简介

随着集成技术的迅速发展，集成计数器的应用已十分普遍。计数器集成化后，在集成电路上同时增加一些门和控制端，使计数器的功能更加完善，使用更为方便。表8.8列出了几种常用的集成计数器。目前集成计数器的规格多、品种全。从表中可看出，各种产品在时钟输入、清零、置数、使能控制等方式上各有不同。

表 8.8　几种常用的集成计数器

型号	工作方式	计数顺序	位数、进制	触发脉冲	清零	预置
74LS160	异步	加法	十进制	↑	异步、低	异步、低
74LS190	同步	加、减	十进制	↑	无	异步、低
74LS192	同步	双 CP 可逆	十进制	↑	异步、高	异步、低
74LS568	同步	加、减	4 位十进制	↑	异/同、低	无
74LS93	异步	加	4 位二进制	↓	异步、高	无
74LS161	同步	加	4 位二进制	↑	异步、低	异步、低
74LS191	同步	加、减	4 位二进制	↑	无	异步、低
74LS193	同步	双 CP 可逆	4 位二进制	↑	异步、高	异步、低
74LS290	异步	加	二、五、十	↓	异步、高	异步置9、低
74LS196	异步	加	二、五、十	↓	异步、低	异步、低
CD4518	同步	加	双十进制		异步、高	无
CD4060	同步	加	14 位二进制	↓	异步、低	无
CD4040	同步	加	12 位二进制	↓	异步、低	无

2. 集成计数器 74LS161

74LS161 是 4 位同步二进制计数器。其引脚排列如图 8.28 所示。它具有计数、置数、保持、清零等多种功能。$Q_3Q_2Q_1Q_0$ 是计数输出端，Q_{CC} 是计数进位输出端，P、T 是功能控制端。

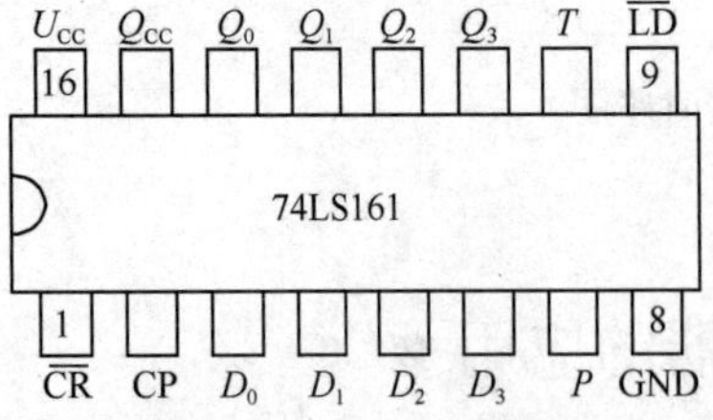

74LS161 的功能见表 8.9，功能叙述如下。

1）当 $\overline{CR}$ 为低电平时，触发器清零，即 $Q_3Q_2Q_1Q_0=0000$。开始计数时 CR 端必须为高电平。

2）当 $\overline{LD}=0$ 时，在 CP 上升沿作用下，将 $D_3D_2D_1D_0$ 的数据置入计数器，$Q_3Q_2Q_1Q_0=D_3D_2D_1D_0$。

3）当 $\overline{LD}=1$，且 $P=T=1$ 时，计数器在 CP 上升沿作用下进行二进制加法计数。

图 8.28　74LS161 引脚图

上部引脚：U_{CC} (16)　Q_{CC}　Q_0　Q_1　Q_2　Q_3　T　$\overline{LD}$ (9)

74LS161

下部引脚：$\overline{CR}$ (1)　CP　D_0　D_1　D_2　D_3　P　GND (8)

4）Q_{CC}为进位输出端，当第 15 个脉冲作用后，$Q_3 Q_2 Q_1 Q_0 = 1111$，同时进位 Q_{CC} 输出高电平。利用进位位可以进行多个计数器级联，扩展计数范围。

5）当 T、P 任一端为零，且 $\overline{CR} = \overline{LD} = 1$ 时，无论 CP 如何变化，计数器保持原态。

6）利用 74LS161 构成 N 进制计数器，比较简单的方法是利用 $\overline{CR}$ 端反馈清零。

表 8.9　74LS161 功能表

	输入				输出
CP	$\overline{CR}$	$\overline{LD}$	P	T	Q
×	0	×	×	×	清零
↑	1	0	×	×	预置数
↑	1	1	1	1	计数
×	1	1	0	×	保持
×	1	1	×	0	保持

3. 集成计数器 CD4518

CD4518 为双 BCD 十进制计数器。其引脚排列如图 8.29 所示。它具有双十进制计数、保持、清零等多种功能。$Q_{3a} Q_{2a} Q_{1a} Q_{0a}$ 为第一个十进制计数器的输出端，CP_{0a}、$\overline{CP}_{1a}$ 为第一个计数器的时钟脉冲输入端，CP_{0a} 为上升沿触发，$\overline{CP}_{1a}$ 为下降沿触发。CR 为复位端，高电平有效。

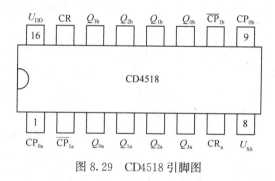

图 8.29　CD4518 引脚图

CD4518 中的每一个计数器都是由 4 个 D 触发器和一些控制门电路组成。电源电压为 3～18V。

【例 8.5】　应用 CD4518 构成 24 进制计数器。

利用反馈归零法获得 N 进制计数器的方法如下。

1）按照计数器的码制写出模 M 的二进制代码。

2）求出反馈复位逻辑的表达式。

3）画出集成电路外部接线图。

分析 CD4518 为双十进制异步加法计数器，用一片 CD4518 通过不同的连接方式可以构成 100 以内的多种进制计数器。本例难点在于须解决计数到 24 时如何清零的问题。用反馈归零法构成大模数的计数器时，低位通常接成十进制，即当低位计满 10 个 CP 脉冲时，低位变成 0000，同时向高位送出一个计数器脉冲，高位计数一次。第 1 个接成十进制计数器，当从 000000 开始计数，到 23＝$(100011)_{BCD}$，再来一个计数脉冲到 24＝$(100100)_{BCD}$ 计数器应清零 000000，接着进行下一个计数循环。如图 8.30 所示为 24 进制计数器示意图。

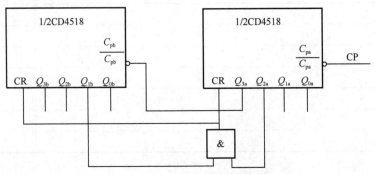

图 8.30　24 进制计数器示意图

8.6.2　分频器电路

使输出信号频率为输入信号频率整数分之一的电子电路称为分频器电路。在许多电子设备中如电子钟、频率合成器等，需要各种不同频率的信号协同工作，常用的方法是以稳定度高的晶体振荡器为主振源，通过变换得到所需要的各种频率成分，分频器是一种主要变换手段。

脉冲分频器有很宽的工作频带，低频端实际上没有限制，高端极限频率主要决定于使用的器件，但也与电路有关系。1MHz 以下可采用金属-氧化物-半导体（MOS）集成电路，1～30MHz 可采用晶体管-晶体管逻辑（TTL）电路，30～60MHz 则宜采用高速TTL 电路，60～300MHz 应采用发射极耦合逻辑（ECL）电路。

在实际应用中，将 N 级二分频器串联起来，可构成 2^N 非同步分频器。这种一级推一级的分频器具有节省器件和上限工作频率高的优点，但有延时积累的缺点，即当级数 N 很大时，末级翻转时刻和第一级相比有很大的延迟，这在时序电路中是不允许的。此外，分频次数局限于 2^N 也欠灵活。采用级间反馈归零法可实现任意次数的分频。

在实际应用中，分频器电路可由具有计数功能的集成电路构成，或采用专用的集成分频器电路。表 8.10 列出了几种常用的集成分频器，如图 8.31 所示是其中常用的两种集成分频器的引脚排列图（其他数字集成电路资料可查阅相关手册）。CD4060 为 14 级二进制串行计数器/分频器/振荡器，它的输出端只有 10 个，所以它的最低输出分频次数为 $2^4＝16$，最高分频次数为 $2^{14}＝16384$ 次，没有 $2^{11}＝2048$ 次分频。在分频器电路中缺了某几级分频也是常见的，使用时应加注意。CD4060 还自带振荡器，其 9、11 引脚为外接晶体振荡器用，引脚 11 为信号输入端，引脚 9 为信号输出端，引脚 10 为信号反馈用。自带振荡器为固定频率工作电路提供了极大方便。引脚 12 为复位端，高电平有效，不用时应接地。
CD4040 为 12 二进制串行计数器/分频器，其分频次数从 $2^1 \sim 2^{12}$ 十二级分频齐备。

表 8.10　常用的集成分频器

型号	功能
CD4017	十进制计数/分配器
CD4020	14 级二进制串行计数器/分频器
CD4022	八进制计数/分配器
CD4024	7 级二进制串行计数器/分频器
CD4040	12 级二进制串行计数器/分频器
CD4059	四-十进制 N 分频器
CD4060	14 级二进制串行计数器/分频器和振荡器

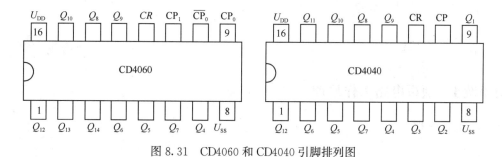

图 8.31　CD4060 和 CD4040 引脚排列图

【例 8.6】　　请用一片 CD4040 构成一个 60 进制分频器。

分析　任意级分频电路设计也可用反馈归零法，它与任意进制的计数器的设计类似。$(60)_{10} = (111100)_2$，把 CD4040 的 $Q_6 Q_5 Q_4 Q_3$（引脚 2、3、5、6）通过与门接到复位端（引脚 11）。分频脉冲从引脚 10 输入，下降沿有效，当从 000000 开始分频计数，到 $(111011)_2 = (59)_{10}$，再来一个计数脉冲到 60 分频器应清零，同时从与门可以输出一个 60 分频的脉冲。电路示意图如图 8.32 所示。

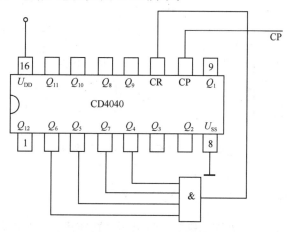

图 8.32　60 进制分频器

此外还有一种脉冲分频器，由单片机电路构成，其分频次数可由外界信号设定，称为程序分频器。这种分频电路已广泛应用于频率合成器。

■ 动手做　物体流量计数器 ■

☞学习目标

1）掌握计数器、分频器、运放的应用。
2）知道数码管显示数字的工作原理。
3）了解物体流量计数器电路的工作原理。
4）掌握物体流量计数器电路的安装工艺与调试方法。
5）能用万用表测量电路关键点的电压或电流。
6）能用示波器测量波形。

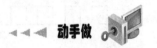

动手做1　剖析电路工作原理

1. 电路原理图

微课
物体流量计数
器电路分析

如图 8.33 所示为物体流量计数器电路原理图。

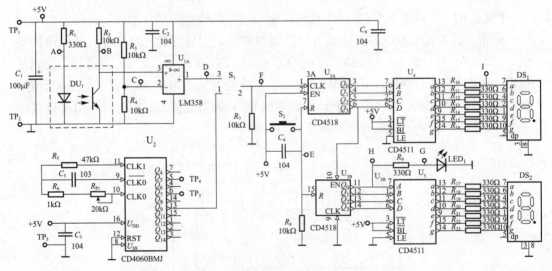

图 8.33　物体流量计数器电路原理图

2. 工作原理分析

本电路由 4 部分组成，分别是校验信号电路、物体流动检测电路、十进制计数器电路、译码显示电路。

1）校验信号电路由 CD4060 与外围阻容元件构成，R_5、R_6、C_5、R_{P1} 构成 RC 振荡器，振荡频率主要由 R_6、C_5、R_{P1} 决定，其振荡频率经过 CD4060 的 14 级二进制串行计数器分频，分别由 $Q_4 \sim Q_{14}$ 引脚输出，若 S_1 的 1、2 脚相连时，信号从 Q_9 端取出加载到十进制计数器电路，可以查验译码驱动显示电路是否正常。

2）物体流动检测电路其实是电压比较器电路，由双运放芯片 LM358、槽形光耦 DU_1 及外围阻容元件组成，R_3、R_4 组成电阻分压电路，使 C 点电压保持在 2.5V 左右。物体未经过 DU_1 时，红外线直接发射到内部晶体管上，接收晶体管导通，B 点电位处于低电平状态，D 点保持低电平，不能产生脉冲信号；当不透明的物体经过 DU_1 时，红外线被阻断，接收晶体管不能接收到红外线，晶体管截止，B 点电位处于高电平状态，D 点保持高电平；当物体离开 DU_1 时，D 点恢复到低电平。由此可见，每当物体流过 DU_1 中间的红外线发射与接收电路时，D 点都会产生一个高电平脉冲，此脉冲就是计数信号。

3）十进制计数器电路由 CD4518、S_2 及外围阻容元件组成，CD4518 是二-十进制（8421 编码）同步加计数器，内含两个单元的加法计数器。每个单元有两个时钟输入端 CLK 和 EN，可用时钟脉冲的上升沿或下降沿触发，若用信号下降沿触发，触发信号由 EN 端输入，CLK 端置 0；若用信号上升沿触发，触发信号由 CLK 端输入，EN 端置 1。R 端是清零端，R 端置 1 时，计数器各输出端 $Q_1 \sim Q_4$ 均为 0，只有 R 端置 0 时，CD4518 才开始计数。电路中 U_{3A} 采用信号上升沿触发，U_{3B} 采用信号下降沿触发。每当物体流动检测电路时钟脉冲来临时，U_{3A} 从 0 开始计数，一直计数到 9（$Q_3Q_2Q_1Q_0 = 1001$），U_3 的 6 脚为高电平，若再来一个脉冲，U_{3A} 输出为 0（$Q_3Q_2Q_1Q_0 = 0000$），U_3 的 6 脚从高电平变为低电平，这样会产生一个下降沿脉冲，U_{3B} 输出为 "1"（$Q_3Q_2Q_1Q_0 = 0001$），LED_1 被点亮。同理，计数器电路可以从 0～99 计数，往复循环。

4）译码显示电路是由两片 CD4511 芯片、两个共阴极数码管及 14 个限流电阻器组成。CD4511 是具有 BCD 转换、消隐和锁存控制、七段译码及驱动功能，能提供较大的电流，可直接驱动共阴 LED 数码管。

① $DCBA$ 是 8421BCD 码输入端。

② $abcdefg$ 是译码输出端，输出为高电平 1 有效。

③ $\overline{BI}$（4 脚）是消隐输入控制端，当 $\overline{BI} = 0$，不管其他输入端状态如何，7 段数码管均处于熄灭（消隐）状态，不显示数字。

④ $\overline{LT}$（3 脚）是测试输入端，当 $\overline{LT} = 0$ 时，译码输出全为 1，不管输入 $DCBA$ 状态如何，$abcdefg = 1111111$，7 段均发亮，显示 8。它主要用来检测数码管是否损坏。

⑤ LE（5 脚）是锁定控制端，当 LE = 0 时，允许译码输出。LE = 1 时译码器是锁定保持状态，译码器输出被保持在 LE = 0 时的数值。

⑥ CD4511 的内部有上拉电阻器，在输入端与数码管 7 段脚接上限流电阻器就可工作。另外，CD4511 显示数 6 时，a 段消隐；显示数 9 时，d 段消隐，所以显示 6、9 这

两个数时，字形不太美观。CD4511 真值表如表 8.11 所示。

表 8.11 CD4511 真值表

输入				输出		
LE	$\overline{BI}$	$\overline{LT}$	DCBA	abcdefg	数码管显示	说明
×	×	0	××××	1111111	8	
×	0	1	××××	0000000	不显示	
0	1	1	0000	1111110	0	
0	1	1	0001	0110000	1	
0	1	1	0010	1101001	2	
0	1	1	0011	1111001	3	
0	1	1	0100	1110011	4	
0	1	1	0101	1011011	5	
0	1	1	0110	0011111	6	a 段不显示
0	1	1	0111	1110000	7	
0	1	1	1000	1111111	8	
0	1	1	1001	1110011	9	d 段不显示
0	1	1	1010	0000000	不显示	
0	1	1	1011	0000000	不显示	
0	1	1	1100	0000000	不显示	
0	1	1	1101	0000000	不显示	
0	1	1	1110	0000000	不显示	
0	1	1	1111	0000000	不显示	
1	1	1	××××	保持原数值	保持原数值	

动手做 2　准备工具及材料

1. 准备制作工具

电烙铁、烙铁架、电子钳、尖嘴钳、镊子、小一字螺钉旋具，万用表、静电手环、直流稳压电源、示波器等。

2. 材料清单

制作物体流量计数器电路的材料清单如表 8.12 所示。

表 8.12 材料清单

序号	标号	参数或型号	数量	序号	标号	参数或型号	数量
1	R_1、$R_9 \sim R_{23}$	330Ω	16	13	U_1	LM358	1
2	R_2、R_3、R_4、R_7、R_8	10kΩ	5	14		DIP8 插座	1
3	R_5	47kΩ	1	15	U_2	CD4060	1
4	R_6	1kΩ	1	16	U_3	CD4518	1
5	R_{P1}	3296 型电位器 20kΩ	1	17	U_4、U_5	CD4511	2
6	C_1	100μF/16V	1	18		DIP16 插座	3
7	C_2、C_3、C_4、C_6	104	4	19	S_1	排针	1
8	C_5	103	1	20		短接帽	1
9	DS_1、DS_2	0.56 英寸共阴数码管	2	21	S_2	轻触开关	1
10	DU_1	ST150 槽形光耦	1	22		配套双面 PCB	1
11	LED_1	φ5 红 LED	1	23		不透明小物体	1
12	$TP_1 \sim TP_5$	φ1.3 插针	5				

注：1 英寸＝2.54 厘米。

3. 识别与检测元器件

1) 识别与测量电阻器。按表 8.13 所示的要求识读与测量电阻器并记录。

表 8.13 识读与测量电阻器记录表

序号	标号	色环	标称值	万用表检测值	万用表挡位
1	R_1、$R_9 \sim R_{23}$				
2	R_2、R_3、R_4、R_7、R_8				
3	R_5				
4	R_6				

2) 识别与测量电容器。按表 8.14 所示的要求识别电容器名称、标称容量、耐压与检测容量并记录。

表 8.14 识别与测量电容器记录表

序号	标号	电容器名称	标称容量	万用表检测值	耐压
1	C_1				
2	C_2、C_3、C_4、C_6				
3	C_5				

3）识别与测量轻触开关。按表 8.15 要求识别与测量轻触开关引脚及性能并记录。

表 8.15　识别与测量轻触开关记录表

元器件标号	电路图符号	根据电路图符号标出引脚号	万用表挡位	性能判别
S₂				

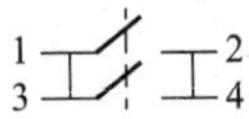

4）识别与测量光耦、数码管。按表 8.16 所示的要求识别元器件的名称，判别元器件的性能并记录。

表 8.16　识别与检测光耦、数码管记录表

序号	标号	元器件名称	判别光耦引脚名称		万用表挡位	性能判别
			实物图	根据实物图判别引脚名称，并填写		
1	DU₁			1　　3		
				2　　4		
2	DS₁、DS₂		判别数码管各引脚的名称，并填表			
			1	6		
			2	7		
			3	8		
			4	9		
			5	10		

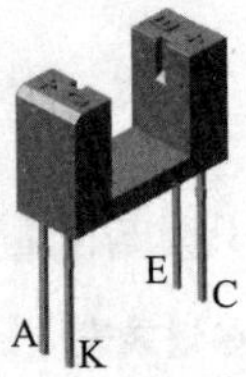

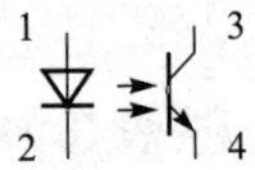

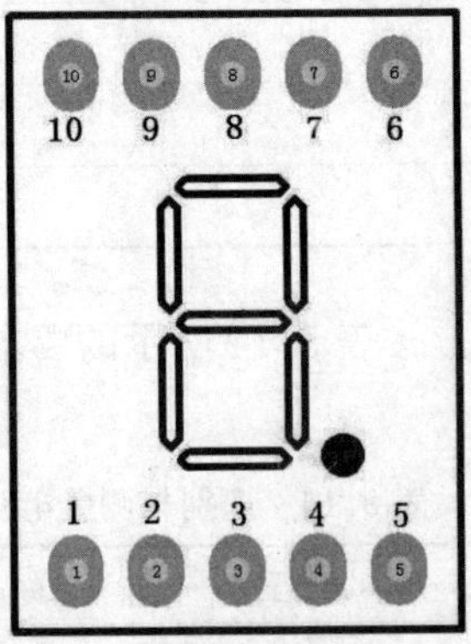

5）识别与检测电位器。按表 8.17 的要求识读电位器的标称阻值，测量阻值可调范围、判定性能并记录。

表 8.17　识别与检测电位器记录表

序号	标号	电位器外形	元器件名称	标称阻值	实测阻值 可调范围	性能判定
1	R_{P1}					

动手做 3　安装步骤

1. 物体流量计数器电路安装顺序与工艺

元器件按照先低后高、先易后难、先轻后重、先一般后特殊的原则进行安装，注意本电路中的发光二极管、槽形光耦、电解电容器、集成芯片等极性元器件的引脚不能装反。元器件安装顺序与工艺要求如表 8.18 所示。

表 8.18　元器件安装顺序及工艺

步骤	元器件名称	安装工艺要求
1	电阻器 $R_1 \sim R_{23}$	① 水平卧式安装，色环朝向一致； ② 电阻器本体紧贴 PCB，两边引脚长度一样； ③ 剪脚留头在 1mm 以内，不伤到焊盘
2	瓷片电容器 $C_2 \sim C_6$	① 看清电容器的标识位置，使在 PCB 上字标可见度要大； ② 垂直安装，瓷片电容器引脚根基离 PCB 1~2mm； ③ 剪脚留头在 1mm 以内，不伤到焊盘
3	测试插针 $TP_1 \sim TP_8$	① 对准 PCB 孔直插到底，垂直安装，不得倾斜； ② 不剪脚
4	集成芯片插座 $U_1 \sim U_4$	① 注意集成块插座的缺口方向与 PCB 图标上缺口方向一致； ② 对准 PCB 焊盘孔直插到底，与 PCB 的板面完全贴合； ③ 不剪脚
5	轻触按键 S_2	① 对准 PCB 孔直插到底，垂直安装，不得倾斜； ② 不剪脚
6	电解电容器 C_1	① 正确区分电容器的正负极，电容器的容量，电容器垂直安装，紧贴 PCB； ② 剪脚留头在 1mm 以内，不伤到焊盘
7	发光二极管 LED_1	① 注意区分发光二极管的正负极； ② 垂直安装，紧贴电路板或安装到引脚上的凸出点位置； ③ 剪脚留头在 1mm 以内，不伤到焊盘
8	数码管 DS_1、DS_2	① 将数码管显示面朝上正放，小数点朝向在右下角； ② 将数码管 10 只引脚对准 PCB 焊盘孔，直插到底，与 PCB 面完全贴合； ③ 剪脚留头在 1mm 以内，不伤到焊盘

续表

步骤	元器件名称	安装工艺要求
9	槽形光耦 DU₁	① 仔细观察槽形光耦外表引脚标示，注意区分各个引脚； ② 对准 PCB 焊盘孔，直插到底，与 PCB 的板面完全贴合； ③ 剪脚留头在 1mm 以内，不伤到焊盘
10	集成芯片 U₁～U₄	① 电路安装完成后，用万用表检测与芯片对应的供电端引脚，电压是否正常； ② 供电端引脚正常后，断开 PCB 电源； ③ 将芯片放在桌面上整排整形； ④ 使芯片的缺口对准 PCB 图标上缺口，用力将芯片引脚插入芯片插座内

2. 安装物体流量计数器电路

1）如图 8.34 所示为物体流量计数器印刷电路板图。

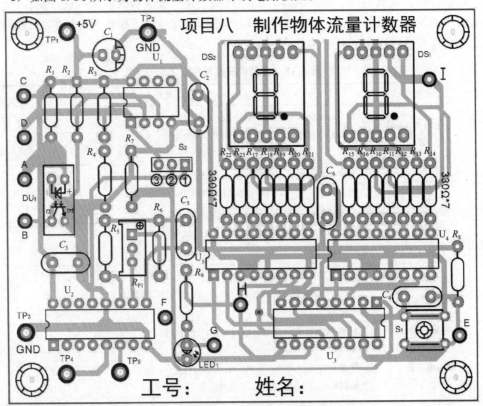

图 8.34　物体流量计数器印刷电路板图

2）如图 8.35 所示为物体流量计数器元器件装配图。

3. 评价电路安装工艺

根据评价标准，从元器件识别与检测、整形与插装、元器件焊接工艺三个方面对电

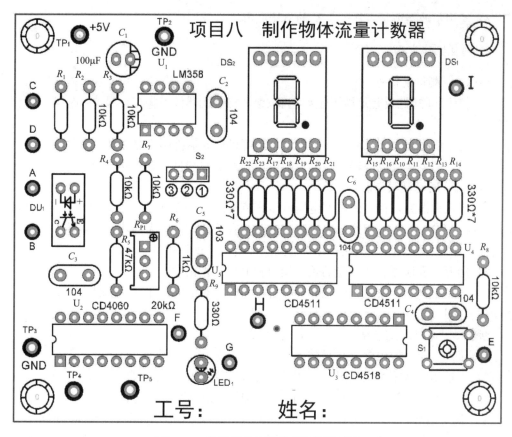

图 8.35　物体流量计数器元器件装配图

路安装进行评价，将评价结果填入表 8.19 中。

表 8.19　电路安装评价

序号	评价分类	优	良	合格	不合格
1	元器件识别与检测				
2	整形与插装				
3	元器件焊接工艺				
评价标准	优	有 5 处或 5 处以下不符合要求			
	良	有 5 处以上、10 处以下不符合要求			
	合格	有 10 处以上、15 处以下不符合要求			
	不合格	有 15 处以上不符合要求			

动手做 4　测量物体流量计数器电路的技术参数

1. 测量参数项目

1）使用万用表测量 A～I 各参考点的电压数值。

2）使用示波器测量 TP_4、TP_5 的电压波形。

2. 测量操作步骤

步骤 1　测量前检查

1）整体目测电路板上元器件有无全部安装，检查元器件引脚有无漏焊、虚焊、搭锡等情况。

2）检查槽形光耦、数码管、电解电容器等极性元器件引脚是否装错。

3）用万用表检查电源输入端的电阻值，判别电源端是否有短路现象。

步骤 2　通电观察电路

1）确认无误后，将直流电源电压调至直流＋5V，然后断开，将电源输出端与电路板供电端（TP_1、TP_2）相连，通电观察电路板有无冒烟，有无异味，电容器有无炸裂，元器件有无烫手等现象，发现有异常情况立即断电，排除故障。

2）用万用表检测芯片对应的供电端引脚电压是否正常。

3）电压正常后，关闭直流电源，将芯片的缺口对准 PCB 图标上缺口，用力将芯片引脚插入芯片插座内。

步骤 3　通电调试电路

1）接入电源、数码管上显示数字 00。

2）不透明物体第 1 次通过 DU_1 中间凹槽时，数码管上显示数字 01。

3）不透明物体第 9 次通过 DU_1 中间凹槽时，数码管上显示数字 09。

4）不透明物体第 10 次通过 DU_1 中间凹槽时，数码管上显示数字 10，同时 LED_1 发光。

5）不透明物体第 99 次通过 DU_1 中间凹槽时，数码管上显示数字 99，同时 LED_1 发光。

6）不透明物体第 100 次通过 DU_1 中间凹槽时，数码管上显示数字 0，同时 LED_1 熄灭。

7）按下复位键 S_2，任一时刻数码管清零，显示数字 00，LED_1 熄灭。

步骤 4　测量电路中关键点的电压

1）按表 8.20 所示的要求，测量指定点的工作电压，并将结果记录在表 8.20 中。

表 8.20　电路静态参数测量记录表

序号	测量项目	断开 S_1 的 2、3 脚	
		DU_1 中间无遮挡物	DU_1 中间有遮挡物
1	A 点电压		
2	B 点电压		
3	C 点电压		
4	D 点电压		

序号	测量项目	接通 S_1 的 2、3 脚，DS_1、DS_2 显示以下数字时测量					
		0	3	9	15	28	69
5	G 点电压						
6	H 点电压						
7	I 点电压						

步骤5 测量动态参数

1）测量 TP_4 处电压波形，并将波形记录在表 8.21 中。

表 8.21 TP_4 处电压波形记录表

测量内容	要求
1. 将示波器耦合方式置于"直流耦合"； 2. 测量 TP_4 处电压波形	1. 标出耦合方式为"接地"时的基准位置
	2. 画出电压波形
	3. 标出波形的峰点、谷点的电位值
	4. 读出波形的周期、频率、正占空比

TP_4 处电压波形	测量值记录	
	u/div	
	t/div	
	波形的周期	
	波形的频率	
	波形的峰-峰值	
	正占空比	

2）测量 TP_5 处电压波形，并将波形记录在表 8.22 中。

表 8.22 TP_5 处电压波形记录表

测量内容	要求
1. 将示波器耦合方式置于"直流耦合"； 2. 测量 TP_5 处电压波形	1. 标出耦合方式为"接地"时的基准位置
	2. 画出电压波形
	3. 标出波形的峰点、谷点的电位值
	4. 读出波形的周期、频率、正占空比

TP_5 处电压波形	测量值记录	
	u/div	
	t/div	
	波形的周期	
	波形的频率	
	波形的峰峰值	
	正占空比	
	TP_4 与 TP_5 的频率大小关系	

步骤6 评价参数测量结果

根据仪器仪表使用情况与测量数据记录进行评价，将评价结果记录在表 8.23 中。

表 8.23 评价记录表

序号	评价分类	优 （3处以下错误）	良 （4~6处错误）	合格 （7~10处错误）	不合格 （11处以上错误）
1	仪表使用规范				
2	测量数值记录				

■ 项 目 小 结 ■

本项目主要为触发器、寄存器、计数器、分频器的基础知识，并学习了数字钟电路的分析及安装、调试方法。

1）数字电路处理的是非连续变化的数字信号（0、1），学习方法与模拟电路既有联系又有区别，分析数字电路的时序（常用时序波形来表示数字电路的工作状态）是学习的重点与难点。

2）了解触发器的电路结构。按触发器的功能不同，触发器分为 RS 触发器、JK 触发器、D 触发器、T 触发器。

3）熟悉各种触发器的功能。

➤ RS 触发器具有置 0、置 1 和保持功能。

➤ JK 触发器具有置 0、置 1、计数和保持功能。

➤ D 触发器具有置 0、置 1 和保持功能。

➤ T 触发器具有计数和保持功能。

4）掌握寄存器、计数器、分频器的逻辑功能和工作过程。

➤ 寄存器具有接收数码、寄存和输出数码的功能，分为数码寄存器和移位寄存器；其输入、输出方式有串行和并行。

➤ 计数器具有对输入时钟脉冲进行计数的功能。计数器按不同的分类方法可分为加法计数器和减法计数器，同步计数器和异步计数器，二进制计数器、十进制计数器和 N 进制计数器。

➤ 分频器具有对输入时钟脉冲进行计数并分频输出的功能。

5）掌握集成寄存器、计数器、分频器电路的识读方法和使用方法。

6）掌握数字电路安装、调试的基本方法基本步骤。

◀◀◀ 知识链接

RAM、ROM 与固态硬盘

进入信息化时代，智能手机已成为人们的生活必需品，打开智能手机可以查看到类似"运行内存 8.0GB、手机存储 128GB"的描述，原来，手机内存主要分为两种：RAM 存储（运行内存）和 ROM 存储（手机存储）。ROM 和 RAM 都是指存储技术，有什么区别？

1. RAM

RAM 英文全称 random access memory，意为随机存储器（可读可写的存储器），即在正常工作状态下可以随时读写存储器中的数据。根据存储单元工作原理的不同，

RAM 又可分为静态存储器（SRAM）和动态存储器（DRAM）。其特点是：

1）可读可写。

2）给存储器断电后，里面存储的数据会丢失。

人们通常所说的内存，如计算机的内存、手机的内存、包括 CPU 的高速缓存，都属于 RAM 存储器。

2. ROM

ROM 英文全称 read only memory，意为只读存储器。顾名思义，这类存储器只能读出事先所存数据，必须在特定条件下才能写入数据，不能像 RAM 一样可以随时写入。

ROM 的特点：

1）可读出数据而不能随机写入。

2）存储器掉电后里面的数据不丢失，可以存放数十年。

此类存储器多用来存放固件，比如计算机启动的引导程序，手机、PAD、数码相机等一些电子产品自带的程序代码。用户可以通过刷机方式读写 ROM。

ROM 和 RAM 都是存储器，但是 RAM 的运行速度要远远高于 ROM，在手机系统运行时，许多程序都把临时运行的程序命令，存放在内存中以提高运行速度，故 RAM 大小对手机性能起着重要作用。但一旦关机或者停电，内存里原本临时存储的程序信息将全部清空，也就是内存只能临时存储，不能长久保存。而 ROM 则可以存储，即使掉电后也可以找到之前存储的系统或文件，手机中的文件或照片就存储在手机 ROM 中，类似于电脑硬盘。

3. 固态硬盘

固态硬盘（solid state drives），简称固盘，是用固态电子存储芯片阵列制成的硬盘，由控制单元和存储单元（Flash 芯片、DRAM 芯片）组成。固态硬盘在接口的规范和定义、功能及使用方法上与传统硬盘完全相同，在产品外形和尺寸上也完全与传统机械式硬盘一致，被广泛应用于军事、车载、工控、视频监控、网络监控、网络终端、电力、医疗、航空、导航设备等领域，其特点如下。

（1）读写速度快

采用 Flash 闪存作为存储介质，读取速度相对机械硬盘更快。固态硬盘不用磁头，寻道时间几乎为 0。持续写入的速度非常惊人。固态硬盘厂商大多会宣称自家的固态硬盘持续读写速度超过了 500MB/s（机械硬盘在 150MB/s 左右）。

（2）物理特性

固态硬盘没有机械马达和风扇，工作时噪音值为 0 分贝。基于闪存的固态硬盘在工作状态下能耗和发热量较低（但高端或大容量产品能耗会较高）。内部不存在任何机械活动部件，不会发生机械故障，也不怕碰撞、冲击、震动。具有低功耗、无噪声、抗震动、低热量、体积小、工作温度范围大的特性。

知 识 巩 固

一、填空题

1. 触发器是具有_____功能的电路；它有两种可能的稳定状态：_____态（即 $Q=$_____，$\bar{Q}=$_____）和_____态（$Q=$_____，$\bar{Q}=$_____）。

2. 触发器按是否受时钟脉冲控制可分为：（1）_____触发器和（2）_____触发器，其中的（2）又可分为_____触发器、_____触发器、_____触发器。

3. 触发器符号图中，引脚端标有小圆圈表示输入信号_____电平有效；字母符号上加横线的表示_____有效，字母符号上没有横线的表示_____有效。

4. RS 触发器具有_____、_____、_____的功能。JK 触发器具有_____、_____、_____、_____等功能。

5. D 触发器的功能是_____、_____，T 触发器的功能是_____、_____。

6. 基本 RS 触发器动作的特点是：输入信号在任何时间里都_____输出状态。

7. 在数字电路中，常要求多个触发器在同一时刻翻转，为此必须引入_____信号，使这些触发器在该信号到达时才按输入信号改变状态，通常称这信号为_____，简称为_____。

8. 同步触发器动作特点是：在_____的全部时间里 S 和 R 的变化都将引起触发器输出的变化。

9. JK 触发器的性能比 RS 触发器更完善与优良，它不但消除了_____，同时也解决了 RS 触发器存在的_____问题，所以它的应用更为广泛。

10. 集成触发器与其他电路一样，按构成晶体管的不同分_____型和_____型。

11. TTL 集成触发器电路图中，U_{CC} 表示电源_____，GND 表示电源的_____；其工作电源一般为_____ V。在 CMOS 集成电路图中，表示电源正极的符号是_____，负极的符号是_____，其工作电源为_____～_____ V。

12. 寄存器是一种重要的数字逻辑部件，它具有_____、_____、_____数码等功能，一个触发器能存放_____位二进制数码，存放 N 位二进制数码需_____个触发器。

13. 移位寄存器按数码移动方向的不同分_____移寄存器和_____寄存器，其输入和输出方式有_____、_____、_____和_____四种。

14. 计数器除了具有计数功能外，还具有_____、_____、_____等功能。按进制不同可分为_____进制计数器、_____进制计数器、_____计数器等。

二、综合题

1. 若输入信号的波形如图 8.36 所示，试画出由与非门组成的基本 RS 触发器 Q 的波形。

2. 如图 8.37 所示的同步 RS 触发器，若初态是 $Q=0$，请根据如图 8.37 所示的 CP、S、R 端的输入波形，已知 Q 的初态为 0，画出输出 Q 的波形。

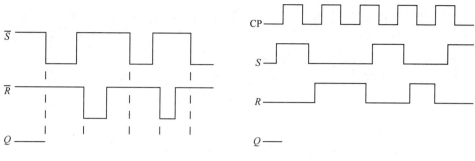

图 8.36 综合题 1 波形   图 8.37 综合题 2 波形

3. 按下面的约定画出相应的 JK 触发器和符号。

1) 时钟脉冲 CP 下降沿触发，异步置位端高电平有效。

2) 时钟脉冲 CP 上升沿触发，异步置位端低电平有效。

4. 某 JK 触发器的初态 $Q=0$，CP 下降沿有效，请根据如图 8.38 所示的 CP、J、K 端的输入波形，画出 Q 的波形。

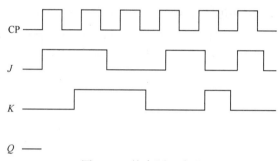

图 8.38 综合题 4 波形

5. 根据如图 8.39（a）所示的电路原理图，设触发器初态 $Q=0$，再根据图（b）画出相应的输出波形。

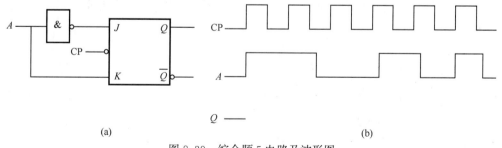

(a)   (b)

图 8.39 综合题 5 电路及波形图

6. 如图 8.40（a）所示 D 触发器，初态 $Q=1$，请依据图（b）所给的时钟脉冲 CP 波形，画出输出端 Q 的波形。

7. 如图 8.41 所示数码寄存器电路，若电路初态为 $Q_3Q_2Q_1=010$，现输入数码 $D_3D_2D_1=101$，当 CP 脉冲到来后，电路输出状态如何变化？

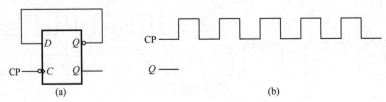

图 8.40　综合题 6 电路及波形图

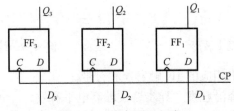

图 8.41　综合题 7 电路

8. 如图 8.20 所示的 4 位左移寄存器，电路初态为 $Q_4Q_3Q_2Q_1 = 000$。现要输入 1101，当第 3 个 CP 脉冲到来后，$Q_4Q_3Q_2Q_1 = $ _____，输入波形如图 8.42 所示，请画出在 8 个 CP 脉冲作用下的输出状态图。

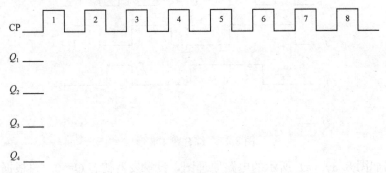

图 8.42　综合题 8 波形

9. 如图 8.43 所示的电路，画出相应的输出波形，说明其为何种进制计数器。

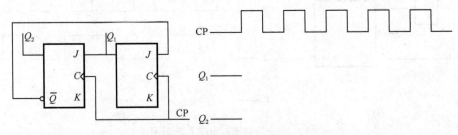

图 8.43　综合题 9 电路及波形

10. 用一片 74LS161 四位二进制计数器设计一个十二进制计数器。

11. 用一片 CD4060 集成电路设计一个三十进制分频器。

附录　使用热转印法制作印刷电路板

电子爱好者业余制作印刷电路板有很多方法，如刀刻法、油漆画线法、感光胶丝网漏印法和热转印法等，它们各有特点。笔者多次用热转印法制作印刷电路板，其操作简单，掌握好后容易成功，制作成本也较低，印刷电路板的质量接近于专业制作水平，比较适合业余条件下单件或小批量电路板制作。

一、热转印法的工艺原理

热转印法采用热转移原理，先将设计好的印刷电路板图用激光打印机打印在热转印纸上。由于激光打印机用的墨粉是一种黑色耐热树脂微粒，受热 130℃～180℃时熔化，打印时被硒鼓上感光后的静电图表吸附，消除静电后经高温熔化并转移于热转印纸上，成为热转印版。由于热转印纸经过了高分子技术的特殊处理，它的表面覆盖了数层特殊材料的涂层，使热转印纸具有耐高温不粘连的特性。将该热转印纸覆盖在敷铜板上，施加一定的温度和压力，再次熔化的墨粉便完全附着在敷铜板上，冷却后形成牢固的耐腐蚀图形。敷铜板放入三氯化铁中腐蚀，将没有墨粉图形覆盖的铜箔腐蚀掉。清洗、干燥后钻孔，即成为做工精美的印刷电路板。

二、热转印纸的选择

市场上有专用热转印纸出售。如果专用的热转印纸买不到，可到制作广告的刻字店找一点即时贴衬纸，这是刻字后的废料，也可到文化用品店买一些即时贴，还可用不干胶的黄色衬纸，这些都是很好的热转印纸。这些纸表面都是经过高分子技术处理，光滑耐热，它对打印在上面的墨粉图形具有较差的附着力，只是将它作为临时载体，往敷铜板上转印时很容易将墨粉脱离而将墨粉牢固地附着在敷铜板上。

热转印纸要干燥才能保证打印质量，因为表面附着力较差，潮湿的热转印纸打印时容易出现部分墨粉残留在硒鼓上，造成热转印纸上的图形残缺，或是热转印纸不能很好地附着墨粉，使图形呈流淌状。因此，潮湿的热转印纸要进行干燥处理，在阳光下或在60～80℃条件下平整放置，不要卷曲。有人采用的在打印机上空走一遍进行干燥的方法不可取，这样干燥过的热转印纸有卷曲现象，或有皱纹，打印时容易出现卡纸等故障，应采用日常密封起来保存在干燥处的方法。

热转印纸要一次性使用，多次使用转印质量难以保证，对激光打印机硒鼓寿命也有影响。

三、印刷电路板的绘制与排版

印刷电路板图形可有 Protel 等专业软件按 1：1 比例绘出，用其他软件只要图形合格就行，图形要绘成镜像，即反过来，好像在印刷电路板的元器件面透过板子看铜箔走线一样，转印到敷铜板上就成正像，正像图可用计算机上的镜像功能转换而成。没有计算机用手工绘制然后复印也可以，手工绘制要直接绘成镜像，最好放大绘制，复印时再按比例缩小成 1∶1 图形，用这种方法绘图容易保证尺寸精度，还能掩饰一些手工绘制的细微缺陷。

印刷电路板图中焊盘要绘出定位孔，直径约 0.1～0.2mm，腐蚀后形成一小圆坑，以便钻孔前用冲头打定位点。如果细心操作还可直接用它作为定位点进行钻孔，省去用冲头打定位点的麻烦。印刷电路板上的安装孔、边界线等有用要素都要绘出，会给印刷电路板的切割、钻孔等加工带来方便。

如果一种印刷电路板图需做两件以上且尺寸不大，或是几种印刷电路板图可放置在一起，就要进行排版。将图复制排列在一起，各图间只留稍大于分割尺寸即可，图形可分别旋转合适角度以充分利用敷铜板面积。手工绘制的印刷电路板图可分别剪裁排在一起复印在一张纸上。

四、印刷电路板图的打印

排好版的印刷电路板图用激光打印机直接打印在热转印纸上，没有激光打印机可用喷墨打印机打印后再用复印机复印到热转印纸上，因为复印机用的墨粉也和激光打印机用的同类墨粉。手工绘制的电路板图，用复印机复印到热转印纸上。

打印、复印时要注意比例，保证图形尺寸正确，颜色要调得深，使墨粉层厚重，质量才能保证。

五、热转印

热转印机可用过塑机改装，那些专用的热转印机也多是用过塑机改装的。由于过塑机通过的厚度多在 1mm 以内，要调整到能通过敷铜板的厚度才可使用。方法是：拆开外壳，找到限位螺丝，精心调整试验几次即可。

敷铜板要除净油污才好用，油污不除净，墨粉与敷铜板不易黏合而造成废品。用去污粉擦除油污比较好，用砂纸打磨会伤敷铜板且不容易除净油污。轻微油污可用干净橡皮擦除。还需去除敷铜板四周的突起毛刺，用砂纸或砂轮打磨光滑，最好是倒一点边，可避免损伤热转印机上胶辊。

将热转印机温度调到 150～180℃，过纸速度调得慢些，具体温度和速度因采用的热转印纸不同而由实验确定。将敷铜板放在热转印机上与它同时升温进行预热除去水分，预热温度不要太高，有 40～60℃ 即可。

将有印刷电路板图形的热转印纸图形面朝上平铺在桌面上，敷铜板对准图形覆盖在上面，注意敷铜板不要与热转印纸有相对摩擦，以免图形模糊。将准备推入过塑机一侧的纸边折起，压在敷铜板上用透明胶布贴牢，相对的一侧也同样处理。有热转印纸面朝上送入热转印机。

如果转印得法一般转印一次即成。冷却后从一角缓缓揭开热转印纸，注意转印效果，如果发现纸上面还有墨粉图形，再将其盖回重新转印一次，直到最后揭起后纸上墨粉完全吸附在敷铜板上，形成有图形的保护层为止。

若没有热转印机则可以用电熨斗代替，热转印纸面在上，用电熨斗均匀地熨烫，电熨斗的温度也在 150～180℃之间，熨的时间约为 30～80s 即可，不需要很长时间，所有图形线条都要熨到。同时，揭开热转印纸，发现纸上面还有墨粉图形时也要重新熨，直到满意为止。敷铜板冷却后从一角缓缓揭下热转印纸，仔细检查转印完成的敷铜板，图形如有断线、残缺等情况，使用油性碳素笔、油性记号笔或者指甲油、油漆等进行修补，注意不要弄脏敷铜板，多余的墨点和污染点用刀刮掉。

六、敷铜板的腐蚀

常用的腐蚀剂是三氯化铁，按 1∶3 的比例配制三氯化铁水溶液，装入适当容器，将转印好的敷铜箔面向上浸入，轻轻振荡容器或搅动三氯化铁水溶液，搅动时不要碰到敷铜板上的图形，一般十几分钟即可腐蚀完成。

比较好用的腐蚀液是双氧水和盐酸溶液，工业级即可，比较便宜。找一个小塑料盒，能把敷铜板放进去就行。放少量清水刚没过敷铜板即可，按一块10cm×10cm 的敷铜板大约加 3～5ml 盐酸后再加约 2～4ml 双氧水的比例，视敷铜板面积决定用量，再轻轻振荡即可。调整双氧水与盐酸用量可改变腐蚀速度，腐蚀速度不要太快，太快了容易造成侧蚀，使铜箔走线形成毛边。注意不要让腐蚀液接触到皮肤，如果皮肤不慎接触到腐蚀液，要立即用大量清水冲洗皮肤。

腐蚀好的敷铜板要彻底清洗干净，晾干后进行切割、修边、钻孔等后期加工，一块比较专业的印刷电路板即制作成功。

参 考 文 献

苏永昌，熊伟林，2005. 电工与电子应用技术 [M]. 北京：高等教育出版社.

童诗白，2001. 模拟电子技术基础 [M]. 北京：高等教育出版社.

吴桂秀，2005. 新型电子元器件检测 [M]. 杭州：浙江科学技术出版社.

新电气编辑部，2004. 电子电路与电子技术入门 [M]. 北京：科学出版社.

于淑萍，2004. 电子技术实践 [M]. 北京：机械工业出版社.

张龙兴，2004. 电子技术基础 [M]. 北京：高等教育出版社.

朱国兴，2004. 电子技能与训练 [M]. 北京：高等教育出版社.